Alexis Boillot

L'astronomie au XIXe siècle

Elibron Classics
www.elibron.com

Elibron Classics series.

ISBN 0-543-72228-7 (paperback)
ISBN 0-543-72227-9 (hardcover)

This Elibron Classics Replica Edition is an unabridged facsimile of the edition published in 1864 by Didier et Cie, Paris.

L'ASTRONOMIE

AU XIXE SIÈCLE

INTRODUCTION

Histoire de la science; son but. — Périodes scientifiques; leurs caractères. — Progrès de l'industrie. — Avenir de la science. — De la méthode due à Descartes. — Définition de la science. — Enchaînement des connaissances humaines. — Impossibilité de connaître la nature de l'intelligence. — Immatérialité de la pensée. — Sources d'erreurs. — Toute science exacte est basée sur un principe. — Règles données par Pascal. — But de ce livre.

L'histoire de la science est l'exposé du développement de l'esprit humain; elle en trace la marche, et, quand nous le verrons rester stationnaire, c'est qu'une fausse interprétation des anciens livres et des préjugés scolastiques arrêtaient son essor.

Une autre cause, inhérente à notre organisation, et par conséquent permanente, vient caractériser chaque période scientifique et en expliquer les temps d'arrêt : aux époques où de brillantes découvertes sont venues changer la face des choses, le progrès restait circonscrit dans l'ordre des idées récentes, et cela, pendant un temps dont la durée ne pouvait être limitée. Celle-ci dépendait, en effet, des circonstances et des conditions plus ou moins favorables qui se présentaient, et principalement de ces apparitions du génie qui, à de très-longs intervalles, venait attaquer l'erreur sur son piédestal, en y déposant quelques lambeaux de la vérité.

De nos jours, un pareil effet s'est manifesté d'une manière bien frappante, et, pour ceux qui sont accoutumés à juger superficiellement, les productions actuelles des savants n'aboutissent qu'à des considérations de détails minutieux, à des observations ou expériences isolées, sans aucune valeur sensible, et se rattachant à peine aux principes essentiels. Ils ne voient pas que tout compte dans la somme des doctrines; ils croient qu'il n'est plus donné à l'homme de pouvoir scruter utilement dans la création, et que la science est désormais réduite à enregistrer des faits insignifiants.

Est-ce donc à dire que nous manquions d'hommes de génie, ou bien n'y aurait-il réellement plus rien à puiser dans le monde de la pensée, ni de grandes lois à lire dans la nature? Telle n'est pas notre croyance; nous ne pensons pas, à beaucoup près, que l'univers ait révélé tout ce que nous désirons savoir. Les grands hommes ont incontestablement droit à notre admiration; mais, quelle que soit la hauteur à laquelle ils aient atteint, nous ne devons pas nous incliner aveuglément devant eux et croire qu'ils ne seront jamais dépassés. Les théories nouvelles, si bien assises en apparence, peuvent d'un instant à l'autre céder la place à de nouvelles doctrines enfantées par des esprits indépendants.

Après les révolutions qui se sont opérées dans presque toutes les branches de nos connaissances, nous ne devons pas nous étonner si l'esprit humain cherche à se reconnaître et à mesurer la valeur de ses acquisitions avant de pouvoir, par un nouvel élan, se lancer dans l'inconnu.

Il ne faut pas oublier que notre époque succède à celle des plus belles découvertes, et que leur application donne chaque jour de nouvelles ressources à l'industrie, laquelle sait admirablement bien mettre en œuvre les moyens dont elle dispose pour vaincre toutes les résistances opposées à la réalisation des nouveaux besoins; et cette direction donnée à notre activité la détourne nécessairement, pour un certain temps, des spéculations purement scientifiques.

A ce sujet, nous ne pouvons nous empêcher de faire une remarque dont la justesse nous a frappé. En voyant les efforts incessants de notre génération appliqués au perfectionnement de l'industrie, on se demande jusqu'où peut aller la civilisation, et si la science, malgré ses progrès, pourra toujours fournir des éléments à des besoins que nous nous plaisons à multiplier outre mesure et aux exigences d'un luxe qui ne connaît point de bornes.

S'il est vrai que la nature ne se décide pas facilement à dévoiler de nouveaux secrets, on ne doit cependant pas perdre de vue qu'il a fallu des siècles pour détruire les influences scolastiques fondées par l'autorité des maîtres; mais ce temps antérieur à la rénovation de la philosophie s'est perdu avec ses vieux prestiges, et nous n'avons plus à redouter de pareilles entraves.

D'ailleurs, l'histoire nous apprend à vaincre la routine, en montrant les fâcheuses conséquences des idées préconçues, des autorités s'imposant pour étouffer la pensée; elle fait voir les causes des frayeurs qui troublent les consciences à côté de la raison combattant pour les détruire. L'histoire aboutit à l'émancipation intellectuelle, à l'application de la vraie méthode dans toutes nos études, savoir : le raisonnement basé sur l'observation. L'histoire fait démêler le faux, produit de l'imperfection de l'homme, d'avec le vrai écrit partout dans la nature. Elle rompt les liens factices qui unissent la crédulité au véritable savoir. Elle lègue à la génération présente le profit des travaux du passé, et donnera en partage à nos successeurs tout ce que nous aurons laissé.

Mais l'histoire, qu'est-elle autre chose que cet enchaînement des acquisitions dans la succession des temps? N'est-elle pas le tableau de l'évolution progressive de l'esprit humain mis en rapport avec l'universalité des êtres?

C'est donc dans l'exposition historique des découvertes astronomiques que nous chercherons à guider notre esprit, afin de l'initier aux transformations que la science a subies, de lui tracer la route qui conduisit quelques hommes privilégiés dans le sanctuaire de la vérité, et surtout, dans le but de l'habituer à la saine philosophie, trop négligée de nos jours, car sa place est souvent usurpée par un ton particulier devenu à la mode, sorte de réminiscence de ces vaines disputes au jargon incompréhensible, comme les idées dont il est la traduction fidèle.

Il ne suffit pas, pour apprécier complétement le progrès des sciences, de constater seulement que l'état social s'est considérablement amélioré depuis que la pensée s'est rendue entièrement libre. Il est un autre point sur lequel on ne saurait trop insister, c'est que la somme de nos connaissances est bien peu de chose, je ne dirai pas relativement à ce que nous ignorons, la chose est évidente, mais simplement par rapport à ce que l'avenir réserve aux générations qui succéderont à la nôtre.

On s'en convaincra facilement en jetant un coup d'œil sur les tendances que manifestent les différentes parties de la science. Ainsi, il n'est pas douteux pour le chimiste que des transformations jusqu'ici inconnues présenteront un jour la matière sous d'autres aspects, et que les corps simples métalliques seront rangés parmi des composés plus ou moins complexes, dans lesquels viendront aussi se grouper les métalloïdes. La chimie organique elle-même, présentant naguère les apparences du chaos, prend une forme rationnelle et se développe d'une façon inattendue. La physique, à laquelle se rattache la météorologie, science tout à fait naissante, contribue certainement pour sa bonne part à l'apport commun. Et n'est-il pas clair que la lumière zodiacale, les étoiles filantes, etc., sont autant de phénomènes dont nous n'ignorons l'explication que parce qu'il nous a été impossible jusqu'à présent de multiplier assez les observations pour en tirer des inductions dépendantes des théories acquises. Déjà les aurores boréales se sont séparées des questions précédentes; elles sont venues tout récemment se ranger parmi les faits expliqués. Si nous entrons maintenant dans le domaine des sciences naturelles, nous verrons la géologie, se fondant sur des observations précises, remonter pour ainsi dire jusqu'aux premiers âges de la terre habitée et marquer les grandes phases des révolutions qu'elle a éprouvées. Dans les transformations des êtres organisés, la vie, le plus grand des problèmes, est la seule limite qui arrête la curiosité du naturaliste, jusque dans l'organisation du moindre des insectes, ainsi que dans celle de la plus humble tige végétale.

Mais quelle route enchantée ont suivie les scrutateurs des secrets naturels pour doter leurs neveux d'un aussi riche héritage? En quoi consiste, en un mot, cette fameuse méthode, enseignée par Descartes, à laquelle nous devons les brillants résultats dont nous sommes si fiers? Nous allons tâcher d'en faire une exposition sommaire et caractéristique.

Quelle que soit la science, quel que soit l'objet

que l'on étudie, on est obligé d'en séparer les parties et de considérer chacune d'elles en particulier. Ces parties se trouvent ainsi, les unes à l'égard des autres, dans un certain ordre, qui n'est autre chose que la marche suivie par l'intelligence. Cette obligation où nous sommes de diviser l'objet de notre étude, provient de la faiblesse de notre entendement, qui ne peut sortir d'un cadre restreint dans un temps donné, et qui cependant, en raison de sa facilité à saisir la connexion des diverses acquisitions, arrive avec une admirable précision à grouper autour de quelques vérités un grand nombre d'autres vérités conséquences des premières, lesquelles, sans cela, resteraient toujours hors de sa pénétration. La marche suivie pour établir cet ordre est précisément la méthode; quant à la science, elle est la réunion de tous les préceptes que la méthode a fait découvrir.

Mais, si l'ordre suivi est arbitraire, si les parties constituantes de l'étude n'ont qu'une liaison imparfaite, il n'y a plus de méthode, il n'y a plus possibilité de voir la signification des choses ni la corrélation qui les assemble. Le résultat final n'est que confusion.

Pour constituer réellement une science, il est donc indispensable que le rang occupé par chacune de ses ramifications en montre l'enchaînement. Il faut que chacune d'elles soit déduite de celle qui la précède comme elle sert elle-même à conduire à celle qui la suit; de sorte que leur réunion soit une suite de conséquences d'une première vérité. Cette méthode est naturelle ; c'est le raisonnement appliqué à l'observation, c'est la logique mise en pratique. Tout en ne changeant jamais, ses applications varient, parce qu'il y a différentes sciences, différents arts concourant à la perfectibilité.

Ainsi, il n'y a qu'une seule méthode ; elle consiste dans une division tellement régulière du sujet, que toutes les parties soient disposées dans un ordre montrant leur relation intime. Toutes les sciences, tous les arts auxquels on l'applique tendent à la pénétration de la nature. S'il était possible de saisir le lien qui unit une science à une autre science, un art à un autre art, le lien qui unit ceux-ci à celles-là, c'est-à-dire si l'on pouvait trouver la filiation continue suivant laquelle se déroule la somme de nos idées, alors il n'y aurait qu'une seule science, celle groupant les lois naturelles dont l'expression nous est sensible. Mais, comme on a été forcé de partager l'étude de la nature en une infinité de branches constituant séparément chacune un système spécial, on a pensé qu'il y avait plusieurs manières d'arriver à la vérité. Cette fâcheuse méprise, preuve de la faiblesse de notre esprit, lequel est impropre à pénétrer dans une classe de manifestations supérieures, est cependant l'origine d'hypothèses purement gratuites, formulées à la place de principes tellement cachés, qu'on a presque abandonné l'espoir de les découvrir.

C'est ainsi que les sciences exactes ont fait des

progrès grands et rapides, étant établies sur des données incontestables, tandis que la psychologie, après des tentatives inouïes, est encore au berceau. Étrange destinée que la nôtre, qui nous permet de concevoir l'absence de limites dans l'espace et dans le temps, l'infini en un mot, et qui nous condamne à errer continuellement de doute en doute et d'erreurs en erreurs, lorsqu'il s'agit de la connaissance de nous-mêmes!

La méthode étant composée de deux parties, l'observation et le raisonnement, il en résulte deux sources d'erreurs : une observation inexacte et un raisonnement faux. Or, les sciences mathématiques offrent cet avantage énorme, de montrer lorsque le raisonnement n'est pas rigoureux, en conduisant à des conséquences qui décèlent l'erreur, en sorte que sa rectification devient facile. Elles reposent, en outre, sur des principes très-communs, constatés par une expérience de tous les instants. Tels sont ceux-ci : *Le tout est plus grand que l'une de ses parties; si sur des quantités égales on fait les mêmes opérations, les résultats seront encore égaux.* S'il existait un esprit assez obscur pour se refuser à leur évidence, il n'y aurait point de science possible pour lui. En y réfléchissant un peu, on reconnaît bientôt que ces propositions ne sont nullement des abstractions. L'expérience nous apprend continuellement que, si nos sens sont affectés par les objets extérieurs, ils le sont aussi par des portions de ces objets. De là, l'idée de quantité ou du plus et du moins, émanant d'une observation première, immédiate. Mais, cette dernière idée est inséparable de celle de l'égalité. Il n'y a donc rien de plus facile que d'établir toute la science des mathématiques sur la notion de *quantite* donnée par l'observation; c'est là son *principe unique*, et tel est le caractère d'une science exacte.

En appliquant les mathématiques à la mécanique, on a été obligé de faire intervenir les idées de *temps* et d'*espace*. Nous cherchons leur origine à la fin de ce livre; nous y renvoyons le lecteur, qui jugera si les termes qui les représentent rentrent dans les règles données par *Pascal* pour les définitions, les axiomes et les démonstrations[1].

[1] Ces règles les voici :

Règles pour les définitions. 1° N'entreprendre de définir aucune des choses tellement connues d'elles-mêmes, qu'on n'ait point de termes plus clairs pour les expliquer. 2° N'omettre aucun des termes un peu obscurs ou équivoques sans définition. 3° N'employer dans la définition des termes que des mots parfaitement connus ou déjà expliqués.

Règles pour les axiomes. 1° N'omettre aucun des principes nécessaires sans avoir demandé si on l'accorde, quelque clair et évident qu'il puisse être. 2° Ne demander en axiomes que des choses parfaitement évidentes d'elles-mêmes.

Règles pour les démonstrations. 1° N'entreprendre de démontrer aucune des choses qui sont tellement évidentes d'elles-mêmes qu'on n'ait rien de plus clair pour le démontrer et prouver. 2° Prouver toutes les propositions un peu obscures, et n'employer à leur preuve que des axiomes très-évidents ou des propositions déjà accordées ou démontrées. 3° Substituer toujours mentalement les définitions à la place des définis, pour ne pas être trompé par l'équivoque des termes que les définitions ont restreints.

La plus belle application des mathématiques est en astronomie. Nous n'avons pas à nous occuper dans ce livre des démonstrations des principes de cette science. Notre but est simplement une exposition philosophique des découvertes dont la réunion fait de la connaissance que nous avons de l'univers, le plus beau monument dont la pensée humaine puisse s'enorgueillir.

L'ASTRONOMIE

AU XIXᵉ SIÈCLE

CHAPITRE I

Origine de l'astronomie. Idée de cette science. Sa valeur. — But de l'astrologie; ses prétentions mensongères. Elle existait dans la plus haute antiquité, et ne perdit sa prépondérance que sous Henri IV. Quelques notions astrologiques. — Cham inventeur de l'astrologie.— Anecdotes relatives à Tibère et à Louis XI, etc. Principaux astrologues. — Jean Stoffler. Il prédit un déluge universel; terreur générale. Comment sa mort vérifia sa dernière prédiction. — Voltaire et le comte de Boulainvilliers.

L'origine de l'astronomie paraît fort simple quand on l'attribue à la contemplation des cieux, par des bergers, ou des poëtes admirateurs des beautés de la création. La curiosité, issue de l'activité, ainsi que l'envie de connaître la destinée humaine, tournèrent bientôt les idées vers la philosophie et vers les superstitions à l'usage des intelligences incultes et crédules. Cette tendance, produit essentiel de l'état social, dut éprouver une transformation radicale, se manifester sous une autre forme, lorsque la nécessité de satisfaire aux exigences de la société eut poussé l'homme à étudier les corps célestes. Avec les progrès de la civilisation, l'utilité des échanges et les relations des peuples entre eux se firent sentir ; mais, pour rendre ces relations possibles, pour traverser les déserts et les mers, il fallait des points de repère, des guides certains, et c'était sur la voûte des cieux qu'on devait les trouver. Là, en effet, les observations, dans leur simplicité primitive, ne tardèrent pas à constater l'invariabilité des positions des étoiles les unes par rapport aux autres, ainsi que les mouvements propres du soleil, de la lune et des planètes. Dès lors, l'astronomie prit naissance, et fit entrevoir à l'aide de quelques principes fondamentaux, la variété des créations jetées dans l'infini. Mais ce ne fut qu'après une longue suite de siècles, que la nature, laissant à peine de temps à autre entr'ouvrir ses voiles, permit à l'homme de dérober quelques-uns de ses secrets.

De toutes les sciences, l'astronomie est sans aucun doute celle qui donne la plus grande idée de l'intelligence humaine, et cependant combien elle est imparfaite encore ! Que savons-nous, en effet, des secrets infinis cachés dans la transformation de la matière nébuleuse, au milieu de laquelle se forment des centres d'attraction, des étoiles qui se séparent, se rapprochent, se meuvent les unes autour des autres? Qui osera seulement entrevoir ce qu'il reste à faire, et dire jusqu'où l'on pourra percer dans la petite portion de l'étendue accessible à nos regards? Le sentiment du connu devant l'inconnu nous laisse anéantis et frappés de notre impuissance en face de l'infini qui nous enveloppe. Placés sur un globe compté parmi les mondes comme un atome dans un tourbillon de poussière, éclairés par un soleil à peine comparable à l'une des étincelles de la voie lactée, laquelle à son tour se perd dans l'espace, que savons-nous sur cette complication impénétrable de mouvements, de distances, de poids, de volumes, depuis que nous observons avec tant d'ingénieuses dispositions? Presque rien! Et, sans sortir de notre système solaire, quel est son mouvement à travers les constellations, quelle est sa position, sa valeur, son influence , sa constitution même? Nous n'en savons rien! Et les comètes, ces astres errants qui promènent au ciel dans tous les sens leurs longues chevelures, n'ont-elles pas été jusqu'ici une énigme et un défi jeté aux hypothèses les plus hardies?

Ces réflexions, faites pour désillusionner les rêveurs, ne peuvent qu'encourager les vrais amis de la vérité, les investigateurs infatigables des régions de l'infini; et si la curiosité de l'homme, à chaque pas qu'elle fait en avant, se trouve arrêtée par d'impénétrables mystères, il n'en est pas moins vrai que, depuis trois siècles, la science a fait d'immenses progrès : il faut donc pour juger de ce qu'elle est de nos jours, jeter sur son passé un coup d'œil rapide, et suivre sa marche à travers les siècles. Ici, comme à l'origine de toutes les sciences, nous nous trouvons en présence du rêve et de la réalité. Commençons par le rêve, et parlons d'abord de l'astrologie.

Prédire les événements futurs en établissant entre le cours des astres et ces événements une liaison mystérieuse et fatale, établir une certaine dépendance entre les positions, les aspects des astres et la vie de l'individu, telle était la prétention des astrologues; et l'autorité dont ils ont joui pendant si longtemps n'a rien qui doive surprendre, car, en des temps d'ignorance, on devait croire aveuglément des hommes qui en étaient arrivés à une telle puissance de divination qu'en annonçant les éclipses avec certitude, ils se montraient en quelque sorte les confidents des mystères de l'infini. Combien ne devaient-ils pas mieux connaître ce qui se passait ici-bas, eux qui savaient tant de choses concernant les autres mondes! Il était impossible de ne pas leur accorder la science infuse. Aussi, l'astrologie a-t-elle l'ancienneté du monde; on la voit en grande faveur chez les Égyptiens, chez les Hindous, etc. Elle a persisté chez nous jusqu'au règne de Henri IV, et il n'est pas certain que ses traces soient complétement effacées chez les nations européennes les mieux policées.

Plus astrologues qu'astronomes, les Égyptiens croyaient que les fonctions et les influences des signes du zodiaque étaient déterminées par leurs noms : le *Bélier* exerçait une action puissante sur les troupeaux; la *Balance* inspirait l'ordre et la justice; le

Scorpion excitait les mauvaises passions et le désordre. Pour accommoder ces idées aux événements terrestres, on rattacha l'influence de chaque signe zodiacal au moment où il montait sur l'horizon à la naissance d'un enfant : il résultait de là qu'un enfant devait être riche en troupeaux, si le moment de sa naissance coïncidait exactement avec l'apparition sur l'horizon de la première étoile du *Bélier*. Le pouvoir du *Taureau* et des *Chevreaux* était du même genre. Le signe de l'*Écrevisse* indiquait que ceux qui naissent sous ce signe iraient toujours à reculons dans toutes leurs entreprises. Les héros dépendaient du *Lion* qui est le symbole du courage. La *Vierge* avec l'*Epi céleste* réunissaient l'abondance à la vertu, et portaient aux inclinations chastes. Les peuples dont les rois et les magistrats naissaient sous le signe de la *Balance* ne pouvaient manquer d'être heureux, attendu qu'ils devaient être gouvernés avec justice, tandis que le *Scorpion* portait malheur à ceux dont il était le pronostic redouté. Le *Capricorne*, et particulièrement lorsque le soleil montait avec lui sur l'horizon, promettait une prospérité toujours ascendante aux hommes nés sous son influence.

Quand les événements contraires venaient démentir toutes ces subtilités, les astrologues se tiraient d'embarras en alléguant l'action de la lune, des planètes et des autres corps célestes, et il paraissait évident à tout le monde que les conjonctions, les oppositions, etc., de tous ces corps, modifiaient certaines influences, les annulaient même, en changeant le bien en mal et le mal en bien.

Les planètes n'étaient pas oubliées par les astrologues, et elles leur fournissaient un texte inépuisable d'absurdes élucubrations. Ainsi, *Saturne* avait des influences meurtrières ou énervantes. *Jupiter* amenait les événements heureux et prolongeait la vie; il distribuait les sceptres et les dignités. *Mars* inspirait naturellement le goût des armes, et *Vénus* portait aux plaisirs des sens. Quant à *Mercure*, il administrait le commerce. C'est principalement lorsque les planètes se trouvaient en conjonction avec un signe bienfaisant que leur puissance avait la plus grande valeur. Alors, toutes les bonnes influences s'ajoutaient pour agir dans le même sens, et allaient planer sur le berceau de l'enfant qui venait de naître, et dont la vie était destinée au bonheur.

On pourra se faire une idée de l'astrologie en lisant ce qui suit, extrait du livre d'*Eteilla* .

« Trône des planètes, ou les douze maisons du zodiaque dans lesquelles les planètes ont l'empire sur les autres.

« Le soleil a son trône dans le signe du Lion.

« Mercure a son trône dans le signe de la Vierge.

« Vénus a son trône dans le signe du Taureau.

« La lune a son trône dans le signe de l'Écrevisse.

« Mars a son trône dans le signe du Scorpion.

« Jupiter a son trône dans le signe du Sagittaire.

« Saturne a son trône dans le signe du Verseau.

« 1. ☉ Le soleil signifie les souverains, les princes du sang, les grands juges ; il signifie aussi le seigneur du lieu du consultant ; tous les astrologues ont trouvé que le soleil était le significateur de la vie des souverains, des dames de son sang, jusqu'au troisième degré en rétrogradant ou descendant, mais non à nul autre. Il faut toujours prendre le soleil où il se trouve lors de la naissance ou au moment de la question, pour le significateur de la vie des souverains et souveraines, etc.

« 2. ☿ *Mercure* domine sur les philosophes, les astrologues, les cartomanciens, les géomètres, les physiciens, les poëtes, les historiens, les auteurs et inventeurs, compositeurs utiles, et en général sur tous les hommes de sciences et arts, et premiers chefs de bureau, et journalistes. Mais, dira-t-on, excepté ces deux classes, Mercure ne donne donc pas de fortune, car tous les hommes de science, généralement parlant, ne sont pas riches ; ils le seraient tous s'ils ne s'appliquaient qu'à compter comme les financiers. Mercure donne à tous l'activité au travail, la science de voyager avec profit pour la société, l'esprit du trafic et de la négociation, sans se soucier des grands bénéfices ; mais dans son contraste il domine sur les plagiaires, les faux nouvellistes, les fripons et les menteurs.

« 3. ♁ *Vénus* a la domination sur les amours, les mariages, les conversations, les apothicaires, les tailleurs d'habits, les perruquiers, les coiffeurs, les sages-femmes, les joueurs d'instruments, les marchandes de modes, les valets et femmes de chambre, les bijoutiers, et sur tous ceux qui vendent de la parure pour porter sur soi et pour décorer les appartements, comme glaces, chiffonnières, bergères et autres meubles de goût; elle domine aussi sur les parfums et les parfumeurs, etc. ; et dans son contraste sur les femmes galantes, mariées ou non mariées.

« 4. ☾ La *lune* domine sur les comédiens, les joueurs de gibecière, les bouchers, les chandeliers et ciriers, les cordiers, les limonadiers, les cabaretiers, les vidangeurs, donneurs à jouer de toute nature, le maître des hautes-œuvres, les ménageries d'animaux; et dans son contraste, sur les joueurs de profession, les filous, les femmes débauchées, etc. ; c'est-à-dire que la lune domine sur tous ceux qui font le métier de travailler la nuit par état jusqu'au soleil levant ou à vendre des denrées pour la nuit ; et dans le contraste elle domine sur tout ce qu'on aurait honte de commettre en plein jour ou vu de ceux qui ont des mœurs. Il est bon de noter que la lune domine aussi sur tous les petits négociants qui ne tirent que des ports de la nation ou de la main des accapareurs ; sur les usuriers, les courtiers, les maquignons, les rats de palais, hommes sans charge, rongeant les clients, et mettant par leurs astuces les plus honnêtes gens dans le péril de perdre.

« 5. ♂ *Mars* domine sur les guerriers, les médecins, vulgairement les chimistes, les chirurgiens, barbiers, cuisiniers, boulangers, pâtissiers, fondeurs, orfévres, serruriers, etc.; enfin sur tous ceux qui emploient le fer ou le feu, et dans son contraste ou mal placé, sur les boute-feu, les séditieux, les révoltés, les traîtres de l'armée et les brigands, etc.

« 6. ♃ *Jupiter* domine sur les vrais sages et sur l'élite des grands philosophes; tels furent également tous les mages de toutes les nations; sur les grands magistrats, comme chancelier, parlement, ministre, etc.; sur les banquiers, les armateurs, agriculteurs, manufacturiers; enfin, sur tous ceux qui lient d'un bon accord la patrie et pourvoient à ses besoins, sans y mettre de mélange contraire à la santé et à la vie.

« 7. ♄ *Saturne* domine sur les vieillards, les ecclésiastiques, les rentiers, les cacochymes, les couvents, les bons moines, les ermites; enfin, sur tous ceux qui sont séparés du corps de la société, et vivent plus moralement que physiquement. Dans son contraste, il domine sur les hommes sans emploi, les domestiques fainéants, les avaricieux, les tartufes, les hypocrites, les trompeurs, les faux dévots (ah! bon Dieu, que ceux-ci sont dangereux à qui ils en veulent), et enfin sur tous ceux qui tournent la religion à leur intérêt, et scandalisent les honnêtes gens. De vrais honnêtes gens ne doivent pas se scandaliser d'être tous sous la domination d'une planète, qui dans son contraste, ou mal placée, domine sur les vils hommes, parce que, comme ils savent, le soleil nous éclaire tous.

« 8. ☊ *La tête du Dragon* ressemble à Mercure. Elle est bonne avec les bons, et méchante avec les méchants ; elle tient de la nature de Jupiter et de Vénus ; la raison en est assez déduite dans les philosophes : elle est masculine.

« 9. ☋ *La queue du Dragon* est féminine ; elle est méchante avec les bons, et bonne avec les méchants ; elle est de la nature de Mars et de Saturne.

« 10. ○ *La partie de fortune* tient du soleil et de la lune ; elle n'est ni mâle ni femelle, mais tient des deux sexes. »

Cham passe pour être l'inventeur de l'astrologie ; elle aurait pris naissance en Chaldée. Ce qu'il y a de certain, c'est que tous les anciens peuples ont eu des astrologues ; et, pour ne pas trop nous étendre sur ce sujet, nous citerons un seul fait emprunté à l'histoire ancienne : il montrera comment des circonstances habilement exploitées ont souvent contribué à assurer la confiance et la faveur dont jouissaient ces hommes si méprisés aujourd'hui.

Pendant son exil à Rhodes, Tibère allait souvent sur un rocher élevé au bord de la mer. Un certain astrologue, Thrasyllus, consulté en ce lieu par le futur empereur, lui prédit un superbe avenir et son avénement au trône des Césars. Tibère lui dit : *Puisque tu es si habile, pourrais-tu savoir combien il te reste de temps à vivre?* L'astrologue, tout en regardant le ciel, n'avait pas perdu de vue son interlocuteur. Il repartit : *Je crois qu'à cette heure même je suis menacé d'un grand malheur*. C'est qu'il avait compris que Tibère avait l'intention de le faire précipiter dans la mer; mais celui-ci, le considérant comme un oracle, lui laissa la vie et lui accorda une grande confiance.

Le roi Charles V avait étudié l'astrologie; il fit bâtir un établissement appelé collége de maître Gervais, du nom d'un de ses savants, dans lequel on enseignait cette prétendue science. Le pape Urbain V approuva cette institution et lança ses foudres contre celui qui oserait changer la destination de cette maison. La Sorbonne en ressentit les effets lorsqu'elle voulut plus tard remplacer l'enseignement de l'astrologie par celui de la théologie.

Louis XI, aussi crédule et superstitieux qu'il était cruel, avait l'astrologie en grande estime; seulement il ne s'accommodait pas facilement des réponses évasives, il lui fallait une précision dont les tireurs d'horoscope ne devaient pas être toujours satisfaits. Ayant adressé à l'un d'eux cette question : *Connais-tu l'instant de ta mort?* celui-ci répondit : *Je mourrai trois jours avant Votre Majesté*. La réponse eut du succès, car le roi en fut effrayé et ne songea plus un instant à lui ôter la vie.

Sous le règne de Charles IX, Catherine de Médicis allait souvent consulter les astres dans une espèce d'observatoire qu'elle avait destiné à ses pratiques superstitieuses.

Le surnom de Juste fut donné à Louis XIII parce

qu'il était né sous le signe de la Balance; et, lors de la naissance de Louis XIV, un astrologue était caché pour tirer son horoscope.

Ce n'est qu'au dix-septième siècle que l'astrologie cessa d'être patronnée par les rois.

Parmi les astrologues célèbres, on cite *Albert le Grand, Nostradamus* et *Mathieu Lansberg*. Au seizième siècle, il y avait à Tubingen un mathématicien nommé *Jean Stoffler*, lequel se piquait d'être savant astrologue. Il fit la prédiction d'un déluge universel qui devait tout détruire au mois de février 1524. La réputation de ce savant était telle, qu'il fit trembler les moins crédules : chacun prenait ses précautions pour échapper à l'inondation; on voyait de tous côtés des bateaux petits et grands, tout prêts à recevoir leur monde. Une nouvelle arche fut même construite par un Toulousain; elle était assez grande pour renfermer ses amis avec sa famille, sans compter les animaux qu'il voulait embarquer. Chose étrange, tout le mois redouté se passa sans pluie, au grand désappointement du devin qui avait signalé les planètes Mars, Jupiter et Saturne dans les Poissons et en conjonction. Stoffler n'abandonna pas ses croyances; il prédit que sa mort serait occasionnée par une chute. Un jour, qu'il avait entamé une vive discussion, étant dans sa bibliothèque, il voulut prendre un gros volume pour y chercher un passage à lui connu; au même instant, une planche qui s'était détachée lui tomba sur la tête, et il mourut des suites de sa blessure. C'est ainsi que se vérifia sa dernière prédiction.

On sait que Voltaire répondit au comte de *Boulainvilliers*, qui lui avait prédit sa mort pour l'âge de trente-deux ans : « J'ai eu la malice de le tromper déjà de plus de trente années, de quoi je lui demande humblement pardon, » et il vécut encore vingt-deux ans.

On pourrait faire un gros volume avec l'histoire de l'astrologie, et il serait facile de montrer qu'elle a exercé, depuis l'antiquité la plus reculée jusqu'aux limites même des temps modernes, la plus active influence ; mais il nous suffit d'avoir marqué son but en quelques mots et de l'avoir nettement distinguée de la science positive, à laquelle, malgré son obscurité, elle a rendu quelques services : nous arrivons maintenant à l'astronomie proprement dite.

CHAPITRE II

Anciens peuples qui cultivèrent l'astronomie. — Égyptiens. Osiris. Le livre de M. Rodier. Hindous. — Cycles anciens; l'antou; les nakchatras. — Période des manouantaras. Période de Maha-young. Ère de Satya-youg. — Usage de la semaine. Fables originaires d'Asie. Les douze divinités égyptiennes. L'Éthiopien Hermès. Obélisques. Gnomons. Les brahmes.— Les Chinois. Ils connaissaient la boussole 2697 ans avant J.-C. Première éclipse observée en 2169 avant J.-C. Destruction des livres l'an 246 avant notre ère. — Le Chaldéen Bélus. Période de Saros. — Mémoires de M. Biot sur l'astronomie ancienne. — Les Grecs. Alcée. Thalès. Anaximandre. Anaximène. Anaxagore. Pythagore. Démocrite. Platon. Méton. Eudoxe. Aristote. Pythéas. Archimède. — École d'Alexandrie. Aristarque. Ératosthène. Hipparque : découverte de la précession des équinoxes. Appréciation de M. Biot. — Réforme du calendrier par Jules César. Claude Ptolémée; découverte de l'évection; Almageste. Destruction de la bibliothèque d'Alexandrie. —Almamoun. Aboul Wéfa. Le roi Alphonse. Roger Bacon. — Régiomontanus ou Jean Muller. Jean de Purbach.

Il est très-probable que l'astronomie prit naissance chez les *Hindous*. Cependant, d'après la légende d'*Osiris*, le plus ancien des conquérants et divinisé par les *Égyptiens*, il semblerait que ceux-ci eussent introduit l'nsage de la semaine chez les Hindous, ainsi que celui de l'année hebdomadaire, formée de treize mois de quatre semaines chacun, division que ce dernier peuple conserve encore aujourd'hui, malgré l'introduction chez lui de l'année sidérale par son plus ancien législateur *Manou*.

Les travaux récents de M. *Rodier* sur la chronologie antique mettent sinon hors de doute, du moins rendent très-probable l'existence de relations suivies entre les Égyptiens et les Hindous, et constatent, soit de curieuses analogies entre les connaissances astronomiques des deux peuples, soit de remarquables efforts pour constituer des cycles d'après le cours du soleil et celui de la lune. Voici à cet égard ce que nous trouvons dans le livre de M. Rodier sur l'*Antiquité des races humaines*.

« Les Hindous conservent encore religieusement ces formes toutes primitives de la mesure du temps à côté de l'année sidérale. Ils se gardent bien aussi de rejeter l'usage de quelques autres vieilles institutions astronomiques qu'on est tenté de faire remonter jusqu'à l'époque des Scythes primitifs, tant elles sont répandues au loin chez les peuples du nord et de l'est de l'Asie, et même de l'Amérique.

« Une de ces institutions, c'est le compte des années à l'aide d'une double série périodique de mois. L'*antou* était, et il est encore en Asie, une période, peut-être purement mnémonique, de 12 années portant chacune le nom d'un animal. Cinq antous forment une période de 60 ans, et chacun d'eux est désigné par le nom d'un des cinq éléments (le feu, l'eau, la terre, le bois, le métal), si bien que chacune des 60 années a un nom propre composé par la combinaison d'un nom d'animal et d'un nom d'élément.

« Une autre institution un peu moins répandue et qui est peut-être d'origine égyptienne est la division du cercle céleste nommé *écliptique* en 28 parties dites *nakchatras* ou *maisons lunaires*, dont chacune correspond à peu près au chemin que la lune parcourt en un jour parmi les étoiles.

« En se communiquant réciproquement leurs observations et leurs théories, les Égyptiens et les Hindous étaient certainement parvenus à des connaissances fort remarquables sur les mouvements célestes. »

En témoignage, M. Rodier offre la nature même de l'ère hindoue. « C'est l'origine d'une grande période dite des *Manouantaras*, destinée à mesurer les différences entre l'année tropique et l'année sidérale, en d'autres termes, à suivre le mouvement que nous appelons précession des équinoxes.

« Elle se compose de 14 parties égales, dont chacune se subdivise en 71 antous ou cycles de 12 ans.

« Le module de tout le système est l'antou, ce petit cycle d'origine scythique qui avait déjà la consécration d'un vieil usage.

« Le cycle de 71 antous auquel on donne le nom de Manouantara, vaut 852 ans, et, à ce compte, il correspond fort approximativement, surtout pour l'époque où on l'imagina, au temps qu'un colure emploie pour rétrograder de la 28e partie de l'écliptique, c'est-à-dire de la fin au commencement d'un nakchatra.

« Au bout de 14 manouantaras, valant 11928 ans, ou, en nombres ronds, 12000 ans, la rétrogradation du colure devait être de 14 nakchatras, ou d'une demi-circonférence. Cette période totale, ou demi-révolution de la ligne des équinoxes, reçut d'avance le nom de *Maha-youg*, mais elle ne fut jamais achevée. Au bout de 6 manouantaras, plus 27 antous, c'est-à-dire de 5436 ans, la chronologie hindoue présente l'indication d'une nouvelle ère, celle de *Satya-youg*. »

Les Latins avaient emprunté aux Égyptiens la nomenclature des sept jours de la semaine, telle que nous l'avons conservée. Ainsi, ils partageaient la durée du jour en quatre parties de 6 heures chacune, et les mettaient sous la protection d'une planète. Le nom de chaque jour était déterminé par celui de la planète qui répondait à sa première partie. Les planètes, placées par les anciens dans l'ordre de leurs distances à la terre, étaient :

La Lune, Mercure, Vénus, le Soleil, Mars, Jupiter et Saturne.

Le lundi (lunæ dies) avait pour planètes ; Lune, Mercure, Vénus, Soleil.

Au mardi (Martis dies), répondaient Mars, Jupiter, Saturne, Lune.

Au mercredi (Mercurii dies), Mercure, Vénus, Soleil, Mars.

Au jeudi (Jovis dies), Jupiter, Saturne, Lune, Mercure.

Au vendredi (Veneris dies), Vénus, Soleil, Mars, Jupiter.

Au samedi (Saturni dies), Saturne, Lune, Mercure, Vénus.

Au dimanche (solis dies, dies dominica), Soleil, Mars, Jupiter, Saturne.

On ignore l'origine de cet usage de la semaine, qu'on retrouve chez les Hindous, les Chinois, etc. ; il rend probable l'opinion qui en attribue la fondation à un peuple d'une ancienneté plus grande que la leur. Ce qu'il y a de certain, c'est que l'Asie qui conserva les connaissances astronomiques, fut le berceau des fables qui s'y rapportent. On sait qu'Hercule simulait le soleil, et que les douze signes du zodiaque correspondaient à ses douze travaux. Les 9 mois de l'année pendant lesquels on travaille à l'agriculture étaient représentés par les 9 Muses ; et les trois autres mois étaient ceux des trois grâces, amies de l'amour et du repos.

Les Égyptiens avaient douze divinités dont les symboles étaient les constellations zodiacales. Jupiter Hammon avait le Bélier ; le bœuf Apis répondait au Taureau, les dieux inséparables Horus et Harpocrate avaient les Gémeaux pour emblème; l'Écrevisse servait Anubis; le Lion était consacré au Soleil et la Vierge à Isis ; les symboles de Typhon étaient la Balance et le Scorpion; Hercule avait le Sagittaire, Mendès le Capricorne et Nephtis les Poissons ; quant au Verseau, il rappelait l'usage où l'on était au mois de janvier (tybi), d'aller remplir une cruche d'eau à la mer.

C'est le Chaldéen *Hermès* qui apporta, vers l'an 3360 av. J.-C., les connaissances astronomiques en Éthiopie.

Les Égyptiens connaissaient bien le cours du soleil ; on peut en citer une preuve convaincante : c'est que la construction de Persépolis fut inaugurée par *Schemschid*, au commencement d'une période, le soleil entrant dans le signe du Bélier. Tous les obélisques, très-bien orientés, étaient des gnomons. Les phases de la lune, la cause des éclipses, la rondeur de la terre, étaient pour eux des faits connus.

Les Brahmes de l'Inde déterminaient les latitudes au moyen du gnomon, et ils orientaient exactement leurs pagodes. La mesure de l'année avait été fixée à $365^j\ 6^h\ 31^m\ 15^s$, depuis un temps immémorial ; cette valeur n'est pas très-éloignée de l'exactitude. Le calcul des éclipses paraît avoir été connu de ces peuples : mais leurs connaissances, stationnaires depuis plus de 5,000 ans, restent mélangées de superstitions ridicules.

Les *Chinois* étaient au moins aussi avancés que les Indiens, et leur civilisation, qui date de très-loin, les a mis de bonne heure au fait des principaux phénomènes astronomiques. Ce peuple, ennemi des innovations, est retombé, après l'expulsion des jésuites, dans ses anciens préjugés. Les Chinois croient à la manifestation des volontés suprêmes, par l'apparence des phénomènes; et leurs savants, qui ne sont point dupes de ces superstitions, encouragent néanmoins les absurdes pratiques consacrées aux apparitions des éclipses.

Le premier des empereurs chinois, Fohi, étudia l'astronomie (2952 ans avant J.-C.). La boussole était connue en Chine en l'an 2697 avant J.-C., car l'empereur Hoang-ti, qui régnait alors, inventa un instrument qui indiquait les quatre points cardinaux, sans avoir recours à l'examen du ciel. La première éclipse mentionnée dans l'histoire, est celle qui arriva au temps de Chou-Kang, 2169 ans avant J.-C. ; on s'en est servi pour fixer la chronologie chinoise. A partir de l'année 500 avant J.-C., l'astronomie tomba en discrédit et en 246 avant notre ère, il y eut dans ce pays une destruction de livres, comparable à celle qui plus tard anéantit la bibliothèque d'Alexandrie.

Les *Chaldéens*, grands amateurs d'astronomie, attribuaient son invention à *Bélus*. Ils avaient des notions assez précises sur la nature de notre globe ; ils croyaient qu'on pourrait en faire le tour dans l'espace d'une année, en marchant continuellement.

Les comètes, selon eux, étaient des étoiles errantes. Ils savaient prédire les éclipses et les expliquaient assez mal ; la lune était obscure sur l'une de ses moitiés et lumineuse sur l'autre. Cependant, d'après Diodore de Sicile, les Chaldéens n'ignoraient pas que la cause des éclipses de lune est due au passage de notre satellite dans l'ombre projetée par la terre, et qu'il empruntait sa lumière au soleil. Ils connaissaient aussi la période de *Saros;* ils savaient qu'après 18 années le soleil revient dans la conjonction ou dans l'opposition, à la même distance des nœuds de l'orbite lunaire à laquelle il se trouvait au commencement de cette période; que dès lors, les éclipses reparaissaient après 18 ans, aux mêmes jours de l'année, dans le même ordre et offrant les mêmes circonstances physiques.

Quoi qu'il en soit de la priorité des Égyptiens et des Hindous dans l'étude de l'astronomie, il est certain que cette science commença sérieusement chez eux, et que c'est là que les Grecs en puisèrent les principes.

Un de nos savants les plus illustres, M. Biot, enlevé à l'Académie il y a plus de deux ans, à l'âge de quatre-vingt-huit ans, s'est distingué par ses travaux sur l'astronomie ancienne. Les nombreux mémoires qu'il a publiés méritent certainement d'attirer l'attention des savants et des chronologistes.

Alcée (Hercule) introduisit en Grèce la sphère originaire de l'Asie, 14 siècles à peu près avant J.-C. Hésiode modifia cette sphère, en formant l'année de 12 mois de 30 jours, avec une intercalation tous les 2 ans. Solon fit adopter à Athènes l'usage des mois de 29 et de 30 jours.

Ce fut en Égypte que *Thalès* de Milet, ville d'Ionie, né vers 640 avant J.-C. et le premier des sept sages de la Grèce, alla étudier pour rapporter dans sa patrie les connaissances qu'il avait acquises. Il chercha les hauteurs des objets par la mesure des ombres qu'ils projettent. Il prédit les éclipses, détermina les solstices et fit des tentatives pour trouver le rapport du diamètre du soleil à celui de la circonférence qu'il supposait décrite par cet astre autour de la terre. Sous le roi Alyatte II, en 609, eut lieu une éclipse que Thalès avait prédite ; elle termina la guerre des Lydiens contre les Mèdes. Ce philosophe recherchait la semence de l'univers ; il admit l'eau comme l'élément générateur. D'après Aristote, Diogène Laërce, etc., Thalès était loin d'être matérialiste : le mouvement avait sa source dans une force vivante, divinité invisible. Seulement, il généralisait trop l'idée de l'âme ; il supposait que l'aimant en possédait une ainsi que l'ambre jaune, qui, comme on sait, possède la propriété d'attirer certains corps légers lorsqu'on l'a électrisé par le frottement.

Anaximandre passe pour être le disciple de Thalès (d'après Eusèbe) ; comme lui, il était de Milet, où il naquit vers l'an 607 avant J.-C. Il vécut moins vieux que son maître, car il ne dépassa guère l'âge de soixante-quatre ans. On lit dans Diogène Laërce qu'Anaximandre apprit à dresser des cartes géographiques, à faire des cadrans solaires et à construire des sphères. Il croyait à la sphéricité de la terre et la plaçait au centre du monde ; il savait aussi que la lune emprunte sa lumière du soleil, ce dernier astre étant un feu très-pur dont la grosseur équivalait à celle de la terre. De plus, ce philosophe aurait inventé des instruments pour mesurer les époques des solstices et des équinoxes. D'après ses idées cosmogoniques, le principe de toutes choses était l'infini, inaltérable dans son essence, mais se transformant en une série de variations, sans changement dans les lois primordiales. Pour Anaximandre, le mouvement était éternel et une propriété inhérente au chaos originel; c'était la cause de l'assemblage des substances homogènes et de la désagrégation des substances hétérogènes. Cette suite lente de modifications marqua plusieurs âges de la terre, celui entre autres de l'apparition des animaux tels que nous les connaissons. Ces combinaisons successives sont, au fond, le principe de l'évolution appliqué à la matière universelle.

Parmi les philosophes qui ont illustré l'école d'Ionie, nous citerons encore *Anaximène*, aussi de Milet, dont la naissance est reportée à l'année 550 avant J.-C. La terre était supportée par l'air, et autour d'elle tournaient les cieux solides. Le principe de la cosmogonie d'Anaximène était l'air, qu'il douait de l'éternité, de l'immensité et de l'infinité. C'est-à-dire que, pour lui, l'air remplissait les espaces célestes exclusivement à tout autre agent, qu'il possédait le mouvement éternel, et qu'à lui seul il constituait l'essence de toutes choses. Les condensations et les dilatations de l'air, occasionnées par le mouvement, engendraient des phénomènes dont le résultat était la production du feu, de l'eau et de la terre, sans que l'élément primitif, l'air, éprouvât d'altération dans sa nature intime.

Pour compléter l'ensemble des doctrines de l'école Ionienne, nous sommes forcé de dire quelques mots d'un philosophe qui se rendit célèbre par des conceptions d'un ordre plus élevé que toutes celles de ses prédécesseurs. Nous voulons parler d'*Anaxagore*, natif de Clazomène, qui vivait l'an 500 avant J.-C. Au lieu de ne voir qu'une seule cause matérielle, ce penseur admettait deux principes immuables, l'un matériel et l'autre spirituel ou intelligent, supérieur au premier, et organisateur du monde physique. Il y a loin de ces idées à celles de l'organisation fatale d'Anaximène, se passant d'une intelligence suprême, en douant l'air, son élément constitutif, d'un mouvement nécessaire, cause de toutes les transformations possibles.

« Thalès [1] avait ouvert en Grèce la série des philosophes dont le système cosmogonique devait reposer sur un principe unique, admis comme élément primordial, et donnant naissance, par ses développements ultérieurs, à tout cet univers. Dans cette voie marchaient Phérécyde, Anaximène, Diogène d'Apollonie, Héraclite. Anaximandre, au contraire, vint poser la base de ce système que devait un jour, sauf quelques modifications, reproduire et déve-

[1] Dictionnaire des sciences philosophiques.

lopper Anaxagore, et qui consiste à expliquer la formation des choses par l'existence complexe et simultanée de principes tous contemporains les uns des autres, et constituant primitivement, par leur confus assemblage, ce chaos que le philosophe de Clazomène a si lucidement caractérisé par son Πάντα ὁμοῦ. Tel est le point de départ dans la cosmogonie d'Anaximandre, laquelle constitue une sorte de panthéisme matérialiste. Eusèbe et Plutarque lui reprochent d'avoir omis la cause efficiente. C'était à Anaxagore qu'il était réservé de concevoir philosophiquement un être distinctif de la matière et supérieur à elle, une intelligence motrice et ordonnatrice. »

Pythagore, natif de Samos, 584 ans avant J.-C., voyagea longtemps en Égypte et dans les Indes. Ce philosophe fut le premier qui conçut le système planétaire connu sous le nom de système de Copernic. Il voyait dans les planètes et la terre des corps tournant autour du soleil, centre du monde, notre globe ayant lui-même un mouvement de rotation, cause du mouvement diurne apparent; ce tout harmonieux exécutant une sorte de mélodie, une musique céleste. Pythagore, par ses propres observations, divisa l'année en 365 jours et quelques heures; pour lui, le firmament était une voûte sphérique et solide. Ce grand philosophe croyait en un seul Dieu, d'un esprit infini, et créateur du monde. Les nombres étaient les principes de nos connaissances, représentant les formes et les substances. Tout était exprimable par des rapports numériques, les causes génératrices étant la divinité et le destin. La métempsycose qu'il professait vient d'Égypte ; l'âme, émanation du feu central, était formée d'éther chaud et froid, pouvant passer d'un corps dans un autre.

Vers l'an 500 avant J.-C., *Démocrite* voyait dans la voie lactée une agglomération d'étoiles ; et *Platon* disait, en 430, que le mouvement primitif des planètes était rectiligne, et que les orbites devinrent circulaires par suite de l'attraction.

Méton, philosophe et astronome d'Athènes, publia en 439 avant notre ère le cycle qui porte son nom. C'est une période de 19 années solaires, au bout de laquelle il trouva que les nouvelles lunes tombaient aux mêmes jours auxquels elles étaient arrivées 19 années auparavant. On reconnut dans la suite qu'il manquait à peu près deux cinquièmes de jour pour valoir un de ces cycles. Pendant ce laps de temps, 235 lunaisons s'effectuent ; et le chiffre qui indique l'année du cycle lunaire s'appelle *nombre d'or*, parce qu'il était inscrit en caractères d'or à Athènes.

370 ans avant J.-C., *Eudoxe* de Cnide fixa la durée de l'année à 365 jours 6 heures ; il connut assez exactement les durées des révolutions des planètes autour du soleil.

Aristote, surnommé par les anciens le *Prince des philosophes*, est né à Stagire, en 384 avant J.-C. Il observa une éclipse de Mars par la lune, une occultation d'étoile par Jupiter et une comète ; il fut partisan des cieux solides et admit l'uniformité dans le mouvement de son huitième et dernier ciel. Dans *la Physique,* il traite la question du mouvement de la terre pour la réfuter; il démontre la pesanteur de l'air par l'expérience très-simple d'un ballon vide pesant moins que quand il est rempli d'air; il suppose la circulation du sang une chose connue de tout le monde.

On doit à Aristote une idée très-juste, que le progrès des sciences a complétement confirmée, c'est que le mouvement est un fait universel et capital. A ce sujet, il attaque les mauvais raisonneurs qui veulent prouver l'évidence, et il se contente d'admettre le mouvement sans le prouver. Il considère la nature comme un principe, cause du mouvement. Il place Dieu en dehors de la nature, sans la connaître et étant tout dans sa pensée. Le principe actif de notre existence est l'âme; il en fait une chose qui tient du corps et d'origine divine. Aristote n'admet pas le hasard, si ce n'est comme exprimant une liaison insaisissable entre certains effets. Ce philosophe a vu ce que les savants admettent aujourd'hui, savoir, que tout est ordonné suivant des lois immuables, pour certaines fins inconnues.

L'infini est un principe qui n'est jamais en acte; il est différent du monde dont il admet l'éternité comme conséquence de la perpétuité du mouvement. L'espace est démontré par la présence successive de différents corps dans un même lieu; ce n'est pas là une définition. Aristote nie le vide et semble ainsi se contredire ; mais, contrairement au *Timée* de Platon, il a soin de ne pas confondre la matière avec l'espace. Tout ce qu'il dit du temps est lié à l'idée du mouvement ; citons un passage de la traduction de M. Barthélemy Saint-Hilaire : « Mais si l'âme par hasard « venait à cesser d'être, y aurait-il encore ou n'y « aurait-il plus de temps? C'est là une question « qu'on peut se faire ; car, lorsque l'être qui doit « compter ne peut plus être, il est impossible également qu'il y ait quelque chose de nombrable ; et par « suite évidemment il n'y a plus davantage de nombre, car le nombre n'est que ce qui a été compté « ou qui peut l'être. Mais s'il n'y a au monde que « l'âme, et dans l'âme l'entendement qui ait la faculté naturelle de compter, il est dès lors impossible que le temps soit si l'âme n'est pas ; et, par « suite, le temps n'est plus, dans cette hypothèse, « que ce qui est simplement en soi. »

La question de la permanence des êtres, tant agitée dans ces derniers temps, a occupé ce grand philosophe. Il ne pensait pas qu'aucun mélange pût altérer les genres et les espèces. Chaque être provient éternellement d'un être semblable à lui, existant avant lui ; c'est ainsi que Démocrite avait aussi pensé et Platon également. Chez nous, l'un des grands défenseurs de cette théorie fut Georges Cuvier, et l'un de ses forts antagonistes a été Geoffroy Saint-Hilaire. Tout récemment, en 1859, M. Charles Darwin a publié un livre ayant pour titre l'*Origine des espèces :* il y émet l'idée que tout le règne animal est descendu de 4 ou 5 types primitifs tout au plus, et qu'il en est de même du règne végétal ; qu'on pourrait même admettre que tous les êtres organisés peuvent descendre d'une forme unique et primordiale. Cet auteur est donc encore un adversaire de la permanence inaltérable des genres; c'est un partisan de la théorie des transformations successives, subies lentement par quelques êtres primitifs, ayant produit à la longue une série de modifications représentées par toutes les espèces observées.

Un des grands astronomes de l'antiquité est *Pythéas*, natif de Marseille; il vivait 300 ans avant J.-C. Il établit un gnomon qui, observé au solstice, donna une ombre dont la longueur était à la hauteur du gnomon comme 499 : 1440. Il est glorieux pour la France, dit Cassini, d'avoir eu en ce temps-là un astronome capable d'avoir porté ses spéculations à un point de subtilité où les Grecs, qui veulent passer pour les inventeurs de toutes les sciences, n'avaient encore pu atteindre. Et cependant les Gaulois n'ont laissé à la postérité aucun monument de cette observation; et elle serait ensevelie dans l'oubli, si les Grecs qui en ont profité n'en avaient conservé la mémoire. Ératosthène, qui tenta le premier de mesurer la terre par le moyen de l'astronomie, faisait tant de cas de l'observation de Pythéas, qu'il en fit un des fondements de sa géographie. Hipparque, à l'imitation de

Pythéas, détermina le parallèle de Byzance par l'ombre d'un gnomon. Ptolémée a supposé l'observation de l'astronome de Marseille, comme tous les autres géographes qui l'avaient précédé; il n'a pas manqué de s'y conformer dans ses tables géographiques. Enfin, en l'année 1672, le grand astronome Jean-Dominique Cassini alla exprès à Marseille pour y prendre la hauteur du pôle, qu'il trouva de 43° 17′ 33″. Il en déduisit que la distance solsticiale était plus grande dans cette ville, qu'elle ne l'était au temps de Pythéas, de 41′ 47″. L'ancien Dictionnaire de physique, auquel nous empruntons ces détails, ajoute : « La passion qu'avait Pythéas pour l'astronomie et pour la géographie lui fit entreprendre les voyages les plus périlleux. Il alla fort avant vers le pôle arctique par l'Océan occidental; et s'apercevant que plus il avançait, plus les jours s'allongeaient au solstice d'été (il faudrait dire : quand le soleil décrit les parallèles de l'hémisphère boréal), il pénétra jusqu'à l'île de Thulé, où le soleil se levait presque aussitôt qu'il s'était couché. De retour de ses courses, il fit part au public de ses découvertes, et il fut regardé comme un visionnaire. Les relations des navigateurs modernes ont pleinement justifié Pythéas : aussi le regardons-nous comme celui qui le premier s'est avancé vers le pôle jusque dans des pays qui passaient pour inhabitables, et comme le premier astronome qui ait distingué les climats par la différente longueur des jours et des nuits. On ne sait ni en quel temps, ni en quel lieu, ni à quel âge mourut Pythéas. »

Archimède, qui florissait à Syracuse 200 ans avant J.-C., construisit une sphère en verre, dont les cercles représentaient les mouvements célestes.

Aristarque, de l'école d'Alexandrie, chercha les distances de la terre au soleil et à la lune, par un procédé théoriquement exact; ses résultats ne furent erronés que par le manque de bonnes observations. Il trouva pour le diamètre du soleil la 720e partie de son orbite annuelle; ce chiffre commençait à jeter du jour sur les vraies dimensions relatives au soleil, à la terre et à la lune. Cet astronome fut le seul de son école qui admit le mouvement de la terre; il fut, pour cette raison, accusé d'impiété.

L'obliquité de l'écliptique fut déterminée par *Eratosthène*. Il inventa les armilles, fit des observations précises et mesura approximativement la longueur du tour de la terre. La simplicité de sa méthode la fit admettre par les astronomes modernes : il fixait deux points sur un même méridien, mesurait leur distance et cherchait l'angle formé au centre du globe par les verticales aboutissant à ces points. Il exécuta cette opération en Égypte; en réduisant son résultat en mesures nouvelles, on obtient 39,273,000 mètres pour la circonférence entière du globe de la terre. Cette valeur n'est pas très-différente du chiffre 40 millions de mètres, eu égard à l'imperfection des instruments dont il pouvait disposer.

Hipparque, qui florissait de l'an 168 à l'an 219

avant J.-C., était de Nicée. Il fut le plus grand astronome de l'antiquité ; le premier, il calcula les éclipses et prédit celles qui devaient arriver dans un espace de 600 ans. L'imperfection de ses méthodes et des tables qu'il avait dressées ne lui permirent pas de répondre de l'exactitude de ses résultats, au delà de ce terme. Cet homme remarquable catalogua 1,026 étoiles, dont il mesura les distances angulaires, en fixant leurs positions par des observations aussi précises qu'on pouvait le désirer en ce temps ; il les répartit en 49 constellations : Hipparque adopta l'obliquité de l'écliptique trouvée par Ératosthène, après vérification. Il détermina la durée de l'année en observant le retour du soleil au même solstice ou au même équinoxe; l'ombre d'un style lui servit dans cette mesure. Après avoir effectué ces observations pendant plusieurs années, afin de se mettre le plus possible à l'abri des erreurs, il constata l'inégalité des saisons et celle des jours. Ce grand astronome admettait le mouvement du soleil autour de la terre et traça la courbe décrite, ainsi que celle parcourue par la lune autour de notre globe. De plus, il apporta une certaine exactitude dans l'estimation des distances de la terre au soleil et à la lune, et indiqua le moyen d'obtenir la longitude et la latitude d'un lieu par des observations astronomiques. Sa principale découverte est celle de la *précession des équinoxes;* il la fit en remarquant que les étoiles ont un mouvement d'occident en orient autour des pôles de l'écliptique. L'apparition d'Hipparque fait époque dans l'histoire de l'astronomie ; on peut presque dire de lui qu'il amena cette science au point où Copernic la trouva seize siècles plus tard.

« La plus belle découverte astronomique de l'antiquité est celle de la précession des équinoxes (Arago, *Ann. pour l'an* 1844). Hipparque, à qui l'honneur en revient, signala toutes les conséquences de ce mouvement avec une parfaite netteté. Dans le nombre de ces conséquences, deux ont eu plus particulièrement le privilége d'attirer l'attention du public. A cause de la précession des équinoxes, ce ne sont pas toujours les mêmes groupes étoilés, les mêmes constellations qu'on aperçoit au firmament pendant les nuits de chaque saison. Dans la suite des siècles, les constellations actuelles d'hiver deviendront des constellations d'été, et réciproquement. A cause de la précession des équinoxes, le pôle n'occupe pas constamment la même place dans la sphère étoilée. L'astre assez brillant qu'on nomme aujourd'hui très-justement la Polaire, était fort éloigné du pôle au temps d'Hipparque ; il s'en retrouvera de nouveau éloigné dans quelques siècles. La dénomination de polaire a été et sera donnée successivement à des étoiles très-distantes les unes des autres.... »

Voici sur ce grand astronome une appréciation de M. Biot, que nous extrayons des Comptes rendus des séances de l'Académie des sciences (25 mai 1857).

« .... Tout l'édifice de l'astronomie planétaire a été

primitivement fondé sur les périodes numériques par lesquelles Hipparque avait exprimé, pour les cinq planètes principales, les rapports des durées moyennes de leurs révolutions synodiques, à la moyenne de l'année, soit tropique, soit sidérale, qu'il avait adoptée. Ptolémée nous a transmis ces périodes qu'il emploie comme autant de faits. Elles sont d'une exactitude surprenante. On n'avait guère mieux au temps de Képler; et aujourd'hui même on ne trouve que très-peu de chose à y changer. Elles comprennent des nombres entiers de révolutions synodiques tels qu'après leur accomplissement, la planète et le soleil en apparence, ou la terre en réalité, se trouvent avoir décrit des nombres entiers ou presque entiers de révolutions complètes dans leurs orbites propres. Ptolémée nous dit qu'Hipparque s'était spécialement prescrit cette condition de concordance en les composant. Elle est, en effet, indispensable pour que les durées des révolutions synodiques qu'on en déduit aient des valeurs réellement moyennes, les inégalités périodiques du mouvement propre des deux astres comparés, ayant parcouru toutes leurs phases, et repris finalement les mêmes valeurs. Quel trait de sagacité n'est-ce pas de s'être mis ainsi en garde contre les effets possibles de ces inégalités, dont l'existence seule pouvait être alors tout au plus soupçonnée. Ptolémée ajoute qu'Hipparque a exprimé ses périodes par les moindres multiples entiers, qui puissent accorder d'aussi près les durées moyennes des révolutions synodiques avec la durée de l'année. Mais il ne nous fournit aucun renseignement sur le procédé de calcul qui a dû être employé pour leur assurer ce caractère, et il ne dit pas même de quelles données elles sont déduites. Quant à ce dernier point, on peut suppléer à son silence. Hipparque a dû avoir à sa disposition des levers de planètes observés à la vue simple, probablement pendant beaucoup de siècles, par les Chaldéens de Babylone; car il a employé des données tirées de cette source ancienne, dans l'établissement de ses périodes luni-solaires. Il a pu y joindre les observations plus rares qu'il aurait faites lui-même sur les planètes supérieures dans leurs oppositions au soleil, et sur les inférieures dans leurs plus grandes élongations de cet astre. Comment est-il parvenu à extraire de tels documents des périodes moyennes si étonnamment précises? C'est là, sans doute, une question de méthode scientifique, autant que d'histoire, qui mérite bien d'être éclaircie. A cet effet, il faut d'abord se rendre compte de l'usage qu'on pouvait faire des levers et des élongations des planètes, pour evaluer les durées apparentes de leurs révolutions.

« Cette connaissance préliminaire étant acquise, si l'on suppose que l'on a dans les mains une collection d'observations pareilles, nombreuses et longtemps continuées, un mode de discussion critique très-simple, et tout à fait conforme à l'esprit ainsi qu'aux procédés de l'arithmétique grecque, conduit pas à pas à en extraire des périodes de plus en plus exactes, qui se trouvent être finalement celles même d'Hipparque, quand on les arrête, comme lui, aux limites probables d'erreurs que l'on ne pouvait pas espérer d'éviter alors. Pour surcroît d'intérêt, ce mode de discussion, qui atténue progressivement et sûrement les erreurs individuelles des données employées, se trouve être équivalent, dans sa marche et dans ses conséquences, à notre méthode actuelle des fractions continues, si ce n'est que celle-ci exprime par des formules écrites la série des raisonnements. Même, quand on arrive ainsi à deux périodes consécutives, dont l'une semblerait ne pas devoir atténuer suffisamment les erreurs, tandis que l'autre serait trop longue pour être pratiquement établie ou employée, on peut en composer une intermédiaire plus acceptable, qui est justement celle qu'Hipparque choisit dans de tels cas. L'identité du procédé implique donc, pour les multiples auxquels il arrive, le caractère de *minima* qu'il leur attribuait.... »

Après Hipparque, les sciences exactes furent en honneur à Alexandrie jusqu'à l'année 650 de l'ère vulgaire, moment où les savants en furent chassés et massacrés par le calife Omar, qui fit incendier la fameuse bibliothèque de cette ville.

La réforme du calendrier par *Jules César* était nécessitée par le défaut de coïncidence entre la durée de l'année et le mouvement du soleil. Ce fut *Sosigènes*, de l'école d'Alexandrie, qui fut le lauréat du concours établi pour résoudre cette question. La longueur de l'année fut fixée à 365 jours et 6 heures; c'est-à-dire que l'année commune était de 365 jours, et tous les 4 ans il y avait une année bissextile de 366 jours. Le défaut capital de ce calendrier est de donner à l'année une valeur trop grande de 11 minutes environ.

Claude Ptolémée, qui vivait à Alexandrie vers l'année 138 de J.-C., établit un système d'astronomie adopté jusqu'en 1530. Il forma avec le catalogue d'Hipparque, modifié par lui, 48 constellations des étoiles les plus remarquables; 12 sont rangées autour de l'écliptique, 21 dans l'hémisphère septentrional et 15 dans l'hémisphère méridional. C'est dans son ouvrage l'*Almageste*, qu'il a consigné un grand nombre d'observations et de problèmes anciens sur la géométrie et l'astronomie. Ptolémée plaça la terre immobile au centre du monde. Autour d'elle, il fit tourner d'occident en orient la Lune en un mois, Mercure en trois, Vénus en huit, le Soleil en un an, Mars en deux, Jupiter en douze, Saturne en trente, et les étoiles en 25 mille ans environ. En outre de ces mouvements périodiques, il en donnait un autre diurne à tous les astres, d'orient en occident[1]. Un

[1] Une opinion assez généralement répandue, dit Arago, fait de l'auteur de l'*Almageste* un partisan décidé des sphères de cristal d'Aristote; mais c'est une erreur. Ptolémée ne se prononce pas à ce sujet dans son grand ouvrage; pour lui, les orbites et les épicycles sont de simples lignes; il ne les doue nulle part d'une consistance matérielle.

de ses plus beaux titres de gloire est la découverte de l'*évection*, l'une des trois grandes inégalités qui troublent le mouvement de la lune, liée à sa distance au soleil et à sa distance périgée.

Alfonse X, roi de Léon et de Castille, dépensa 400 mille ducats pour la construction des *tables Alfonsines ;* elles furent dressées en 1252, lors de son avénement au trône. Il avait attiré à Tolède, vers 1240, les plus grands savants de son époque, sans distinction de religion ; parmi eux se trouvait Jean de Crémone. Ses tables passèrent longtemps pour les plus exactes ; la durée de l'année y est fixée à peu près exactement, car elle n'est trop grande que de 28″.

Le code astronomique fut le fruit de cette réunion d'astronomes. Il vient d'être publié par M. Manuel Rico y Sinobas, membre de l'Académie royale des sciences de Madrid. Ce premier volume des œuvres astronomiques du roi Alphonse, est un magnifique in-folio qui vient de paraître sous les auspices du gouvernement espagnol. Ce volume est presque entièrement consacré aux *quatre livres des fixes* ou étoiles de la huitième sphère ; de nombreux emprunts y sont faits à l'*Almageste* de Ptolémée : les figures de 48 constellations sont parfaitement exécutées ; le livre est terminé par deux petits traités sur les instruments astronomiques et sur la construction des sphères célestes.

Le roi Alfonse passait encore pour alchimiste ; on

croyait qu'il savait faire de l'or. Il fit un livre de poésies intitulé le *Livre du Trésor*, dans lequel il s'occupe d'alchimie, et un autre où il se plaint vivement de l'ingratitude de son fils Sancho.

Alfonse mourut en 1284 ; il avait tenté de réunir l'empire germanique à sa couronne ; il eut de fréquents différends avec les Maures et la plupart des souverains. Il fut regardé comme un impie, à cause de ses relations avec les savants juifs et arabes, et surtout par rapport à l'indépendance qu'il manifesta vis-à-vis la cour de Rome. Cédant à de justes pressentiments sur la majestueuse simplicité qui deviendrait tôt ou tard l'attribut des révolutions célestes, dit Arago, Alfonse s'écria : « Si j'avais été appelé au « conseil de Dieu lorsqu'il créa l'univers, les choses « eussent été mieux ordonnées. »

Vers la même époque, 1267, le cordelier *Roger Bacon* proposa au pape Clément IV la correction du calendrier. Elle ne fut faite qu'en 1580, sous Grégoire XIII.

Le quatorzième siècle fut stérile pour les sciences ; il abonda en théologiens, en littérateurs et en alchimistes.

La renaissance des sciences, dans la seconde moitié du quinzième siècle, prépara les progrès modernes.

En 1460, parut en Allemagne *Regiomontanus*, dont le vrai nom est *Jean Muller*. Il avait étudié avec *Jean de Purbach*, qui fit un abrégé de l'*Almageste*. Regiomontanus ayant associé Watherus à ses travaux, il put, aidé par la fortune de ce dernier, se procurer les instruments nécessaires à ses recherches. Il publia des éphémérides pour 30 années, observa la comète de 1472, et fut le premier qui chercha à trouver sa distance à la terre.

CHAPITRE III

Nicolas Copernic ; son système. — Opinion de Sénèque. — Pierre Apiano. — Tycho-Brahé grand observateur. Étoile nouvelle de 1572. Observatoire de Tycho ; son système contraire à celui de Copernic. Il est persécuté. — Réforme du calendrier sous le pape Grégoire XIII. — Galilée. Il soutient le système de Copernic. Satellites de Jupiter. Lois de la pesanteur. Oscillations du pendule. Invention des lunettes. Dialogues de Galilée. Le texte sacré. — Fabricius. — Képler. Ses idées mystiques, il est contre l'astrologie. Appréciation de M. Biot. Conditions astronomiques qui conduisirent Képler à la découverte de ses lois ; en quoi consistent ces dernières. — Descartes. Ses tourbillons ; ce qu'en a dit D'Alembert. — Boyer. — Riccioli et Grimaldi. — Hévélius. Libration de la lune. — Picard. Il mesure la méridienne. Circonférence de la terre. — Jean-Dominique Cassini. Méridienne de Sainte-Pétrone. Il découvre quatre satellites de Saturne, leur rotation et ceux de Jupiter. Aplatissement de cette planète. Cassini trouve la libration de la lune. Il travaille à la méridienne de Paris et découvre la lumière zodiacale. — Huyghens. Il découvre l'anneau de Saturne et son 4e satellite. Pendules astronomiques Force centrifuge. Ressorts de montres. — La Hire. — Rœmer. Découverte de la vitesse de la lumière. Auzout. Invention du micromètre.

Nicolas Copèrnic, né à Thorn, dans la Prusse royale, en 1473, publia le vrai système du monde. C'est dans son livre *Des révolutions célestes,* qui parut à Nuremberg en 1543, l'année où il mourut, que cet homme célèbre exposa sa grande innovation de la mobilité de la terre autour du soleil, dont les premières notions font partie des principes de Pythagore. Copernic plaça le soleil au centre du monde, fit tourner autour de cet astre, d'occident en orient, Mercure en trois mois, Vénus en huit, la Terre en un an, Mars en deux, Jupiter en douze et Saturne en trente ans. Il expliqua le mouvement diurne de la sphère céleste en douant la terre d'un mouvement de rotation sur son axe d'occident en orient. Ici encore se trouve fixée une grande époque dans l'histoire de la science : la théorie de l'immobilité de la terre est renversée, la pluralité des mondes proclamée, et c'est à Copernic que revient la gloire de cette révolution. Ce grand astronome trouva les premières idées de son système dans quelques écrits anciens, seulement à l'état d'ébauche, sans raisons concluantes, et comme de pures hypothèses de l'imagination. *Sénèque* disait qu'il importait d'examiner si c'était le ciel qui tournait autour de la terre comme centre, ou si celle-ci tournait sur elle-même. Ce sentiment de quelques auteurs qui disent que nous sommes emportés sans nous en apercevoir, ajoutait-il, est bien digne de notre contemplation ; car il s'agit de savoir si c'est le mouvement de notre globe qui produit les levers ou les couchers des astres, par une extrême vitesse dont il serait doué. Mais Copernic ne s'en tint pas à une hypothèse gratuite; il la rendit légitime en montrant qu'elle expliquait simplement tous les mouvements des corps célestes, qui n'avaient abouti jusque-là qu'à une complication inextricable, par la multiplicité des sphères solides et transparentes qu'on avait été forcé d'enchâsser les unes dans les autres pour rendre possible l'immobilité du globe terrestre. Les stations et les rétrogradations des planètes devenaient des faits d'une explication facile. La précession des équinoxes n'offrait pas plus d'embarras. Seulement, les lois des mouvements étaient encore inconnues, et le soleil était difficilement placé au centre commun; celui-ci était un point fictif, et encore les approximations dans les positions des planètes souffraient de grands écarts. Mais un grand pas avait été fait : les mouvements réels des corps planétaires étaient connus, et ceux de la terre, en particulier, venaient de vaincre des préjugés qui comptaient des milliers d'années d'existence.

Le système de Copernic nous semble naturel, il dérive du rôle que la terre joue comme planète, et notre esprit, habitué à considérer les choses au point de vue de la science moderne, n'éprouve aucun effort à admettre le mouvement de notre globe. Mais si on se reporte au temps de Copernic, si on songe qu'alors les plus grands savants se laissaient subjuguer par les préjugés qui entravaient l'élan de la vérité, on ne peut s'empêcher d'admirer l'audace de ce génie brisant les rouages factices d'un mécanisme complexe et insoutenable. Il ne s'agissait pas, en effet, de circonscrire le progrès dans un cercle étroit, pour satisfaire à une fausse interprétation de la tradition, mais bien d'accorder celle-ci avec le texte de la véritable organisation du monde.

Pierre Apiano, de Leipsick, observa pour la première fois la comète de 1531, laquelle revint en 1607, en 1682, en 1759 et en 1835. C'est la comète de Halley, dont la période est de 75 à 76 ans.

Quinze années plus tard, en 1546, naquit à Knudsturp dans le pays de Schouen, *Tycho-Brahé*. Après avoir étudié à Leipsick, il alla résider chez son oncle et se livra entièrement à ses études favorites. C'est là que Tycho observa l'étoile nouvelle de 1572. Cette apparition a fourni à M. *Wilcocks* le sujet d'un Mémoire publié dans le Journal de l'Académie des sciences naturelles de Philadelphie. En laissant parler Tycho-Brahé, on aurait la relation suivante :

« Lorsque je quittai l'Allemagne pour retourner dans les îles danoises, je m'arrêtai dans l'ancien cloître admirablement situé d'Harritzwald, appartenant à mon oncle Sténon Bille, et je pris l'habitude de rester dans mon laboratoire de chimie jusqu'à la nuit tombante. Un soir que je considérais comme à l'ordinaire la voûte céleste, dont l'aspect m'est si familier, je vis avec un étonnement indicible, près du zénith, dans Cassiopée, une étoile radieuse d'une grandeur extraordinaire. Frappé de surprise, je ne savais si je devais en croire mes yeux. Pour me convaincre qu'il n'y avait point d'illusion, et pour recueillir le témoignage d'autres personnes, je fis sortir les ouvriers employés dans mon laboratoire, et je leur demandai, ainsi qu'à tous les passants, s'ils voyaient comme moi l'étoile qui venait d'apparaître tout à coup. J'appris plus tard qu'en Allemagne des voituriers et d'autres gens du peuple avaient prévenu les astronomes d'une grande apparition dans le ciel, ce qui a fourni l'occasion de renouveler les railleries accoutumées contre les hommes de science.

« L'étoile nouvelle était sans queue; aucune nébulosité ne l'entourait; elle ressemblait de tout point aux autres étoiles; seulement elle scintillait encore plus que les étoiles de première grandeur. Son éclat surpassait celui de Sirius, de la Lyre et de Jupiter. On ne pouvait le comparer qu'à celui de Vénus quand elle est le plus près possible de la terre. Des personnes pourvues d'une bonne vue pouvaient distinguer cette étoile pendant le jour, même en plein midi, quand le ciel était pur. La nuit, par un ciel couvert, lorsque toutes les autres étoiles étaient voilées, l'étoile nouvelle est restée plusieurs fois visible à travers des brouillards assez épais. Les distances de cette étoile à plusieurs autres de Cassiopée, que je mesurai l'année suivante avec le plus grand soin, m'ont convaincu de sa complète immobilité. A partir du mois de décembre 1572, son éclat commença à diminuer; elle était alors égale à Jupiter. En janvier 1573, elle devint moins brillante que Jupiter. Voici les résultats de mes comparaisons photométriques : en février et en mars, égalité avec les étoiles de premier ordre; en mars et en mai, éclat des étoiles de deuxième grandeur; en juillet et en août, de troisième; en octobre et novembre, de quatrième. Vers le mois de novembre, l'étoile nouvelle ne surpassait pas la onzième étoile dans le bas du dossier du trône de Cassiopée. Le passage de la cinquième à la sixième grandeur eut lieu de décembre 1573 à février 1574. Les mois suivants, l'étoile nouvelle disparut sans laisser de trace à la simple vue, après avoir brillé dix-sept mois. »

Le roi de Danemark, Frédéric II, rappela Tycho et lui donna l'île de *Huène* avec une forte pension. C'est là qu'il fit construire son château d'Uranibourg, dans lequel la plus haute tour lui servit pour établir son fameux observatoire; il y détermina les positions de 777 étoiles, observa le cours de plusieurs comètes, et s'y livra à beaucoup d'observations.

Tycho-Brahé, croyant que le système de Copernic ne s'accordait pas avec la tradition, reconnaissant d'ailleurs la fausseté du système de Ptolémée, replaça la terre au centre du monde, fit tourner autour d'elle, d'occident en orient, la lune en un mois et le soleil en un an, accompagné des planètes Mercure et Vénus, tournant autour de cet astre, la première en trois mois et la deuxième en huit mois. Autour de la terre et du soleil, et toujours dans le même sens, circulaient Mars en deux ans, Jupiter en douze et Saturne en trente ans, ces deux dernières planètes emportant leurs satellites. Enfin, les étoiles exécutaient en plus de 25 mille ans une révolution autour de la terre. La rotation diurne, commune à tous les astres, était pour lui une réalité. Afin d'expliquer les différentes circonstances qui se présentaient, il supposait aux planètes le tracé d'une courbe en épicycle, c'est-à-dire sur des circonférences composées elles-mêmes de petites circonférences, ce qui donnait à leur cours une forme de spirale circulaire.

La célébrité de Tycho fut telle, qu'il reçut la visite de deux potentats, Jacques VI, roi d'Écosse, et Christiern, roi de Danemark. Képler alla à Uranibourg presque en qualité d'élève; la précision qu'il trouva dans les observations de Tycho lui permit de s'en servir avantageusement pour faire des découvertes qui l'ont immortalisé.

Les persécutions que Tycho éprouva le firent se retirer dans le Holstein, où il reçut une pension de l'empereur Rodolphe. C'est alors que Képler et Longomontanus l'aidèrent dans ses travaux. Ce grand observateur était imbu des préjugés astrologiques; en cela il ressemblait à tous les astronomes ses contemporains.

L'erreur inhérente au calendrier de Jules César avait produit du temps de Grégoire XIII, vers 1580, un retard sur l'équinoxe du printemps, qui arrivait le 11 du mois de mars au lieu du 21 du même mois comme en l'année 325, où fut célébré le concile de Nicée. Le pape fit retrancher 10 jours du mois d'octobre 1582, et ordonna pour la suite que, sur les quatre dernières années de quatre siècles consécutifs, une seule serait bissextile. Cette réforme, dite *gré-*

gorienne, ne fut admise ni par les Turcs ni par les Russes.

Galilée, premier philosophe et premier mathématicien du grand-duc de Toscane Cosme II, naquit à Florence en 1564. A l'aide de ses instruments, il vit les quatre satellites de Jupiter, trouva les lois de la pesanteur à la surface de la terre (celles du mouvement uniformément accéléré) et celles des oscillations du pendule. Ce sont ces dernières lois qui conduisirent Huyghens, à la fin du dix-septième siècle, aux premières constructions des horloges à balancier. Jusque-là, elles avaient été réglées par un volant, qui ne permettait pas d'en régulariser le mouvement.

On attribue généralement l'invention des lunettes à Galilée. Sans discuter les questions de priorité qui ont été soulevées à cet égard (cette question reviendra), nous nous contenterons de noter cette date, parce que cette découverte a changé la face de l'astronomie physique et qu'elle a contribué puissamment à la perfection de l'astronomie mathématique, par la précision que, dès ce moment, on a pu apporter dans les observations.

Galilée soutint le système de Copernic dans les leçons qu'il donna à l'Université de Padoue. « Ces leçons, dit Arago, donnèrent lieu à une vive polémique de la part des péripatéticiens, partisans du système de Ptolémée... Aussi, lorsque Galilée publia à Florence, en 1632, son célèbre ouvrage des *Dialogues*, dans lequel le double mouvement de translation de la terre autour du soleil et de rotation diurne se trouve défendu par des considérations longuement discutées, il ne tarda pas à être dénoncé à Rome... » Il fut obligé de se rendre dans cette ville pour abjurer les principes qu'il avait professés. C'est dans cette circonstance qu'on prétend qu'il prononça les mots : *E pur si muove.* Il est juste d'ajouter que la sentence prononcée contre Galilée fut annulée par le pape Benoît XIV.

On a très-sérieusement objecté au système de Copernic des passages de l'Écriture sainte. En matière de foi, s'ils sont de toute autorité, il faut, en matière de physique, qu'ils s'accordent avec les apparences. On lit dans Josué : « Le soleil et la lune s'arrêtèrent jusqu'à la destruction de l'armée ennemie ; jamais on ne vit un si long jour, etc... » On ne comprit pas autrefois que la nouvelle théorie n'accusait nullement la Bible de mensonge, quand Galilée soutint le système de Copernic. Tout en faisant la part de l'aveuglement des esprits à cette époque, on ne peut s'empêcher de se représenter l'illustre philosophe frappant du pied dans son cachot, en s'écriant : « Et cependant elle tourne !.. » en parlant de la terre.

Il ne faut pas déverser sur le dogme sacré le blâme qui doit seulement s'attacher aux erreurs des passions ; on doit distinguer soigneusement les principes qui sont inébranlables d'avec leurs interprétations soumises aux caprices des hommes. L'*Écriture* devait, comme elle l'a fait, s'en tenir aux apparences; c'était le seul moyen d'être intelligible. Les hommes spéciaux font eux-mêmes usage de cette façon de parler, quand ils disent : « Le soleil ou tel autre corps céleste va passer au méridien, etc., » bien qu'ils sachent qu'il en est autrement. Pourquoi donc ce langage ne serait-il pas permis dans les occasions où il faut être entendu de tout le monde?

On a encore trouvé d'autres objections contre le fait en lui-même dans les conséquences qui auraient dû naître à la suite d'un phénomène aussi extraordinaire. La secousse eût été terrible et capable de renverser les plus solides constructions; de plus, la rupture de l'équilibre des mers en eût été la suite. Or, sans voir le miracle dans l'absence de ces grandes perturbations des lois naturelles, on peut tout simplement admettre un changement dans la réfraction des rayons solaires à travers l'atmosphère, afin de rendre le jour plus long, ce qui permettrait encore de dire : Le soleil et la lune s'arrêtèrent..., entendant cela de la lumière directe et de sa réflexion sur le disque de la lune.

Peut-être le fait même pourrait-il s'expliquer physiquement, soit par une aurore boréale au moment du crépuscule, soit par la lumière zodiacale, ou par d'autres phénomènes passés inaperçus et pouvant, jusqu'à un certain point, faire naître des conditions favorables à la prolongation du jour?

La découverte des taches du soleil et celle de sa

rotation sont dues à *Fabricius*, et doivent être reportées à l'année 1611.

A côté du grand nom de Galilée se place le grand nom de *Képler*, né à Weil, dans le pays de Wittemberg, le 27 décembre 1571, mort à Ratisbonne le 5 novembre 1630. Ce grand homme étudiait d'abord la théologie à Tubingue; il apprit les mathématiques et l'astronomie de Mœstlin, le même qui, dans son voyage en Italie, communiqua à Galilée les idées de Copernic.

Le livre du *Prodrome* valut à Képler une condamnation du chancelier Hafenreffer, qui disait « que le bon Dieu n'avait pas suspendu le soleil au centre du monde comme une lanterne au milieu d'une salle. » Rodolphe II le fit venir à Prague pour travailler aux tables Rodolphines et pour l'engager à se faire astrologue; mais il résista, ainsi qu'à l'influence de Tycho, qui partageait les idées de son souverain.

L'astronomie est restée pendant une longue suite de siècles, à la merci des théories produites par l'imagination; elle ne devait présenter les caractères de certitude propres aux sciences exactes, qu'après la découverte des principes enfermés dans les mouvements réels des corps célestes. Il fallait, pour introduire la mécanique dans le ciel, dégager les complications apportées par les apparences, des effets positifs opposés à des préjugés aussi anciens que la science elle-même. Mais, pour atteindre à ce degré de perfection, pour soumettre au calcul appuyé sur l'expérience, les orbites planétaires, il était indispensable d'avoir un grand nombre d'observations exactes, ou tout au moins entachées d'erreurs assez faibles, pour ne pas fausser les résultats d'une théorie devant sanctionner les manifestations de la nature.

Après que Copernic eut substitué la réalité des mouvements planétaires aux apparences, et qu'il eut fixé le soleil comme centre commun des courbes décrites autour de lui, il restait à rendre un compte exact de la forme des trajectoires, et de toutes les circonstances dépendantes des mouvements observés; c'était, en un mot, à la recherche des lois présidant à l'existence du système solaire, que les astronomes devaient désormais s'attacher. Tycho-Brahé le sentait, malgré qu'il eût le faible de vouloir accorder la science avec une tradition mal interprétée; il consacra sa vie à des observations nombreuses et exactes, comme s'il pressentait qu'un génie privilégié en ferait sortir la vérité si impatiemment attendue.

Il était réservé à Képler d'accomplir cette grande tâche; on peut dire de cet homme si justement célèbre, qu'il est le législateur de l'astronomie, puisque c'est à lui qu'on doit la connaissance des lois auxquelles obéissent toutes les planètes dans leur circulation autour du soleil. De cette époque date la transformation de l'astronomie; toutes les hypothèses plus ou moins erronées sur lesquelles on avait cherché à l'asseoir firent place au calcul appuyé sur les véritables principes naturels; les courbes képlériennes devinrent des ellipses ayant toutes un foyer commun, le soleil; les temps employés par les planètes pour passer d'une position à une autre furent liés aux chemins tracés par les rayons vecteurs; et les grands axes des orbites eurent leur dépendance avec les durées totales des révolutions. Ces trois vérités, connues sous le nom de lois de Képler, devinrent la base de l'édifice astronomique. Elles furent l'avant-coureur du grand principe de la gravitation universelle trouvé par Newton, cause commune de tous les mouvements célestes, et donnant l'explication la plus complète de toutes les perturbations planétaires.

Dans la dernière séance publique de l'Académie des sciences, M. Bertrand, membre de l'Institut, a lu une remarquable notice sur la vie et les travaux de Képler. Il a parfaitement tracé les diverses phases de cette existence toute de labeur et rendue difficile par les exigences matérielles de la vie. Le grand astronome est présenté comme le type d'une forte intelligence, convaincue de la réalité des principes mathématiques qui devaient régir l'univers. On est étonné, en lisant ce travail, de voir le législateur de l'astronomie unir à une admirable rectitude de jugement, une imagination des plus vives imbue d'idées mystiques et profondément religieuses.

« Képler, en résidence à Graetz, enseignait l'astronomie; il fut chargé, dit M. Bertrand, de la rédaction d'un almanach ; tout naturellement, en pays catholique, il dut adopter la réforme grégorienne que les protestants repoussaient obstinément, aimant bien mieux, comme on l'a dit, être en désaccord avec le soleil, que de l'être avec le pape.... Pour augmenter le débit de ses almanachs, Képler ne craignit pas d'y insérer sur le temps et sur les événements politiques des prédictions soi-disant astrologiques, dont quelques-unes se réalisèrent à peu près dans le temps marqué, de manière à lui donner un grand crédit. Les biographes ont cependant affirmé que, supérieur aux préjugés de son siècle, il ne croyait nullement à l'astrologie divinatrice ; mais sa correspondance montre au contraire qu'à cette époque, et même plusieurs années après, il était persuadé de l'influence des astres sur les événements de toute nature. Dans une de ses lettres, il applique ses principes au fils de son maître Mœstlin, né depuis peu de mois, et qu'il déclare menacé d'un grand danger. « Je doute, dit-il, qu'il puisse vivre. » L'enfant mourut en effet. Précisément à la même époque Képler perdit un des siens ; et, quand dans cette rencontre de douleurs, en exprimant à son maître le plus affectueux intérêt, il parle de nouveau des craintes qu'il avait conçues, comment croire qu'il ne soit pas sérieux ? Mais ses prédictions ne s'accomplirent pas toujours aussi exactement, et, souvent déçu, Képler devint de moins en moins crédule. Il en fut donc de l'astrologie comme de beaucoup d'erreurs qui traversèrent son esprit sans y prendre racine. Il disait, il est vrai, que, fille de l'astronomie, l'astrologie doit nourrir sa mère; et il continua pendant toute sa vie à faire pour ceux qui lui en demandaient, et moyennant salaire, des prédictions et des horoscopes conformes aux règles de l'art. Mais, loin d'abuser de la crédulité de ses clients, il leur déclarait que ses conclusions devaient être tenues dans son opinion, pour incertaines et suspectes , et il leur disait, comme Tirésias à Ulysse : Ce que je dirai adviendra ou n'adviendra point.

« Il est impossible, de n'être pas frappé de l'ardeur confiante du jeune auteur et de son enthousiaste admiration pour la sagesse qui régit le monde, et pour la majesté des problèmes auxquels il devait consacrer sa vie : « Bienheureux, dit-il, celui qui étudie les cieux; il apprend à faire moins d'état de ce que le monde admire le plus; les œuvres de Dieu sont pour lui au-dessus de tout, et leur étude lui fournira la joie la plus pure. Père du monde, ajoute-t-il, la créature que tu as daigné élever à la hauteur de ta gloire est comme le roi d'un vaste empire; elle est presque semblable à Dieu, puisqu'elle sait comprendre ta pensée.

« Mais, à côté des joies et des triomphes passagers de l'invention, venaient se placer l'amertume de l'exil et les douleurs incessantes de la pauvreté; peu touché de ces maux pour lui-même, Képler était plein d'inquiétude pour l'avenir de sa famille. « Je vous en supplie, écrit-il à son maître Mœstlin, si une place est vacante à Tubingue, faites en sorte que je l'obtienne; faites-moi savoir, ajoute-t-il, le prix du pain, du vin et des nécessités de la vie, car ma femme n'est pas habituée à se nourrir de fèves. » C'est dans ces tristes circonstances que le célèbre Tycho-Brahé, instruit des ennuis de Képler, lui proposa de le faire adjoindre aux travaux astronomiques dont il était chargé par l'empereur Rodolphe. Képler n'hésita pas et se rendit à Prague avec sa famille.

« Rien ne pouvait être plus heureux pour l'astronomie que la réunion de Képler avec un tel homme, dont les travaux, moins éclatants peut-être que les siens, se distinguent par une laborieuse précision, à la perfection de laquelle nul autre astronome n'avait pu atteindre avant lui. Képler lui-même semblait en prévoir tous les avantages, lorsque, parlant des nombreuses observations accumulées par Tycho, il écrivait un an avant à Mœstlin : « Tycho est chargé de richesses, dont, comme la plupart des riches, il ne fait pas usage. Il observait en effet depuis 35 ans, sans aucune idée préconçue, en tenant un registre exact et minutieux des états du ciel. Ce sont ces résultats accumulés qui, sans montrer directement la vérité, devaient préserver Képler de l'erreur, en fournissant un appui solide à l'audace de son esprit inventif, et comme une borne posée d'avance pour en arrêter les excès. »

En coordonnant et en comparant les observations

de Tycho-Brahé, Képler vit qu'il était impossible de les mettre d'accord avec l'hypothèse des mouvements circulaires. Il existait des différences trop considérables entre les positions déduites de la théorie et celles données par l'observation. Il fut donc conduit, en adoptant le système de Copernic, à rechercher les vraies trajectoires des planètes. Après 24 longues années de tâtonnements infructueux, il découvrit enfin les lois mathématiques qui dirigent le mouvement d'une planète autour du soleil. Ces lois lui donnant en théorie des résultats à peu près identiques à ceux fournis par les observations elles-mêmes, il en conclut qu'elles étaient les véritables. Dans la préface de son livre l'*Harmonique du monde,* qui parut en 1619, on lit ces paroles : « Le sort en est jeté, je livre au public mon ouvrage, il sera lu par l'âge présent ou par la postérité, peu importe ; il pourra attendre son lecteur : Dieu n'a-t-il pas attendu six mille ans un contemplateur de ses œuvres ? »

On voit dans ce livre que Képler avait un caractère éminemment religieux et philosophique en même temps. Il se livrait à un libre examen des sciences, en cherchant dans l'ensemble des choses les relations nécessaires qu'elles ont entre elles, en dirigeant ses investigations vers l'unité harmonique qui lie les parties avec le tout. On est frappé de l'envie qu'il exprime de connaître l'univers, en voyant dans chaque corps, petit ou grand, une simple parcelle de l'organisation totale. Le mysticisme qui s'alliait en Képler avec la philosophie religieuse et positive, se trouve à chaque pas dans ses écrits. La création est une merveilleuse harmonie dans l'ordre physique comme dans l'ordre moral; tout y est vivant et animé. La cause du mouvement des astres réside dans leur âme, c'est pour cela qu'il y règne une régularité si grande. La terre elle-même est un animal, dont les métaux sont les veines, l'eau les humeurs organiques, et les végétaux les cheveux : son âme est un feu souterrain qui fait vivre toute sa surface; son siége est au centre, et de là elle rayonne dans tous les sens les changements et les impressions qu'elle subit.

Le soleil, foyer de la lumière et de la chaleur, est encore le centre d'une force attractive et d'une parfaite raison; son action sur l'espèce humaine et sur sa destinée est supérieure à celle de tous les autres astres.

Tous les problèmes de l'astronomie planétaire ont été, dit M. Biot (Comptes rendus, 1857), aperçus et abordés pour la première fois par Képler.

« Toutes les méthodes qui les résolvent ont été successivement inventées et appliquées par lui dans son admirable ouvrage intitulé : *De stella Martis*. C'est là que je les prends; et en les présentant d'après lui, avec ses nombres, dans l'ordre de nécessité logique qui les lui amène, je suis pas à pas la marche de son génie, et je montre le rare assemblage de qualités qui le distinguent; la justesse de son coup d'œil pour découvrir la voie droite qui mène à la vérité, à travers les préjugés séculaires de la science antique; son invariable constance à la débarrasser des obstacles qui l'encombrent; les hardiesses de divination qui le conduisent; les tentatives heureuses ou malheureuses qui tour à tour l'approchent du but ou l'en éloignent, sans jamais le décourager ni lasser sa patience, jusqu'à ce qu'enfin il arrive au succès définitif qui a couronné ses immenses travaux. »

L'astronomie mathématique exige l'emploi de deux éléments qui lui sont essentiels : *la mesure du temps et celle des angles*. Il est clair, en effet, que si on sait l'instant où il faut diriger le rayon visuel dans une direction donnée pour apercevoir un astre, c'est que l'on connaît le mouvement de cet astre, ou la courbe qu'il trace dans le ciel : c'est là précisément le but de l'astronomie mathématique.

Il était donc nécessaire de perfectionner les instruments qui servent à mesurer le temps et les angles, afin d'atteindre une précision suffisante à la découverte des vrais principes. Mais, malgré sa patience et ses longs travaux, il fallait à Képler, pour réaliser ses espérances, autre chose encore que les bonnes observations dont il se servit, et parmi lesquelles, comme nous l'avons dit, celles de Tycho occupent la première place. Il fallait que le système solaire offrît précisément certaines circonstances particulières qui s'y trouvent renfermées. Ces circonstances sont : *la petitesse des masses des planètes par rapport à celle du soleil*, *et les distances comparativement très-*

grandes où elles se trouvent de cet astre et les unes à l'égard des autres.

Les lois de Képler ne pouvaient donc donner des résultats fort approchés qu'à ces deux conditions, car elles ne seraient rigoureuses que dans le cas où deux astres seulement seraient en présence l'un de l'autre, comme le soleil avec une seule planète, ou une planète avec un satellite, le petit corps ayant un poids insensible par rapport au grand. La cause unique qui produirait des divergences ou perturbations incalculables serait des planètes avec des masses d'une valeur sensible comparées à celle du soleil, et des distances respectives suffisamment rapprochées.

Il nous est facile maintenant de caractériser en quelques mots cette nouvelle grande époque, laquelle devait infailliblement donner, au moins pour notre système solaire, une solution complète du problème général de l'astronomie mathématique, et que l'on peut énoncer ainsi : *Trouver, à un moment donné, le lieu exact occupé par un corps céleste.*

A Tycho-Brahé revient le mérite d'avoir fait dans cette voie d'excellentes observations.

A Képler revient la gloire insigne d'avoir trouvé les lois qui régissent le mouvement d'une planète dans son orbite autour du soleil. Ces lois, les voici :

1° *Les trajectoires des planètes sont des courbes planes, et, pour chacune d'elles, l'aire engendrée par le rayon vecteur parti du soleil et aboutissant à la planète est proportionnelle au temps.*

2° *Ces courbes sont des ellipses dont le soleil occupe l'un des foyers.*

3° *Les carrés des temps employés par les planètes pour accomplir leurs révolutions sont entre eux comme les cubes des grands axes de leurs orbites.*

En France, dans la première moitié du dix-septième siècle, nous rencontrons *Descartes*, qui, dans l'ensemble des études cosmogoniques, n'a laissé, malgré son génie, qu'un système aujourd'hui ruiné.

Descartes suppose que la matière, créée par Dieu, fut divisée en cubes juxtaposés les uns contre les autres sans interstices, et qu'ensuite, par l'impulsion divine, ces cubes prirent un double mouvement qui fit tourner chaque particule autour de son centre, et plusieurs autres autour d'un centre commun. Il s'ensuivit une rupture des angles et une transformation de la forme primitive en forme sphérique. Les parties des angles rompus formèrent une matière très-subtile et une autre irrégulière. Les trois éléments de ce philosophe étaient donc, en premier lieu, la matière subtile, puis les corps sphériques ou substances globuleuses, et enfin la matière irrégulière. Une certaine portion de cette masse, tournant autour d'un centre commun, opère la séparation de ses éléments : le plus massif d'entre eux, le troisième, arrive alors à la circonférence du tourbillon ; le premier élément, étant le plus délié, gagne le centre ; et le second, ayant une masse intermédiaire, reste nécessairement au milieu. Descartes, comme on le voit, supposait le plein absolu; et comme la masse infinie de la matière peut être divisée en une infinité de sphères circulantes, il en organisa les tourbillons. A plus forte raison, la masse finie de la matière pourrait-elle être répartie en tourbillons, et le nôtre, qui a pour centre le soleil, est le seul dans lequel nous pouvons savoir quelque chose. Telles sont, en substance, les idées de ce grand innovateur; elles furent modifiées dans la suite par ses disciples.

Voici ce que D'*Alembert* a écrit sur ce grand philosophe, dans son discours placé en tête de l'Encyclopédie : « Au chancelier Bacon succéda l'illustre Descartes. Cet homme rare, dont la fortune a tant varié en moins d'un siècle, avait tout ce qu'il fallait pour changer la face de la philosophie, une imagination forte, un esprit très-conséquent, des connaissances puisées dans lui-même plus que dans les livres, beaucoup de courage pour combattre les préjugés le plus généralement reçus, et aucune espèce de dépendance qui le forçât à les ménager. Aussi éprouva-t-il de son vivant même ce qui arrive pour l'ordinaire à tout homme qui prend un ascendant trop marqué sur les autres. Il fit quelques enthousiastes et eut beaucoup d'ennemis. Soit qu'il connût sa nation ou qu'il s'en défiât seulement, il s'était réfugié dans un pays entièrement libre pour y méditer plus à son aise. Quoiqu'il pensât beaucoup moins à faire des disciples qu'à les mériter, la persécution alla le chercher dans sa retraite, et la vie cachée qu'il menait ne put l'y soustraire. Malgré toute la sagacité qu'il avait employée pour prouver l'existence de Dieu, il fut accusé de la nier par des ministres qui peut-être ne la croyaient pas. Tourmenté et calomnié par des étrangers et assez mal accueilli de ses compatriotes, il alla mourir en Suède, bien éloigné sans doute de s'attendre au succès brillant que ses opinions auraient un jour. On peut considérer Descartes comme géomètre ou comme philosophe. Les mathématiques, dont il semble avoir fait assez peu de cas, font néanmoins aujourd'hui la partie la plus solide et la moins contestée de sa gloire. L'algèbre, créée en quelque manière par les Italiens et prodigieusement augmentée par notre illustre Viète, a reçu entre les mains de Descartes de nouveaux accroissements. Un des plus considérables est sa méthode des indéterminées, artifice très-ingénieux et très-subtil, qu'on a su appliquer depuis à un grand nombre de recherches. Mais ce qui a surtout immortalisé le nom de ce grand homme, c'est l'application qu'il a su faire de l'algèbre à la géométrie; idée des plus vastes et des plus heureuses que l'esprit humain ait jamais eue, et qui sera toujours la clef des profondes recherches, non-seulement dans la géométrie sublime, mais dans toutes les sciences physico-mathématiques. Comme philosophe, il a peut-être été aussi grand, mais il n'a pas été si heureux. La géométrie, qui par la nature de son objet doit toujours gagner sans perdre, ne pouvait manquer, étant maniée par un aussi grand génie, de faire des progrès très-sensibles et apparents pour tout le monde. La philosophie se trouvait dans un état bien différent, tout y était à commencer; et que ne coûtent point les premiers pas en tout genre? Le mérite de les faire dispense de celui d'en faire de grands. Si Descartes, qui nous a ouvert la route, n'y a pas été aussi loin que ses sectateurs croient, il s'en faut beaucoup que les sciences lui doivent aussi peu que le prétendent ses adversaires. Sa méthode seule aurait suffi pour le rendre immortel; sa dioptrique est la plus grande et la plus belle application qu'on eût faite encore de la géométrie à la physique; on voit enfin dans ses ouvrages, même les moins lus maintenant, briller partout le génie inventeur. Si on juge sans partialité ses tourbillons devenus aujourd'hui presque ridicules, on conviendra, j'ose le dire, qu'on ne pouvait alors imaginer mieux : les observations astronomiques qui ont servi à les déduire étaient encore imparfaites ou peu constatées; rien n'était plus naturel que de supposer un fluide qui transportât les planètes; il n'y avait qu'une longue suite de phénomènes, de raisonnements et de calculs, et par conséquent une longue suite d'années, qui pût faire renoncer à une théorie si séduisante. Elle avait d'ailleurs l'avantage singulier de rendre raison de la gravitation des corps par la force centrifuge du tourbillon même; et je ne crains pas d'avancer que cette explication de la pesanteur est une des plus belles et des plus ingénieuses que la philosophie ait jamais imaginées. Aussi a-t-il fallu pour l'abandonner que les physiciens aient été entraînés comme malgré eux par la théorie des forces centrales et par des expériences faites longtemps après. Reconnaissons donc que Descartes, forcé de créer une physique toute nouvelle, n'a pu la créer meilleure; qu'il a fallu, pour ainsi dire, passer par les tourbillons pour arriver au vrai système du monde, et que s'il s'est trompé sur les lois du mouvement, il a du moins deviné le premier qu'il devait y en avoir... »

Dans le temps où le fameux *Néper* inventait les logarithmes, c'est-à-dire vers la fin du seizième siècle, l'astronome *Bayer* divisait les principales étoiles en 60 constellations, et les plaçait sur un atlas et un globe célestes.

A la même époque vivait *Riccioli*, né en 1598, connu par son nouvel almageste et sa sélénographie. De concert avec le père *Grimaldi*, il augmenta de 305 étoiles le catalogue de Képler.

Au commencement du dix-septième siècle, en 1611, *Hévélius* reçut le jour à Dantzick. Il calcula les positions de 1,553 étoiles et découvrit la *libration* de la lune. Dans sa sélénographie sont consignées ses observations sur les planètes.

Picard, l'un de nos premiers académiciens, fit un ouvrage sur la mesure de la terre. Il trouva pour sa circonférence 9,000 lieues de 2,282 toises de Paris chacune. En 1667, il fixa, avec les autres astronomes de l'Académie, la place où devait être bâti l'Observatoire de Paris; sa construction date de la même année. Il se rendit, en 1671, par ordre de ses collègues, sur l'emplacement de l'ancien observatoire de Tycho-Brahé, à Uranibourg, afin d'en fixer la véritable position. Il mourut en 1682.

Jean-Dominique Cassini est né à Périnaldo dans le comté de Nice, en l'année 1625. A peine âgé de vingt-cinq ans, il fut nommé professeur d'astronomie à Bologne. Il observa une comète en 1652. Cassini traça la méridienne de l'église Sainte-Pétrone en 1654; en 1661, il s'occupa de déterminer les longitudes au moyen des éclipses de soleil. Il découvrit quatre satellites de Saturne, leurs mouvements de rotation, ainsi que ceux des satellites de Jupiter et l'aplatissement de cette planète. Il établit les lois de la libration de la lune, observa en 1682 la comète de Halley. En 1770, Cassini mesura 7 degrés de la méridienne de l'Observatoire de Paris, commencée par Picard en 1669. C'est en cette année que Louis XIV l'appela en France; quelque temps après, il reçut ses lettres de naturalisation. Ce grand astronome perdit la vue à l'âge de quatre-vingts ans.

C'est à Cassini qu'on attribue la découverte de la lumière zodiacale ; elle remonterait seulement à 1683. D'après ses observations, cette lumière serait plus intense le soir que le matin; en quelques jours sa longueur peut varier de 60 à 100° ; et ces variations ont une connexion avec les taches du soleil, de telle sorte, rapporte Arago, par exemple, qu'il y aurait eu dépendance directe et non pas seulement coïncidence fortuite entre la faiblesse de la lumière zodiacale en 1688, et l'absence de toute tache ou facule sur le disque solaire dans cette même année.

La lumière zodiacale est au nombre des phénomènes dont la cause est encore inconnue aux savants. Elle a été sérieusement étudiée pour la première fois par Cassini. L'apparence de cette lumière est variable, quoique étant permanente, et son éclat surpasse souvent celui de la voie lactée. Elle a une intensité qui va en augmentant à mesure qu'on se rapproche de l'équateur, et dans cette région on peut admirer le phénomène dans toute sa splendeur. Sa forme pyramidale montre son sommet aboutissant au soleil ; elle surmonte l'horizon avec une teinte faible, tranquille ou quelquefois tremblante, et s'élève avec une couleur blanchâtre très-prononcée qui peut s'étendre plus loin que l'orbite terrestre. La lumière zodiacale s'observe ordinairement deux fois par an vers les équinoxes. A l'entrée du printemps, on la voit après le crépuscule, tandis qu'au commencement de l'automne elle précède l'apparition de l'aurore.

L'explication de cette lumière a jusqu'ici résisté à toutes les tentatives que les astronomes ont faites pour la rattacher à quelque cause connue. Parmi les différentes hypothèses qui ont été hasardées pour expliquer ce phénomène, il en est deux principales qui dérivent d'une observation caractérisant l'une des planètes de notre système solaire. Depuis la découverte de l'anneau qui entoure la planète Saturne, on a cherché dans le ciel s'il ne se présentait pas quelque autre part des faits analogues. Certaines nébuleuses, affectant la forme annulaire, sont venues démontrer que l'observation des corps célestes en anneau n'était pas particulière au système de planètes circulant autour du soleil, et que cette circonstance se rattachait probablement à une loi générale présidant à la formation des mondes. Il y a plus, les observations d'aérolithes, de ces corps innombrables qu'on voit sous la forme d'étoiles filantes, rangeant ces corps suivant deux zones voisines de nous, à peu près aussi rapprochées que la région de la lumière zodiacale, il en est résulté l'hypothèse d'un anneau elliptique, centré au soleil d'abord, puis à la terre; mais, dans tous les cas, voisin de l'orbite que celle-ci décrit annuellement ou de l'écliptique.

On a donc rattaché l'existence de la lumière zodiacale à celle d'un anneau formé par une nébulosité, au centre de laquelle se trouverait le soleil, et occupant l'espace planétaire au moins jusqu'à nous. Des considérations basées sur les lois du mouvement n'ont pas permis de supposer que la matière de cette nébulosité allât jusqu'au soleil; elle aurait donc une forme analogue à celle d'une meule creusée à l'intérieur, et ayant seulement conservé son périmètre. La partie nébuleuse de l'anneau solaire serait peut-être formée par cette nuée d'astéroïdes, que la terre rencontre chaque année à des époques déterminées.

Une modification essentielle a été faite à l'hypothèse cosmique précédente : on a considérablement diminué les dimensions de l'anneau, en le faisant obéir à l'attraction terrestre, en sorte qu'il suivrait notre globe dans son mouvement de translation autour du soleil. Ce serait une espèce de satellite analogue à l'anneau de Saturne, sensible pour nous dans des circonstances favorables, aux points de notre course annuelle les plus voisins de l'équateur, c'est-à-dire aux moments des équinoxes.

L'axe de la lumière zodiacale est toujours dans le plan de l'écliptique ou à peu près, mais la limite de cette lueur n'étant pas bien fixée, il est très-difficile d'en connaître la forme précise. Il est plus difficile encore d'en connaître la nature, et de savoir l'influence qu'elle peut exercer sur la température moyenne de la terre. Ces questions et d'autres non moins intéressantes qui s'y rattachent, ne semblent pas devoir être résolues prochainement.

Le célèbre *Huyghens*, né en Hollande en 1629, vit le premier l'anneau de Saturne et son quatrième satellite. Il perfectionna les télescopes dioptriques, inventa les pendules astronomiques et les ressorts de montre. Cet homme célèbre modifia aussi les tourbillons de Descartes, et trouva une méthode pour mesurer la *force centrifuge*.

Tout le monde sait qu'en faisant tourner une fronde, le cordeau se tend d'autant plus que la vitesse de rotation imprimée est plus grande. La main supporte en même temps un effort qui augmente avec la vitesse du mouvement. Cette force qui tend à éloigner du centre de rotation un corps qui circule, est la force centrifuge. Elle est opposée à la force *centripète,* qui tend au contraire à rapprocher le corps de son centre de rotation. La force centrifuge s'exerce sur toutes les planètes, en sorte que si l'attraction solaire cessait tout à coup, chacune d'elles s'échapperait en ligne droite, suivant le tangente à la courbe relative au point qu'elle occuperait lors de la cessation de l'attraction. C'est la combinaison de cette dernière force dite *tangentielle* avec la force centrifuge qui occasionne le mouvement dans une ligne courbe fermée. Les corps à la surface de la terre subissent tous l'influence de la force centrifuge, développée par la rotation de notre planète sur son axe. C'est à cette influence qu'est due la forme de notre globe, primitivement fluide, car elle est à son maximum à l'équateur et va en diminuant à mesure que l'on s'avance vers les pôles, points où elle est nulle. L'effet immédiat de cette force est de diminuer l'intensité de la pesanteur, dont la valeur absolue en un point quelconque est égale à la valeur observée augmentée de celle de la force centrifuge en ce point. En général, on obtient la valeur de la force centrifuge, en divisant le carré de la vitesse par le rayon de courbure. Voici quelques-unes des principales conséquences qui en découlent pour le mouvement circulaire.

La force centrifuge est à la pesanteur, comme le double de la hauteur due à la vitesse d'un mobile est au rayon de la terre.

La force centrifuge est directement proportionnelle au rayon du cercle, et en raison inverse du carré du temps d'une révolution entière.

Si deux corps roulent uniformément dans des cercles différents, leurs forces centrifuges seront en raison directe des carrés de leurs vitesses respectives, divisés par les rayons des cercles.

Les tables astronomiques de *la Hire* furent publiées en 1702. Cet astronome, né en 1640, continua au nord la méridienne entreprise par Picard, en même temps que Cassini la prolongeait au sud.

En passant à Copenhague, Picard fit la rencontre de *Rœmer*, né en 1644 à Arhus en Danemark. Il fut nommé membre de l'Académie des sciences en 1672. Rœmer établit que les avances et les retards des époques où arrivaient les éclipses des satellites de Jupiter, sur celles données par le calcul, variaient proportionnellement aux distances de la terre à cette planète. Il conclut que ces différences étaient dues à la lumière, que sa vitesse était limitée, et il en calcula la valeur qu'il fixa à 10 ou 11 minutes pour franchir la distance qui nous sépare du soleil. Sa communication à l'Académie est du 21 novembre 1676.

La distance qui nous sépare de Jupiter, quand nous sommes le plus rapprochés de cette planète, est l'excès de sa distance au soleil sur la nôtre à ce dernier astre ; la terre est alors placée entre ces deux corps. Lorsque nous sommes aussi éloignés que possible de Jupiter, notre distance à cette planète est la somme de son rayon vecteur augmenté du nôtre, et c'est le soleil qui est entre les deux planètes. Il est facile de voir, qu'en prenant la différence entre ce maximum et ce minimum de distance de la terre à Jupiter, on obtient le grand axe de l'orbite terrestre. Mais, en passant de la première position à la seconde, notre globe s'éloigne de Jupiter, et, par conséquent la lumière qui nous en arrive met un temps de plus en plus long ; il y a donc retard entre l'instant d'une éclipse d'un satellite et celui où on l'aperçoit. Ces retards s'ajoutent jusqu'au maximum de distance, et à cet instant, leur somme représente le temps employé par la lumière pour nous venir d'un des satellites de Jupiter ; il est à peu près de $16^m\ 27^s$, ce qui donne environ 77 mille lieues par seconde pour la vitesse de la lumière.

L'un des premiers membres de l'Académie des sciences de Paris fut *Auzout*. Il observa assidûment la comète de 1664, et perfectionna les lunettes astronomiques. On le regarde comme l'inventeur du micromètre, appareil précieux, surtout pour mesurer les diamètres apparents des astres, les angles de position, etc. Il a puissamment contribué au perfectionnement des observations.

CHAPITRE IV

Newton. Principe de l'attraction universelle. Considérations générales. L'astronomie nouvelle. Problème des trois corps. Perturbations planétaires, etc. — Flamsteed. — Halley. Découverte des comètes périodiques. Passage de Vénus sur le soleil. Mayer. — Bradley, découverte de l'aberration et de la nutation. — — Lacaille. Société royale de Londres. Académie des sciences de Paris. Société royale de Berlin.

Nous voici arrivés au moment où l'astronomie va changer d'aspect et devenir une science exacte. Toutes les hypothèses et les fictions bizarres conçues par des imaginations impatientes vont céder la place au calcul appuyé sur la vérité; les derniers vestiges des superstitions astrologiques vont être ruinés, sinon complètement effacés; les lois éternelles de la nature vont être rattachées à leur véritable principe. Les conséquences qui en résulteront, le développement des effets analysés et ramenés à leur cause commune, vont sanctionner l'immuabilité des forces et des moyens que la création met en jeu, et conduire enfin à la connaissance de l'organisation de notre système solaire. Les sciences exactes, en trouvant ainsi uneapplication digne de l'intelligence infinie, vont relever le génie de l'homme et lui donner la conscience de sa véritable grandeur à côté de sa petitesse insignifiante, perdu qu'il est dans le monde physique.

Cette grande époque était longuement préparée. L'esprit philosophique, toujours à la recherche des lois, des causes et des principes, avait par les découvertes qui s'étaient accumulées depuis Copernic, communiqué à chacun l'intuition d'une transformation radicale. La science, qui est parmi toutes les autres l'application la plus belle du calcul, ne devait-elle pas en effet divulguer les lois qui gouvernent l'univers, puisque tout concourt à y entretenir l'harmonie et à sauvegarder la continuité de l'existence des êtres. La permanence de l'étendue et du mouvement, dans l'évolution générale des mondes, devait nécessairement dépendre des sciences les plus exactes, c'est-à-dire de la géométrie et de la mécanique : il s'agissait d'en découvrir le lien ; l'instant marqué pour cette grande révolution était arrivé.

La ville de Volstrope, en Angleterre, vit naître *Newton* en 1642. Les magnifiques et importantes découvertes qu'il fit dans les mathématiques, la physique et l'astronomie, le font considérer à juste titre comme le plus illustre des savants qui ont existé.

Le grand Newton, esprit créateur, penseur exigeant, génie fécond, méditant sur les lois de Képler et sur les particularités du mouvement lunaire, n'était pas satisfait des solutions que l'état de la science pouvait alors lui donner. Il comprit que la force appelée pesanteur pouvait bien s'étendre jusqu'à la lune, et il vérifia la réalité de cette conception. Son esprit, stimulé par ce premier pas, prenant une nouvelle activité, finit par dissiper tous les nuages qui avaient masqué la perception de la plus belle découverte scientifique qui ait jamais été faite, nous voulons parler du *principe de l'attraction universelle*, lequel s'énonce ainsi :

La matière qui compose les corps possède une force attractive, laquelle s'exerce proportionnellement à leurs masses, et en raison inverse des carrés de leurs distances. C'est de ce principe qu'il fit découler des conséquences du premier ordre : il annonça que la rotation de la terre autour de son axe devait être la cause d'un aplatissement aux pôles, que l'action d'une sphère homogène ou formée de couches homogènes sur un point extérieur, était la même que si toute la masse sphérique était concentrée en son centre, que la précession des équinoxes était due à l'influence primitive de la lune et du soleil sur l'anneau équatorial de notre globe ; que le phénomène des marées avait sa cause dans la même action attractive de la lune et du soleil. Cette même loi lui permit de déterminer immédiatement, sans difficulté, l'action réciproque de deux corps célestes seuls ; tels que, par exemple, le soleil et la terre, dont l'un a une masse considérable par rapport à l'autre. Cette action consiste dans la rotation de la terre autour du soleil, en traçant une courbe plane qui est une ellipse dont le soleil occupe un des foyers, et avec une vitesse représentée par la proportionnalité, entre les aires décrites par les rayons vecteurs et les temps employés à les parcourir. Cet énoncé est celui des deux premières lois de Képler. Il est le résultat de la force impulsive primordiale combinée à l'attraction.

En envisageant les autres planètes, qui sont toutes dans *les mêmes conditions de petitesse vis-à-vis du soleil*, et dont *les distances respectives sont très-grandes relativement à leur masse*, on est amené à la troisième loi de Képler, qui lie les distances des planètes au soleil avec les durées de leurs révolutions autour de cet astre. Ces trois lois, conséquences du principe de Newton, servent réciproquement pour en déduire la gravitation universelle.

Mais il est nécessaire de ne pas perdre de vue que le principe de Newton est mathématiquement exact, tandis que les lois de Képler ne sont qu'approximatives de la vérité, et qu'elles n'ont pu être trouvées qu'à cause des deux conditions principales que nous venons de rappeler.

On entrevoit tout d'abord, à l'énoncé de la découverte de Newton que, si l'on met en présence du soleil et de la terre un troisième corps, une autre planète, le mouvement primitif de la terre devra subir des modifications résultant de l'action qu'exercera cette nouvelle planète, en vertu du même principe de l'attraction. Il y aura des déformations, des *perturbations* produites sur l'ellipse que la terre aurait tracée autour du soleil, à cause de l'action attractive du nouveau corps. Celui-ci sera également empêché dans sa marche, il ne décrira pas une ellipse régulière, comme cela arriverait inévitablement sans l'intervention de la terre.

Si, au lieu de trois corps, on en considère un plus grand nombre en présence les uns des autres, les mouvements se compliqueront d'autant plus, les perturbations seront d'autant plus sensibles et irrégulières, que ce nombre de corps sera plus considérable. C'est ce qui a donné au *problème des trois corps,* et plus généralement à celui des *perturbations planétaires* une si grande importance, malgré que ces perturbations soient assez faibles, et nous en avons dit la raison, pour ne pas trop déranger les mouvements réguliers annoncés par les lois de Képler.

Le problème des perturbations a été légué par Newton à ses successeurs. Il en prévit quelques conséquences principales, comme nous l'avons vu, mais il ne le résolut pas. La solution du problème des trois corps ne devait être donnée que plus tard, quand les progrès de l'analyse mathématique appliquée à un sujet aussi élevé eurent permis d'en embrasser toutes les circonstances.

C'est ici le lieu de faire une remarque d'une grande portée, à notre avis, dans l'avancement des sciences : Nous avons vu les lois de Képler se condenser en un principe unique, celui de l'attraction universelle. La possession seule de ces lois n'eût pas permis de démêler exactement les mouvements exécutés par la matière, disséminée à travers les espaces célestes; elles ne formulaient qu'une approximation, très-grande à la vérité, mais seulement une approximation pour les trajectoires qui s'entre-croisent dans le système solaire. Mais, par la puissance de la formule générale qui caractérise la pesanteur comme propriété essentielle de la matière, l'astronome peut lancer ses regards à la recherche des groupes d'étoiles multiples; il ne craint pas d'être arrêté dans ses investigations par des impossibilités, qu'imposeraient des masses de grandeurs analogues; les seules limites qu'il ne saurait franchir sont celles du sens de la vue et de l'analyse, toutes deux bornées, comme tout ce qui tient à l'organisation humaine.

Ce caractère est le cachet de la vérité; l'astronomie seule le présente, dans l'état actuel de nos connaissances, et pour ne parler que de la chimie, qui occupe certainement le deuxième rang dans la marche progressive, nous la voyons bien éloignée encore du point que nous venons de fixer. Le nombre des corps simples augmente tous les jours, et nous cherchons vainement le but vers lequel convergent, pour s'y concentrer, toutes ces propriétés qui modifient si profondément les apparences des corps et multiplient les phénomènes. En un mot, nous ne savons encore où chercher le principe, l'origine commune capable de résumer la chimie.

Parmi les contemporains de Newton, il y eut des savants de premier ordre qui firent des découvertes importantes ; nous en avons déjà vu figurer quelques-uns.

Flamsteed, né en 1646, fit un catalogue de 3,000 étoiles ; c'est lui qui découvrit la fameuse comète de 1680.

L'astronome *Halley*, né en 1656, dont la renommée fut si grande, fit un voyage de deux ans à Sainte-Hélène. Après avoir calculé les éléments de la comète de 1682, il prédit son retour pour la fin de 1758 ou le commencement de 1759. Cette comète et l'une des 24 dont Halley s'occupa de rechercher les orbites. Le 30 novembre 1677, il observa le passage de Mercure sur le soleil. C'est encore ce grand astronome qui annonça le passage de Vénus sur le disque solaire pour le 5 juin 1761, en donnant une méthode pour en déduire la vraie distance de la terre au soleil. Il trouva le premier l'accélération séculaire du moyen mouvement de la lune.

L'université de Gœttingue eut un professeur habile, *Tobie Mayer*, lequel naquit à Marbach, dans le Wittemberg, en 1723. Il publia d'excellentes Tables du soleil et de la lune, beaucoup plus exactes que celles publiées jusque-là. En 1765, trois ans après sa mort, la Chambre basse d'Angleterre décerna aux héritiers de Mayer une récompense de trois mille livres sterling, en raison des services rendus par les Tables de cet astronome dans la détermination des longitudes. C'était la réalisation d'un acte passé dans la douzième année du règne de la reine Anne, tendant à encourager la recherche des longitudes. Mayer s'occupa aussi de rechercher la valeur de l'accélération séculaire du moyen mouvement de la lune, afin de l'introduire dans ses Tables. Il trouva 6″,7 à partir de 1700, et plus tard il porta cette valeur à 9″. Voici sur ce sujet la traduction de M. Delaunay (faite d'après les *Commentaires* de la Société royale des sciences de Gœttingue, t. II, année 1752).

« Pour établir les moyens mouvements de la lune, je n'ai épargné aucun labeur, afin d'arriver à quelque chose de certain et de concordant avec les observations des temps anciens. J'ai donc examiné les très-anciennes observations d'éclipses de lune des Babyloniens, ainsi que celles d'Hipparque et de Ptolémée, quoiqu'elles soient tellement grossières que j'ai en vain tenté de les représenter par mes Tables, même avec un médiocre accord; et cela ne paraîtra pas étrange à quiconque aura considéré que les anciens, en inscrivant le temps de semblables phénomènes, n'ont pas même eu égard à un tiers ou à une moitié d'heure. En outre, on soupçonne, non sans motifs, Ptolémée, qui nous a transmis ces éclipses, d'avoir été assez audacieux pour changer les temps de quelques-unes et de les avoir mis d'accord avec les nombres fournis par ses hypothèses; ce dont Ism. Bouillaud signale des indices dans son *Astr. philos.*, liv. III, c. VII. En conséquence, personne ne pourra me faire un reproche de voir mes Tables en erreur de plus d'une demi-heure par rapport à quelques-unes de ces éclipses.

« Nonobstant cette négligence des anciens ou ce peu de bonne foi de Ptolémée, ces observations me montrèrent cependant d'un commun accord que le mouvement de la lune a été autrefois sensiblement plus lent que nous le trouvons à notre époque. Halley et quelques autres ont déjà remarqué la même accélération dans le mouvement de la lune; mais on ne trouve pas que sa grandeur ait été bien déterminée par personne. Afin donc de la définir plus exactement, j'ai examiné avec un grand soin les observations intermédiaires entre celles de Ptolémée et les nôtres, savoir : celles d'Albaténius et d'autres astronomes arabes. Parmi elles, j'ai trouvé deux éclipses de soleil qui, en raison de circonstances singulières, savoir : que les hauteurs du soleil ont été observées au commencement et à la fin, sont les seules observations très-anciennes dont il nous soit permis de regarder le temps comme bien connu; ces observations doivent être regardées, à mon avis, du moins, comme plus précieuses pour l'astronomie lunaire que toute somme d'or ou d'argent. »

A l'époque de la mort de Newton, en 1727, *Bradley* découvrit l'*aberration* des étoiles. Cet astronome s'aperçut que les étoiles paraissaient décrire tous les ans une très-petite ellipse avec un grand axe d'environ 40 secondes de degré. Il expliqua fort heureusement ce phénomène en combinant la vitesse de la lumière avec celle de la terre dans son orbite. C'est en cherchant la distance des étoiles, leur parallaxe, qu'il trouva aussi la vitesse de la lumière, en opérant, comme on le voit, sur des rayons directs. Sa publication date de 1728. On est encore redevable à Bradley de la découverte de l'espèce de balancement de l'astre terrestre, connu sous la dénomination de *nutation.*

Le mouvement de la terre combiné avec celui de la lumière émanée d'un astre détermine donc l'effet qu'on nomme *aberration.* Un rayon lumineux vient nous frapper dans une direction composée de sa vitesse et de la nôtre ; c'est la loi du parallélogramme des forces. Mais comme nous ne sentons pas plus le mouvement de la terre que si nous étions immobiles, attendu que nous participons à ce mouvement, nous recevons seulement l'impression de la direction des rayons de lumière, influencée par la vitesse qui nous anime. Cela fait une différence entre le lieu où nous voyons l'étoile et celui où elle se trouve réellement. Chaque étoile paraît ainsi avoir un petit mouvement propre qui a pour période une année, et en vertu duquel toutes semblent osciller autour d'un lieu moyen dont elles s'écartent de chaque côté de 20″ 1/3. Celles qui sont hors de l'écliptique décrivent de petites ellipses ayant des largeurs variables suivant leurs distances à ce plan, mais pour longueur constante 40″ 2/3. Il y a aussi aberration en latitude pour ces étoiles. Dans le plan de l'écliptique, l'ellipse se réduit à un arc de cette longueur.

Le travail de la méridienne passant par l'Observatoire de Paris fut poussé avec vigueur par *Lacaille*, né en 1713. Il publia des tables de réfraction depuis le lever d'un astre jusqu'à 89 degrés de hauteur. Lacaille alla passer quatre ans au cap de Bonne-Espérance, où il observa plus de 10,000 étoiles, dont un grand nombre étaient cataloguées pour la première fois. Il y mesura les parallaxes du soleil, de la lune, de Mars et de Vénus.

Cette époque, si féconde en découvertes astronomiques, vit s'établir en Europe les principales sociétés savantes :

Charles II, roi d'Angleterre, institua en 1660 la *Société royale de Londres*.

L'*Académie des sciences de Paris* fut fondée six années plus tard, en 1666 ; et en 1699, Louis XIV la réglementait.

A Berlin, la *Société royale* était établie par les soins du roi Frédéric, en l'année 1700.

CHAPITRE V

Les Comètes.— Opinions diverses des anciens.— Comète de 1472. — Première apparition de la comète de Halley en 1531. — Usage des parallaxes. — Comètes de 1577, 1580, 1585 et 1590, observées par Tycho. — Opinions sur les comètes, de Képler, de Gallilée, de Gassendi, d'Hévélius, de Descartes, de Newton. — Comète de Halley; ses apparitions en 1531, 1607, 1682, et prédiction de son retour pour 1758 ou 1759. — Comment on peut prédire le retour d'une comète. — Travail d'Arago sur les comètes. Comète de l'année de la mort de César. Comètes de 531, 1680, 240, 539, 565 et 837. Opinions des Chinois et terreurs des Européens. Hypothèses sur la comète de Halley. Comète de Mithridate. Comètes de l'an 400 de notre ère, de 855 et de 930. Apparition de la comète de Halley en 1006. Comètes de 1305, 1380, 1456, 1531, 1607. Éclat de la comète de Halley en 1305, 1456 et 1682. Comètes de 1402, 1454, 1532, 1577. Trois comètes en 1596 et quatre en 1618. Comètes de 1652, 1663, 1664, 1665, 1687, 1686, 1689, 1698, 1702, 1706. Comète à six queues en 1744. Comète de 1767, 1770 et 1779. Étoiles vues à travers les comètes de 1774, 1795, 1796. Comète de 1798. — Idées qu'on avait sur les comètes jusqu'au dix-neuvième siècle. Fausseté de l'hypothèse d'un déluge occasionné par une comète. Buffon. — Panique en 1773. Lalande.

Nous avons jusqu'ici traité aussi rapidement que possible de l'ensemble des progrès de l'astronomie, et surtout de ceux qui se rattachent aux astres dont la marche est régulière. Avant d'aller plus loin, nous allons parler des *comètes*, qui tant de fois ont dérouté la science humaine et répandu sur le monde de si grandes et si fortes terreurs.

Les systèmes les plus divers ont été émis au sujet des comètes, et les hypothèses auxquelles elles ont donné lieu forment un sujet d'études des plus intéressants. Dans l'antiquité, les uns considéraient les comètes comme n'ayant rien de réel ; elles n'étaient qu'une apparence trompeuse de quelque corps, ou bien l'effet de la réflexion des rayons solaires à travers l'espace, comme sur un miroir ; ou encore le produit des lumières réunies de plusieurs planètes, dont la rencontre ou le voisinage très-proche les faisaient confondre en un seul astre. Cette dernière opinion était celle d'Anaxagore et de Démocrite. Il eût été facile de renverser ces hypothèses par des considérations ausssi simples que décisives. Ainsi une longue existence ne peut être assurée à de simples apparences sans que des effets particuliers en viennent déceler le caractère. C'est ce qui n'a pas lieu pour les comètes, puisque tous les changements qu'elles manifestent soit dans leurs formes, soit dans l'éclat de leur lumière, s'exécutent suivant les variations progressives des distances où elles se trouvent du soleil et de la terre, quoiqu'elles soient visibles pendant des mois entiers. Ensuite, on sait que les images produites par la réflexion des objets changeant de position avec ces objets, il faudrait que les comètes eussent des mouvements comparables à ceux des planètes ; il faudrait en outre que le miroir existât et fût convenablement placé pour que tous les corps du firmament pussent s'y refléter. La dernière hypothèse supposerait des rencontres possibles entre les planètes, et leur nombre assez limité devrait être bien supérieur à celui existant en réalité, sans cela il serait impossible de concevoir des rencontres aussi fréquentes.

D'autres philosophes considéraient les comètes comme des apparitions réelles causées par des exhalaisons qui s'élèvent dans les régions supérieures de l'atmosphère, s'y condensent et s'y enflamment soit par l'influence des astres, soit par la rapidité de leur mouvement ou l'action des vents contraires. Tant que ces matières, qui s'élèvent de la terre, peuvent fournir un aliment à la combustion, la comète existe, elle disparaît après cela. Cette opinion était celle d'Aristote. L'influence des péripatéticiens se fit sentir pendant longtemps, et s'opposa aux connaissances solides tant que les écoles conservèrent du respect pour l'autorité du maître. Suivant eux, les planètes Mars et Saturne engendraient la substance des comètes, la première en agrandissant les pores de la terre pour faciliter la sortie des émanations, et la seconde, au contraire, en les resserrant pour les condenser. Ils prétendaient d'ailleurs que les particules en suspension dans les rayons du soleil passant à travers l'ouverture d'une chambre noire provenaient des cendres d'une comète consumée. Les commentateurs des livres d'Aristote ne s'en sont pas tenus à ces idées; ils ont entassé toutes sortes d'extravagances sur les comètes : en les considérant comme des présages de malheur, ils effrayaient le peuple par leurs prédictions terribles. Si la comète avait une couleur blanche, les pleurésies, les léthargies, etc., devaient abonder dans le courant de l'année. Les fièvres jaunes ne pouvaient manquer de sévir si la couleur était rougeâtre. Une comète tirant sur le noir devait faire tomber des météores capables de répandre la désolation dans les campagnes en dévastant les produits de la végétation ; elle devait aussi engendrer des maladies épidémiques. D'autres fois on voyait dans l'apparition d'une comète l'indice certain d'un déluge partiel ou universel. L'annonce de la mort de quelque souverain était faite par une comète de couleur dorée. Quand elle tirait sur le bleu, la famine, la sécheresse et une peste cruelle étaient des fléaux inévitables. L'assassinat de Jules César, les guerres de Mahomet, le schisme d'Henri VIII, roi d'Angleterre, etc., furent autant d'événements annoncés par des comètes. Il en est de même de la terrible invasion des barbares qui fondirent sur la Russie et l'Assyrie dans le treizième siècle.

Les disciples de Pythagore regardaient, d'après leur maître, les comètes comme ayant des mouvements analogues à ceux des planètes, mais dans des orbes beaucoup plus longs, ce qui les rendait visibles dans une portion seulement de leur course et invisibles dans tout le reste, en sorte qu'elles ne pouvaient reparaître qu'après de longs intervalles de temps. Ces notions, partagées par Hippocrate de Chio et Eschyle, rentrent dans les croyances modernes, et forment les premiers rudiments du vrai système du monde. Sénèque, après Apollonius de Mynde, voyait dans les comètes des planètes assez éloignées de nous pour rester cachées pendant un certain temps, puis venir nous visiter en obéissant à certaines lois. Deux comètes que Sénèque eut l'occasion d'observer lui parurent de la nature des astres et d'une ancienneté égale à celle du monde ; il annonça qu'on arriverait à prédire les retours périodiques des comètes, s'attacha à détruire les systèmes émis jusque-là, et appuya le sien de toutes les raisons que l'état de la science mettait alors à sa disposition.

Il est à remarquer qu'Hipparque et Ptolémée n'ont pas dit un mot des comètes ; il n'est guère possible de supposer qu'ils n'en aient point vu, mais il est plus probable qu'ils les confondirent avec les météores, dont l'astronomie ne s'occupait pas.

Pendant les quatorze siècles qui suivirent les deux illustres astronomes de l'école d'Alexandrie, le règne de la superstition qui arrêta le progrès des sciences montrait les comètes comme des signes précurseurs des événements futurs. Sénèque ne fut pas complétement à l'abri de ces influences ; et ce que Pline nous transmet sur les astronomes de son temps est assez de nature à les faire prendre pour des visionnaires. La frayeur générale qu'inspiraient les apparitions des comètes se retrouve suffisamment empreinte dans les écrits des historiens romains : on peut lire dans Tite-Live des absurdités grotesques sur ce sujet.

Malgré les ténèbres qui obscurcissaient encore les sciences au seizième siècle, on vit quelques observateurs sérieux qui commencèrent à propager sur les comètes des notions précises. Ainsi, l'astronome Muller (Regiomontanus) trouva la méthode des parallaxes, et observa d'une manière suivie la comète de 1472. Après s'être montrée dans le signe de la Balance en rétrogradant lentement d'abord, elle arriva dans le Bélier avec un mouvement qui devint si rapide qu'elle parcourut 40 degrés en un seul jour et six signes (180 degrés) en un mois. Muller est le premier qui ait observé les comètes au point de vue astronomique : il ne pouvait donc pas les considérer comme le produit des exhalaisons terrestres.

Pierre Apiano, astronome de Charles-Quint, observa cinq comètes de 1531 à 1539. La première, de 1531, est celle de Halley ; elle fut visible depuis le 6 août jusqu'au 3 septembre. Apiano remarqua le premier que la direction de la queue est opposée au soleil, opinion qui fut modifiée plus tard. Il avança que les comètes sont situées dans les régions supérieures de la lune.

Cardan, astronome de la même époque, fit, comme Apiano, usage des parallaxes, et admit aussi un éloignement plus grand que celui de la lune. Cependant il était complétement sous l'influence des préjugés de son temps; il prétendait que les comètes étaient en dépôt dans quelque lieu du ciel pour se montrer quand les circonstances le voulaient. Tout astronome qu'il était, il croyait avoir un démon familier, et professait l'astrologie. On prétend qu'ayant lu dans le ciel l'instant de sa mort, il se laissa mourir de faim pour ne pas démentir la prédiction. Après les travaux de Regiomontanus sur les parallaxes et l'opinion d'Apiano et de Cardan sur la distance des comètes, on n'en persista pas moins à croire aux influences cométaires. Quand vint Tycho, les observations des comètes prirent un autre caractère d'exactitude; il ne leur reconnut pas de parallaxe, les plaça en conséquence bien au-dessus de la lune, et vit en elles des corps diaphanes. Tycho observa la comète de 1577, depuis le 13 novembre, jour où il la découvrit avant le coucher du soleil, jusqu'au 26 janvier de l'année suivante. Son diamètre était de 7 minutes de degré et sa queue n'occupait pas moins du tiers de la voûte céleste. Il nous a également transmis les observations des comètes de 1580, 1585 et 1590. Cette dernière avait une tête de 3 minutes de diamètre avec une queue de 10 degrés.

Képler eut sur les comètes des idées beaucoup plus rationnelles que ses prédécesseurs; il les regardait comme des corps d'une densité très-faible décrivant des ellipses allongées. On ne peut pas en dire autant de Galilée, qui n'eut que des idées fausses sur ce sujet. Gassendi, qui n'avait aucune opinion arrêtée sur la nature des comètes contribua néanmoins à détruire les erreurs de l'astrologie. On est étonné de voir Hévélius, auquel toutes les parties de l'astronomie étaient familières, ne pas admettre que les comètes fussent des astres. Le travail qu'il entreprit à propos de celle de 1664, dont il chercha la parallaxe, le fit se ranger au sentiment de Tycho ; et, tout en comparant les comètes aux taches solaires, il admettait qu'elles traversent les espaces éthérés comme les planètes, et que leur formation était due à des matières hétérogènes amassées et à des noyaux contigus provenant des émanations des corps célestes, et pouvant se réunir ou se séparer.

On trouve dans la troisième partie de la philosophie de Descartes son système sur les comètes. Suivant ce grand philosophe, ces astres ont commencé par être des soleils fixés chacun au centre d'un tourbillon particulier. Après avoir été transformées en planètes par une cause quelconque, elles n'ont pu rester dans leurs tourbillons respectifs, et ont dû l'abandonner à quelque autre corps, puis devenir errantes de tourbillon en tourbillon. Elles ne peuvent donc être visibles de la terre que lorsque notre système leur donne asile pendant un temps plus ou moins long.

Newton devait renverser sans retour tous les systèmes et toutes les idées bizarres qu'on avait eues jusque-là sur les comètes. Il a traité cette question dans son livre des *Principes :* les comètes furent créées en même temps que les autres planètes; elles empruntent leur lumière du soleil et décrivent dans le vide, autour de lui, des ellipses très-excentriques en obéissant aux lois de l'attraction planétaire. Hévélius et Doërfel soutenaient avant Newton que les comètes circulent autour du soleil ; mais ce fut ce dernier qui les soumit à l'astre lumineux, leur mouvement pouvant s'effectuer dans toutes les directions et sous toutes les inclinaisons possibles par rapport au plan de l'écliptique.

Cette grande conséquence des principes newtoniens, savoir : que les comètes tracent des courbes fermées, que dès lors elles doivent revenir à des époques déterminées, fut démontrée par Halley. Cet astronome rapprocha et compara les observations des différentes comètes dont on avait conservé les traces, et, par un examen judicieux des données recueillies, il parvint à établir que les apparitions de 1682, de 1607 et de 1531 étaient celles du même corps céleste. Une fois ce pas fait, Halley n'hésita pas à prédire le retour de la comète de 1682, et à fixer sa nouvelle venue à la fin de 1758 ou au commencement de 1759. L'événement justifia la prédiction.

C'est donc à partir de Newton que les comètes furent définitivement rangées parmi les corps faisant partie du système solaire. Toutes celles qui ont paru se sont offertes sous des aspects à peu près semblables ; et si on met de côté les exagérations de certains historiens, on peut dire que leur lumière est assez faible pour être comparée à une sorte de nébulosité traînant ordinairement une queue après elle ou se faisant précéder d'une barbe. Le diamètre des nébulosités augmente à mesure qu'elles s'éloignent du soleil. Sénèque avait déjà remarqué qu'on peut voir des étoiles au travers des comètes. Elles peuvent ne point avoir de noyau ou en avoir de diaphanes, ou peut-être exister encore avec des noyaux solides et opaques : ces dernières sont plus brillantes que les autres. Les mouvements des comètes ont lieu dans tous les sens, différentes en cela des planètes, qui tournent toutes de l'occident à l'orient. Le mouvement d'une comète étant irrégulier, s'accélérant quand elle approche de son périhélie, c'est-à-dire de sa plus petite distance au soleil, se ralentissant quand elle s'en éloigne, il en résulte de grandes difficultés pour la détermination de son orbite. On est arrivé à résoudre cette question en cherchant ce qu'on appelle les éléments paraboliques de la comète. On sait que plus une ellipse est allongée, plus elle se rapproche de la parabole, ayant même sommet et même foyer. Le foyer commun étant le soleil et le sommet commun occupant le lieu périhélie de l'astre, les deux courbes se confondent sensiblement dans leurs portions d'arc voisines du périhélie. En supposant donc l'ellipse cométaire avec son second sommet à l'infini, elle devient une parabole, et c'est sur cette courbe qu'on suppose la comète placée pendant tout le temps qu'elle reste visible. Le grand axe de l'ellipse est donc indéterminé dans le mouvement elliptique d'une comète; mais quand l'astre revient, on peut, avec la durée de sa révolution, fixer la longueur de cet axe au moyen de l'une des lois de Képler. Les éléments paraboliques à déterminer sont l'inclinaison du plan de l'orbite sur l'écliptique, la position de la ligne des nœuds, la distance périhélie, la longitude périhélie et la direction du mouvement. C'est par ces éléments que l'on peut constater la périodicité du retour d'une comète, et non par l'aspect qui est susceptible de changer pour un même astre dans une seule de ses révolutions. Mais lorsqu'une comète se présente avec des éléments identiques à ceux d'un astre déjà observé, on peut affirmer que ces deux corps célestes n'en font qu'un, et établir définitivement tous les éléments de son ellipse.

Le travail d'Arago sur les comètes fournit des données importantes pour l'histoire de ces astres. Nous allons en faire l'abrégé historique jusqu'à l'époque de Newton.

Un astre chevelu se voyait à l'œil nu vers cinq heures du soir, au mois de septembre, l'année de la mort de César. Les Romains croyaient que c'était son âme.

Les écrivains de Byzance nomment *lampadias* (lampe ardente) une comète très-grande, très-effrayante, qui se montra en 531. C'est peut-être celle qui parut en 1106. Celle de 1680 est signalée comme ayant une immense queue et ressemblant au soleil. Cette queue était de 90° (41 millions de lieues), et se trouvait encore au zénith quand la comète se couchait. Sa plus courte distance à l'orbite terrestre a été de 112 rayons de la terre. La comète de 1106 étendait jusqu'au signe des Gémeaux une traînée qui ressemblait à une toile de lin. Elle était brillante, et s'apercevait au couchant le 7 février; sa distance au soleil était estimée à 1 pied 1/2. En rapprochant ces dates, on voit que, si ces apparitions sont dues à la même comète, sa période serait de 74 ou 75 ans. Le déluge biblique eut lieu en l'an 2349 avant J.-C. selon le texte hébreu moderne, en l'an 2926 d'après le texte samaritain, les Septante et Josèphe. On est ramené ainsi, avec 6 ans seulement de différence, à l'époque du déluge biblique. A ce moment, suivant Whiston, cette comète était à 3 ou 4 mille lieues seulement de la terre. La force centrale, si la terre s'arrêtait, la ferait tomber sur le soleil en 64 jours 1/2 : c'est ce qui finira par arriver.

« Les quatre plus anciennes comètes dont on ait pu déterminer l'orbite, dit Arago, parurent dans les années 240, 539, 565 et 837. Ce sont les observations chinoises qui ont fourni tous les éléments des calculs,

« Tandis que les astronomes de la Chine suivaient avec assiduité et dans des vues scientifiques la marche de la comète de 837, les peuples de l'Europe n'y voyaient qu'un signe de la colère céleste, à laquelle Louis le Débonnaire lui-même, après avoir consulté tous les *astrologues* de son empire, n'espéra pouvoir échapper qu'en fondant des monastères. Cette comète est, au reste, une de celles qui peuvent le plus approcher de la terre. En 837, d'après les recherches de du Séjour, elle resta pendant près de quatre fois vingt-quatre heures à moins d'un million de lieues de notre orbite. La comète de 1456, c'est-à-dire celle de Halley dans une de ses apparitions, est la plus ancienne dont on ait pu calculer la marche d'après les observations faites exclusivement en Europe. »

On a émis l'hypothèse que la comète de Halley s'était montrée dans les années 52 et 134 avant J.-C., et, après J.-C., en 400, 855, 930, 1006, 1230, 1305 et 1380. Mais il est impossible de démontrer la réalité de cette supposition, attendu que, ne sachant pas les constellations que ces astres ont traversées, il n'existe aucun moyen d'en calculer les éléments paraboliques.

« A la naissance de Mithridate, dit Justin, une comète parut pendant 70 jours. Le ciel, dit-on, paraissait tout en feu ; la comète en occupait la quatrième partie, et son éclat était supérieur à celui du soleil ; elle employait quatre heures à se lever, autant à se coucher. »

Le même auteur mentionne encore une comète identique à la précédente lorsque Mithridate monta sur le trône.

En consultant les annales de la Chine, Arago annonce qu'elles font justice de ces exagérations. D'après ces annales, il en résulte seulement que, la 43e année du 43e cycle, c'est-à-dire 134 ans avant J.-C., on vit une grande comète dont la queue s'étendait jusqu'au milieu du ciel, et qui parut pendant deux mois.

Dion Cassius nous apprend qu'une torche ardente marchait du midi à l'orient en l'année 52 avant J. C.

Les historiens Socrate et Sozomène racontent que, l'an 400 de l'ère vulgaire, apparut la comète la plus terrible de toutes celles connues jusque-là. Elle avait la forme d'une épée et atteignait la terre, quoiqu'elle fût dans la partie élevée du ciel. On la voyait au-dessus de Constantinople, et elle prédisait pour cette ville des malheurs qui devaient suivre la perfidie de Gaïnas.

En 855, on vit pendant vingt jours une comète, d'après une chronique de sainte Maxence.

La comète de 930 se montra dans la constellation du Cancer.

C'est en 1006 qu'eut lieu la première apparition probable de la comète de Halley. Sa marche fut déterminée par Haly-ben-Rodoan, et correspond assez bien avec les observations ultérieures. A en croire l'auteur que nous venons de citer, la tête de cet astre était trois fois plus grosse que Vénus, et répandait autant de lumière que le quart de la lune. C'est Dubrav qui nous dit qu'une comète était visible en 1230, sans rien dire de sa grandeur.

Des historiens donnent l'épithète de *cometa horrendæ magnitudinis* à la comète de 1305, probablement à cause de la peste qui sévit à cette époque. Elle se montra vers Pâques.

Au mois de novembre 1380, une comète fut observée en Europe et au Japon; elle n'offrait rien de remarquable.

En 1456 eut lieu la première apparition certaine de la comète de Halley. « La comète, dit Arago, suivant quelques auteurs, paraissait d'une grandeur extraordinaire ; d'autres l'appellent terrible ; deux historiens polonais, au contraire, assurent qu'elle fut toujours médiocre. Tous ces termes sont très-vagues, et chacun peut les interpréter à sa guise; voici qui est plus précis : trois ou quatre jours avant son passage au périhélie, le noyau de la comète était aussi éclatant qu'une étoile fixe. A cette même époque, la queue n'avait qu'une longueur de 10 degrés. Il paraît cependant qu'on la trouva quelquefois de 60 degrés, ou deux signes entiers du zodiaque. La comète de 1456 inspira une grande terreur, bien moins peut-être à raison de son éclat et de la longueur de sa queue que comme un présage supposé du succès des armées ottomanes. Les *Angelus* ordonnés par le pape Calixte, et dans lesquels on conjurait en même temps la comète et les Turcs, n'étaient certainement pas de nature à calmer les esprits faibles. » Cette comète fit sa première apparition le 29 mai, 11 jours avant son passage au périhélie.

La comète de 1531 ne présentait rien d'extraordinaire. Sa queue avait 15 degrés de longueur. L'observation qu'en fit Apiano le conduisit à reconnaître que les queues des comètes sont généralement situées à l'opposite du soleil. Cette comète apparut en Europe le 25 juillet; au Japon et en Chine, elle était visible le 13 de ce mois, 43 jours avant de passer au périhélie.

En 1607, Képler observa la comète de Halley; sa lumière était faible et pâle, sa grosseur valait celle de Jupiter, suivant Longomontanus, et, selon d'autres, elle était seulement comparable à une étoile faible de première grandeur. Elle fut observée pour la première fois 33 jours avant son passage au périhélie. C'est en 1682 que Picard et la Hire ont assimilé la même comète à une étoile de deuxième grandeur. Sa queue avait 30 degrés de longueur le 29 août. Hévélius l'observa à Dantzig, et, le 23 août, 22 jours avant son retour au périhélie, on la voyait à l'œil nu à Orléans; mais le 11 septembre, c'est à peine si on pouvait la distinguer, tant elle était diffuse. Les jésuites du collége d'Orléans l'aperçurent au-dessus de la tête des Gémeaux; sa latitude fut toujours boréale; son aspect était comparable à celui d'une étoile de deuxième grandeur. Son passage au périhélie eut lieu le 14 septembre, à 7 heures 48 minutes, temps moyen de l'Observatoire de Paris.

Halley, ainsi que nous l'avons dit, en détermina les éléments paraboliques, et vit qu'ils correspondaient à ceux de deux comètes observées, l'une en 1607 par Képler et Longomontanus, l'autre par Apiano en 1531, et annonça son prochain retour pour la fin de 1758 ou pour le commencement de 1759. Le rapprochement de ces dates avec celle de 1456 donne une période de 74, 75 et 76 ans.

L'éclat de la comète de Halley était considérable en 1305. Sa queue, en 1456, s'étendait sur les deux tiers de l'espace compris entre le zénith et l'horizon. Elle parut sensiblement affaiblie en 1682 relativement aux observations précédentes; cependant on la classa encore parmi les brillantes comètes : sa queue embrassait 30 degrés. Elle occupait tous les esprits, car c'était la première dont le retour était annoncé. Ce qui précède montre assez pourquoi l'opinion que les comètes vont en s'affaiblissant fut accréditée. On en attribuait la cause à la dissémination de la matière nébuleuse dans l'espace après avoir formé la queue. Il ne faut pas perdre de vue que l'apparition intermédiaire de 1607 n'offrit rien de particulier, d'après ce qu'en a dit Képler.

L'année 1402 fut remarquable par deux comètes très-brillantes. A la fin du mois de mars, la première laissait voir son noyau et sa queue en plein midi, dans l'étendue de deux brasses. La deuxième se voyait en juillet, longtemps avant le coucher du soleil. La croyance populaire la considérait comme annonçant la mort de Jean Galéas Visconti, lequel en fut extrêmement effrayé, et ce fut certainement la cause qui réalisa la prédiction.

Georges Phranza, de Constantinople, nous a transmis l'observation d'une comète qui apparut pendant l'été de 1454. Voici ce qu'en dit Phranza : « Chaque soir, aussitôt après le coucher du soleil, on voyait une comète semblable à un sabre droit, et s'approchant de la lune. La nuit de la pleine lune étant venue, et alors une éclipse ayant eu lieu par hasard, suivant la marche réglée et l'orbite circulaire des flambeaux célestes, comme de coutume, quelques-uns, voyant les ténèbres de l'éclipse, et regardant la comète en forme d'épée longue qui s'élevait de l'occident, faisait route vers l'orient, et s'approchait de la lune, pensèrent que cette comète en forme d'épée longue désignait ainsi, eu égard à l'obscurcissement de la lune, que les chrétiens habitants d'Occident viendraient à s'accorder pour marcher contre les Turcs, et qu'ils remporteraient la victoire ; mais les Turcs, considérant eux aussi ces choses, tombèrent dans une crainte non petite, et firent de grands raisonnements. »

A Milan, en 1532, on vit une comète en plein jour ; Cardan en fait mention. C'est la quatrième vue en plein midi, au rapport des historiens.

La belle comète de 1577 était, d'après Chézeaux, plus brillante que Sirius à la date du 1er février ; elle égalait Jupiter le 8 du même mois. Au commencement de mars, on la distinguait sans lunettes à une heure après midi.

Il parut trois comètes en 1596 ; Képler a signalé celle qui alla du signe de l'*Ecrevisse* jusqu'au 4e degré de la *Vierge*. Il observa encore la comète de Halley en 1607 et l'une des quatre comètes de l'année 1618. Celle-ci fournit à ce grand astronome l'occasion de composer un traité dans lequel on trouve cette conclusion : *Denique quot sunt in cœlo cometæ, tot sunt argumenta, præter ea quæ a planetarum motibus deducuntur, terram moveri motu annuo circa Solem. Vale, Ptolomæe, ad Aristarchum revertor, duce Copernico.* Ce traité nous apprend que la comète en question parut depuis le 24 novembre jusqu'au 21 janvier de l'année suivante. Elle parcourut d'un mouvement rétrograde plus de 111 degrés, depuis la *Balance* jusqu'à l'*Écrevisse,* en 54 jours. La queue avait 70 degrés de longueur. La latitude, qui fut toujours boréale, augmenta depuis 7 degrés 1/2 jusqu'à 62 degrés 36 minutes. Son mouvement réel était suivant l'ordre naturel des signes.

Hévélius observa les comètes des années 1652, 1663 et 1664. La dernière fut aussi observée à Rome dans le palais Chigi par J.-D. Cassini.

Ce dernier astronome suivit le mouvement d'une comète en 1665, depuis le 4 jusqu'au 20 avril. Sa tête était si lumineuse qu'on la voyait encore lorsque la venue du jour faisait disparaître toutes les autres étoiles. Sa queue était longue de 17 degrés.

Le 22 mars 1680, Flamsteed vit une comète comparable à une étoile de première grandeur, avec une queue qui eut jusqu'à 90 degrés de longueur. Cette comète fut encore observée avec soin par Newton et Cassini jusqu'au moment de sa disparition, le 18 mars 1681.

Les comètes des années 1686, 1689, 1698 et 1702 n'offrirent rien de remarquable.

L'abbé de la Caille regarde comme direct le mouvement de la comète de 1706. Elle fut visible du 18 mars au 13 avril.

Une comète, grande comme Jupiter, se montra l'année suivante, depuis le 28 novembre jusqu'au 25 décembre. On a prétendu qu'elle revint en l'année 1723, à cause de sa direction du sud au nord, comme la précédente.

A partir de cette époque, on voit l'astronomie cométaire se perfectionner d'une façon radicale par l'application du principe de l'attraction au mouvement de ces astres. Les perturbations qu'elles sont susceptibles d'éprouver, lorsqu'elles viennent dans le voisinage des planètes, seront calculées, et leurs retours pourront être prévus avec une approximation surprenante.

L'année 1744 fut remarquable par l'apparition d'une comète à six queues longue de 30 à 40 degrés, et représentant 3 millions de lieues. Elle fut vue à une heure après midi, sans lunettes, par plusieurs personnes.

Une autre comète se montra dans les années 1767, 1770 et 1779. En 1770, sa plus courte distance à la terre fut de 368 rayons terrestres; c'est celle qui est venue le plus près de notre globe : sa masse en était la cinq-millième partie.

En 1767, la durée de sa révolution était de 50 ans avant qu'elle eût approché de Jupiter. Plus tard, sa durée était de 20 ans, et, après 1779, on ne pouvait pas l'apercevoir, sa plus petite distance au soleil étant de 132 millions de lieues. Cette comète eut une longue apparition; son grand axe, déterminé par Lexell, se trouva égal à 3 fois 1/2 celui de l'orbite terrestre.

Une étoile de sixième grandeur fut vue à travers le noyau d'une petite comète le 23 octobre 1774.

La comète de 1769 avait une queue longue de 97 degrés; elle pouvait donc se coucher quand une partie de sa queue se trouvait encore au zénith.

Une étoile de sixième grandeur fut aperçue par Herschell dans le milieu de la comète sans noyau de 1795. Elle offrait l'apparence d'une masse globuleuse de vapeurs légèrement condensées vers le centre.

Olbers vit également une étoile de sixième ou de septième grandeur, à travers une comète en 1796. La lumière de l'étoile ne parut pas affaiblie; elle était située un peu au nord du centre de la nébulosité.

Une comète de 1798 avait un noyau ressemblant à une planète; son diamètre était de 11 lieues. Une autre comète sans noyau fut observée la même année par Olbers.

Avant d'aller plus loin, nous résumerons l'ensemble des connaissances et des idées qu'on avait sur les comètes au moment où nous sommes arrivés.

On réfutait le système d'Aristote en avançant que toute la matière terrestre élevée en exhalaisons, toutes les eaux de l'Océan changées en vapeurs, n'eussent pu fournir assez de matière pour former une queue d'une longueur et d'une largeur aussi prodigieuses que celles de certaines comètes observées. D'ailleurs, ajoutait-on, aucune vapeur, aucune exhalaison ne s'est jamais élevée à 20 lieues au-dessus de la terre, et aucune comète ne s'approchera jamais autant de nous que le changeant satellite qui nous éclaire pendant la nuit.

Ces rêveries cependant, quelque peu fondées qu'elles soient, ont mérité l'attention du grand Newton, et, pour les réfuter de la manière la plus solide, il se servit de la fameuse comète de 1680, dont la queue, en certains temps, eut 90 degrés de longueur, et qui dans son périhélie ne se trouva qu'à environ 200 mille lieues du soleil. « Si cette comète, dit-il, n'eût été qu'un amas informe de vapeurs et d'exhalaisons, le soleil l'eût nécessairement dissipé. Or sa chaleur est d'autant plus grande que ses rayons sont plus denses, plus épais et plus serrés, et que, par conséquent, elle suit précisément la raison inverse du carré des distances : ce qui signifie que la comète, à une distance du soleil deux fois plus petite, en eût été quatre fois plus échauffée. » La chaleur que cette comète éprouva dans son périhélie fut donc vingt-huit mille fois plus grande que celle que nous éprouvons au cœur de l'été. Mais la chaleur de l'été n'est que trois fois moindre que celle de l'eau bouillante, et celle-ci trois à quatre fois moindre que celle d'un fer rouge. Ainsi la comète de 1680 fut, à son périhélie, deux mille fois plus échauffée par le soleil que ne l'est par le feu un fer rouge; cette comète n'a donc jamais été un amas informe de vapeurs et d'exhalaisons : une chaleur bien moindre l'eût dissipée en fumée.

Plus de deux mille ans après le chef du Lycée parut Descartes. Les comètes, dont il fait d'abord autant de soleils, chacun au centre d'un tourbillon, finissent par s'encroûter, se changer en planètes errantes et venir se fixer dans le tourbillon solaire, les unes pour quelques jours, les autres pour quelques mois, en présentant le spectacle d'une comète tantôt suivie d'une queue, tantôt précédée d'une barbe, et tantôt entourée d'une brillante chevelure. Dans la réfutation de ce système, on disait : « L'amusant Descartes diminue les craintes. Ici, plus de vapeurs, plus d'exhalaisons qui puissent retomber sur la terre et nous causer un déluge de maux. Le choc seul d'une comète contre une planète ne devient pas absolument impossible ; mais une crainte occasionnée par un système romanesque, par un système contraire à toutes les lois de la plus sûre mécanique, n'est-elle pas une crainte puérile ? »

Il est démontré que les comètes sont et ont toujours été des planètes véritables ; que leurs orbites sont aussi fixes et aussi peu mobiles que les orbites planétaires ; qu'elles ont un cours périodique aussi régulier que celui des planètes ; et qu'enfin ce qu'on appelle queue, barbe et chevelure des comètes ne saurait avoir aucune influence sur la terre : d'où il suit que craindre une comète est une terreur panique, une crainte sans fondement. « Les quatre points précédents sont tellement démontrés en physique, ajoutait-on, qu'on a presque honte d'en demander la preuve. Les images des comètes vues dans les télescopes n'offrant aucun étincellement, mais une lumière constamment tranquille, semblable à celle d'une planète, est une preuve que cette lumière est réfléchie : les comètes sont donc des corps aussi opaques et aussi massifs que la terre que nous habitons. » Cette conclusion sur l'opacité des noyaux cométaires n'était pas généralement admise ; un point non contesté était leur assimilation aux planètes en ce qui concerne leur mouvement. « Mais, continuait-on, les orbites des comètes sont exactement régulières, et regarder une comète comme errante et vagabonde, c'est ignorer les premiers éléments du vrai système du ciel. Les comètes, comme les planètes, parcourent autour du soleil, comme foyer, des courbes elliptiques, les unes plus, les autres moins allongées, et, dans les unes comme dans les autres, tout s'opère mécaniquement par l'heureuse combinaison de deux forces, l'une de *projection* par la tangente, l'autre *centripète*, par le rayon vecteur, causée par l'attraction solaire. Aussi peut-on prédire le retour d'une comète presque aussi facilement que celui d'une planète, et l'on annonçait pour 1835 la fameuse comète de Halley, que Pierre Apiano observa en 1531, Képler en 1607, Cassini en 1682, et tant d'autres en 1759. Les comètes, concluait-on, ont donc un cours réglé comme celui des planètes : le choc d'une comète contre une planète ou d'une comète contre une comète est donc une terreur panique, et la crainte de leur retour une crainte puérile. Ce qu'on appelle *queue, barbe, chevelure* des comètes n'en saurait inspirer une mieux fondée. C'est là, disait-on, l'effet nécessaire de l'atmosphère de la comète et de sa position vis-à-vis le soleil. Les rayons de lumière qu'il lui dardera avec une force incompréhensible jetteront derrière le noyau une grande partie de l'atmosphère qui l'entoure, et la comète sera suivie d'une queue plus ou moins longue, suivant le plus ou moins de matière chassée. La comète le précède-t-elle : la matière sera chassée en avant, et elle paraîtra avec une barbe majestueuse. Elle paraîtra enfin avec une brillante chevelure lorsque sa position sera telle que l'œil de l'observateur se trouvera entre la comète et le soleil.

Mais, dira-t-on, si le déluge a été causé par une comète qui, heurtant la terre, ait bouleversé l'univers et ait obligé les eaux de l'Océan à submerger tous nos continents, n'a-t-on pas raison de craindre son retour? Et si une comète a pu faire ainsi changer la face de notre globe, peut-on traiter de puériles les craintes où l'on se livre lorsqu'on nous parle d'un astre aussi malfaisant? Ainsi l'a pensé l'auteur du *Système de la nature*. Réalisons pour un moment, continue le réfutateur, cette hypothèse purement gratuite de l'apparition d'une comète l'année même du déluge. Quelle période lui assigner? De 600 ans? Elle est bien longue pour une planète que le soleil doit toujours attirer; elle serait, dans son aphélie, au moins à deux milliards de lieues du corps attirant. Mais enfin elle a, depuis le déluge, reparu sept à huit fois, et comment peut-il se faire qu'une comète qui, dans son apparition, a causé un si grand bouleversement, n'ait fait aucune ombre de mal dans ses apparitions suivantes? Que si on suppose à cette comète une période de quatre à cinq mille ans, on arriverait à des distances au soleil presque infiniment grandes et à des forces attractives correspondantes infiniment petites. Les auteurs, dit Buffon, ont fait de vains efforts pour rendre raison du déluge universel. Leurs erreurs de physique au sujet des causes secondes qu'ils emploient prouvent la vérité du fait tel qu'il est rapporté dans la sainte Écriture, et démontrent qu'il n'a pu être opéré que par la cause première, par la volonté de Dieu. Aussi doit-on regarder le déluge universel comme un moyen surnaturel dont s'est servi le Tout-Puissant pour le châtiment des hommes, et non comme un effet naturel où tout se serait passé suivant les lois de la saine physique. Le déluge universel, ajoute Buffon, est donc un miracle dans sa cause et dans ses effets. Il faut nous borner à en savoir seulement ce que la sainte Écriture en apprend, avouer en même temps qu'il n'est pas permis d'en savoir davantage, et surtout ne pas mêler une mauvaise physique à la pureté des livres saints.

Les derniers progrès de l'astronomie cométaire n'empêchèrent cependant pas une terreur panique de se produire en France, vers 1773, à propos d'un Mémoire de Lalande. Le bruit s'était répandu que cet astronome soutenait qu'une comète pouvait, en s'approchant de la terre, y occasionner des bouleversements capables de compromettre la vie des individus. La comète qu'on attendait dans dix-huit ans était principalement redoutée. Les fables les plus ridicules étaient débitées à son sujet, et les imaginations s'effrayaient au delà de toute expression. La *Gazette de France* fut obligée, pour calmer les esprits, de publier une annonce dans laquelle il était dit que le sieur Lalande n'avait pas eu le temps de lire un Mémoire sur les comètes dont l'approche peut être redoutée, que d'ailleurs il ne saurait fixer la date de ces événements, et que la comète attendue dans dix-huit ans ne comptait pas parmi celles qui peuvent nuire à notre globe.

Tel était, à peu d'exceptions près, l'état des connaissances et des idées relativement aux comètes, nous ne dirons pas jusqu'à la fin du dix-huitième siècle, mais jusque dans une partie assez avancée du dix-neuvième.

CHAPITRE VI

Mesure d'un arc du méridien terrestre. — Longueur d'un degré trouvée par Picard. Cassini et La Hire continuent ce travail. — Richer découvre la variation de la pesanteur au moyen du pendule. — Mesures effectuées par Delambre et Méchain; par Biot et Arago. — Commissions académiques. Valeur de l'aplatissement de la terre. — Autres opérations ; longueur du degré moyen. — Base du système métrique. — Mesures de Bessel. — Arcs de divers pays. — M. Struve. — Observations des passages de Vénus sur le soleil en 1761 et en 1769. L'abbé Chappe. Le capitaine Cooke. Legentil. — Clairaut. Il calcule le retour de la comète de Halley. Il résout le problème des trois corps. — D'Alembert. Il explique la précession et la nutation.—Legendre. — Lagrange. Il explique la libration de la lune. — Euler. — Historiens de l'astronomie : Bailly, Delambre.

Pendant que les hommes les plus illustres de la science concouraient à l'envi à la fondation du système du monde, des travaux importants concernant la mesure de la terre, étaient exécutés. Nous avons vu que Picard trouva 9,000 lieues pour la circonférence de notre globe, ce qui donnait 57,060 toises pour la longueur d'un degré. Ce travail, fait entre Paris et Amiens, fut continué par Cassini et la Hire jusqu'à Dunkerque et Collioure. *Richer* faisait, en 1672, ses observations astronomiques dans l'île de Cayenne; c'est là qu'il découvrit la variation de la pesanteur à la surface de la terre, laquelle va en augmentant de l'équateur aux pôles. Il y fut conduit en observant que son pendule à secondes avait des oscillations moins rapides à Cayenne qu'à Paris. Après cette découverte, on commença à croire à l'aplatissement de la terre aux pôles et à son renflement à l'équateur, ou, en d'autres termes, à sa forme d'un ellipsoïde de révolution. C'est ce qui devait résulter plus tard des opérations entreprises pour mesurer les méridiennes. Cette mesure fut continuée par *Méchain* jusqu'à Barcelone, pendant que *Delambre* en effectuait une nouvelle détermination en France. Le premier étant mort pendant la seconde expédition qu'il fit en Espagne, pour le prolongement de la méridienne jusqu'aux îles Baléares, deux autres astronomes, *Biot* et *Arago*, furent chargés de terminer cette opération de 1806 à 1808. L'importance de cette entreprise fut si bien appréciée dans tous les pays, que des savants ont été chargés à plusieurs reprises, par différents gouvernements, de concourir à la mesure de la méridienne. Ainsi l'arc français, qui va jusqu'à l'île de Formentera, a été prolongé au nord, et s'étend jusqu'à Greenwich. L'Académie des sciences de Paris nomma, en 1736, une commission pour aller mesurer en Laponie un arc septentrional; elle était composée de *Maupertuis*, *Clairaut*, *Lemonnier*, *Outhier* et *Lecamus*. Une autre commission de la même Académie opérait en même temps au Pérou, de 1735 à 1745 : *la Condamine*, *Bouguer*, *Godin*, et deux officiers espagnols, don *Georges Juan* et *Antonio Ulloa*, la composaient.

On déduisit de ces mesures un aplatissement qui variait entre $\frac{1}{232}$ et $\frac{1}{304}$.

D'autres opérations ont été faites en Amérique, dans les Indes orientales, en Angleterre, en Italie, en Piémont, en Hongrie, en Danemark, en Prusse, etc. Il résulte de toutes ces mesures que la valeur du degré moyen est de 57,000 toises, c'est-à-dire de 25 lieues anciennes, renfermant chacune 2,280 toises. Dans la suite, M. *Dérévochtikoff* trouva $\frac{1}{188}$, d'après les mesures du méridien de Paris; et d'après celles prises dans les Indes, l'aplatissement n'était que de $\frac{1}{176}$. Cette différence viendrait corroborer l'opinion de *Puissant*, qui prétendait que des erreurs existaient dans les opérations des académiciens français du dix-huitième siècle.

La commission nommée en 1790 par l'Académie des sciences, devait s'occuper de la base du nouveau système métrique. Elle admit en principe la nécessité de fixer une unité de mesure naturelle et invariable, en dehors de toute situation particulière à aucun peuple. Le pendule fut rejeté, comme dépendant du temps et de la localité; la méridienne fut adoptée, comme étant une ligne commune à tous les pays et n'offrant rien d'arbitraire. La dix-millionième partie du quart du méridien terrestre ayant été arrêtée comme mesure fondamentale, il s'agissait d'entreprendre la mesure d'un arc du méridien. C'est alors que Delambre et Méchain, désignés pour mener l'entreprise à bonne fin, divisèrent les opérations en deux parties : l'une entre Dunkerque et Rhodez, et l'autre entre Rhodez et Barcelone. Un astronome allemand d'un grand mérite, *Bessel*, reprit en 1837 le calcul des dimensions de notre globe ; il opéra sur des arcs dont la somme s'étendait à 50 degrés 34 minutes de longitude et à près de 70 degrés en latitude. On a continué ces travaux, et le grand arc indien s'étend sur une longueur de $20° \frac{1}{3}$. Les mesures de France jointes à celles d'Angleterre ont été reliées, en sorte que, depuis l'île de Formentera jusqu'aux îles Shetland, on possède un arc de 22 degrés. L'arc russe qui a servi à Bessel comprenait 8 degrés environ. Maintenant il s'étend du Danube à la mer Glaciale sur une longueur de $25° \frac{1}{3}$. Cette dernière mesure est le résultat des travaux des astronomes et des officiers d'état-major russes, ainsi que des savants suédois et norwégiens. Elle a été commencée en 1816 et fut terminée en 1855 ; la conclusion de cet immense travail est que cet arc a une grandeur de 1,447,787 toises. M. *Struve*, directeur de l'observatoire de Pulkova, a été chargé, en 1853, par une commission internationale, de rassembler les travaux entrepris pour la mesure de cette méridienne ; voici le titre de son ouvrage : *Arc du méridien de* 25 *degrés* 20 *minutes entre le Danube et la mer Glaciale, mesuré depuis* 1816 *jusqu'en* 1855, *sous la direction de C. de Tenner, général de l'état-major impérial de Russie; Ch. Hansteen, directeur du département géographique de Norwége; N.-H. Selan-*

der, directeur de l'observatoire royal de Stockholm; F.-W. Struve, directeur de l'observatoire central de Russie, composé sur les différents matériaux et rédigé par F.-W. Struve, publié par l'Académie des sciences de Saint-Pétersbourg. En faisant la communication de son travail à l'Académie des sciences de Paris, en 1857, M. Struve a eu pour but de réclamer le concours de la France pour calculer un arc de parallèle étendu sur 55 degrés de longitude, et embrassant la chaîne des triangles formés depuis l'océan Atlantique jusqu'à la mer Caspienne, joignant Brest à Astrakan. M. Struve ne pouvant terminer l'opération entreprise en Russie, puisqu'elle nécessite la prolongation du méridien russe au milieu des provinces danubiennes et de la Turquie jusqu'à Candie, il est indispensable que la France intervienne pour terminer cette œuvre qui a déjà coûté tant de peines et de soins. M. le maréchal Vaillant a répondu à cet appel, en déclarant que le dépôt de la guerre s'empressera, soit de mettre à la disposition des savants étrangers les documents qui pourraient être réclamés, soit de concourir pour sa part aux travaux de calculs et de discussion nécessaires à l'accomplissement de l'œuvre projetée par le savant directeur de l'observatoire central de Russie.

Nous terminerons ce qui concerne la mesure de la terre par une citation empruntée au *Traité de métrologie ancienne et moderne*, publié par M. Fédor-Toman : « Il est rare qu'une entreprise scientifique marche à bonne fin, quand aux hommes qui font le travail, on joint par trop d'aides et de conseillers. C'est assez faire pressentir le sort du système métrique. D'abord la commission fit deux erreurs, l'une sur la réduction des bases, l'autre sur la comparaison des règles de platine avec la toile; heureusement qu'elles se sont à peu près compensées. Ensuite, et malgré l'avis de Delambre, elle omit de refaire les calculs de l'arc du Pérou, auquel Delambre fit plus tard une correction de 16 toises par degré. Au reste, quand bien même les opérations eussent été faites avec une précision mathématique, il restait toujours l'incertitude de la déviation des verticales due à l'attraction des continents sur le fil à plomb, et dès lors les commissaires se faisaient grandement illusion lorsqu'ils donnaient la valeur du mètre jusqu'à la sixième décimale de la ligne. Delambre comprenait peut-être seul ce genre de ridicule quand il s'efforçait de faire admettre la valeur plus simple de 443,3 lignes.

« Renfermé dans Barcelone par suite de la guerre qui venait d'éclater entre la France et l'Espagne, Méchain voulut du moins utiliser sa captivité en déterminant la latitude de cette ville; mais il fut fort étonné d'en déduire par le fort Mont-Jouy, terme de la méridienne, une latitude de 3″ 1/4 plus grande que celle observée directement à cette dernière station. Un résultat aussi extraordinaire jeta Méchain dans la plus vive anxiété. Déjà l'observation de Mont-Jouy se trouvait à la commission des poids et mesures; malgré sa franchise habituelle, il n'osa divulguer cette anomalie, crainte d'éveiller des soupçons sur tout le travail de la méridienne. Il n'y a pas de doute qu'il n'en eût averti Delambre si l'entreprise leur eût été livrée; mais en présence d'une espèce de tribunal scientifique, Méchain préféra garder le secret qui ne contribua pas peu à abréger ses jours, et que l'on n'apprit qu'à l'examen de ses papiers.

« MM. Biot et Arago furent chargés de continuer la triangulation de la méridienne jusqu'à l'île de Formentera. L'aplatissement de la terre, déduit des mesures de France et du Pérou, fut alors d'un 309e, et le mètre de 443,31 lignes.

« Delambre a fait tout ce qu'il a pu pour atténuer les erreurs de la commission du mètre, et il est assez singulier de voir l'écrivain chargé de rédiger les travaux faits à l'occasion du système métrique, corriger des résultats réputés irrévocables par la loi, et substituer d'autres nombres à ceux qui devaient pour jamais représenter les dimensions de notre globe. L'étalon du mètre restera, si l'on veut; mais, au lieu de le prendre à la glace fondante, il faudra le considérer désormais à une température plus élevée. Telle est du moins l'opinion de Delambre, qui avait d'abord fixé cette température à $8^{\circ} \frac{1}{2}$, et elle eût déjà subi plusieurs variations, si à chaque nouvelle opération géométrique on eût calculé la valeur qui en résultait pour le mètre. On devra donc bien se garder d'introduire dans la loi toutes ces fluctuations qui n'intéressent que les savants, et nuiraient plutôt à la propagation du système métrique ; le point capital et pressant est l'abolition des anciens systèmes de poids et mesures. Dans quelques siècles et lorsqu'on aura recouvert les continents d'un immense réseau de triangles, il sera permis d'assigner la valeur du mètre, non pas avec neuf chiffres, mais avec cinq chiffres bien consolidés.

« Depuis l'établissement du système métrique, on a fait de nombreuses et bonnes mesures de méridiens. Le colonel Mudge a mesuré 3 degrés en Angleterre, M. Svangberg 1 $\frac{1}{2}$ en Laponie, le colonel Lambton 13 dans l'Inde, suivis de 3 nouveaux degrés par le capitaine Éverest, M. Gauss 2 degrés dans le Hanovre, M. Struve 3 degrés $\frac{1}{2}$ dans la Courlande, et M. Tenner 4 degrés $\frac{1}{3}$ plus au sud. L'ensemble de ces mesures, tant anciennes que nouvelles, calculées par les formules les plus exactes, nous a conduit aux résultats suivants : » Rayon équatorial = 3272500 toises = 6378222 mètres. Rayon polaire = 3261500 toises = 6356783 mètres. Différence = 11000 toises = 21439 mètres. Le $\frac{1}{4}$ du méridien = 10.000.000 de mètres. L'aplatissement = $\frac{1}{300}$ (on l'obtient en prenant le rapport de la différence des rayons au plus grand. Cet aplatissement répond au pôle nord ; pour le pôle sud, il est $\frac{1}{282}$). »

L'ingénieuse méthode inventée par Halley pour trouver la distance de la terre au soleil, au moyen du passage sur le disque de cet astre de la planète

Vénus, a été mise à exécution en 1761 et en 1769. De ce dernier passage devait résulter la connaissance très-approchée des dimensions de notre système planétaire.

Il a été observé par l'abbé *Chappe,* de l'Académie des sciences, lequel se rendit en Californie pour faire cette importante observation.

On sait que le capitaine *Cook,* en compagnie de l'astronome Green, fit tout exprès un voyage à Otahiti ; d'autres fixèrent leurs stations dans l'Amérique septentrionale, en Laponie, au nord de l'Europe, etc. La comparaison des observations conduisit au résultat 8″,58 de degré pour la parallaxe solaire, c'est-à-dire pour l'angle que soustendait le rayon équatorial de la terre vu du soleil. Cette valeur correspond à une distance de cet astre à la terre égale à 23,984 rayons terrestres, ou bien à 38,230,496 lieues, chacune de 4 kilomètres.

« *Legentil*, dit Arago, s'était embarqué en 1761, par ordre de l'Académie des sciences, pour observer le passage de cette année à Pondichéry. Par les hasards de la mer, il n'était pas encore arrivé lorsque ce passage s'effectua ; il prit alors la résolution héroïque d'attendre huit années, afin d'observer dans la même ville le passage de 1769 ; mais, comme pour montrer toute l'étendue du sacrifice fait par le célèbre académicien, un petit nuage cacha le soleil tout juste le temps nécessaire pour empêcher de voir le phénomène. »

Halley avait annoncé le retour de la comète de 1682 pour 1759, en comparant les dates et les éléments des anciennes apparitions.

Clairaut entreprit la recherche exacte de la marche de cette comète, c'est-à-dire qu'il calcula les perturbations qu'elle avait à subir lors de son retour en 1759, afin d'avoir les moments précis de sa présence dans les constellations qu'elle devait traverser.

L'illustre géomètre trouva que les actions de Jupiter et de Saturne avaient augmenté la révolution de la comète de 618 jours.

L'astre annoncé se montra toujours dans les régions de l'espace et aux époques assignées par le calcul. L'astronomie venait donc de faire encore une brillante acquisition : les comètes étaient soumises à l'attraction universelle et dépendaient, comme les planètes, de notre système solaire. Dès lors il fut démontré que les retours de ces astres pouvaient être prédits, ce qui leur fit perdre leur ancien prestige astrologique. Ils ne conservèrent plus que quelques-uns de leurs attributs, comme leur influence sur les produits de l'agriculture et les dangers qui pouvaient suivre leur voisinage de notre globe. Ces croyances devaient tomber plus tard sous les coups réitérés que de saines discussions n'ont cessé de leur porter depuis que l'on connaît le vrai système du monde.

Clairaut se livra encore à l'étude d'autres questions capitales. Il s'occupa avec succès de rechercher théoriquement la figure de la terre, et donna le premier une solution du problème des trois corps. Nous avons vu que cette question consistait dans la détermination mathématique des mouvements relatifs de trois astres soumis à l'action mutuelle des uns sur les autres, en vertu du principe de l'attraction newtonienne.

Ce problème généralisé, c'est-à-dire étendu à un nombre quelconque de planètes, a été le but constant des efforts de tous les géomètres. Son développement, les conséquences auxquelles il conduit, les particularités diverses qu'il présente, soit dans les inégalités observées des mouvements, soit dans celles que l'analyse dévoile, sont autant de questions qui ont occupé les plus grands mathématiciens : elles sont les bases de l'astronomie moderne.

La question de la figure du globe terrestre occupa aussi *d'Alembert*, et c'est *Legendre* qui en perfectionna la théorie au point de la faire concorder exactement avec les résultats fournis par les mesures géodésiques.

Newton avait indiqué la cause de la précession des équinoxes, ce phénomène qui fait décrire à l'axe du monde un cercle de 50 degrés de diamètre en 26,000 ans. Mais c'est d'Alembert qui en donna la démonstration mathématique, en montrant que cet effet était bien dû, comme l'avait pensé Newton, à l'action du soleil et de la lune sur la masse équatoriale qui excède la sphère, ayant pour rayon celui des pôles terrestres. D'Alembert fit voir aussi que la nutation de l'axe de la terre se rattachait à l'attraction, et que sa période avait la même durée que la ligne des nœuds lunaires pour décrire une circonférence entière.

On sait que la lune présente toujours la même face à la terre : cela résulte de l'aspect de ses *taches*, lequel est toujours sensiblement le même. Notre satellite tourne donc une fois sur lui-même pendant qu'il exécute une révolution entière autour de la terre. Cependant une observation attentive conduisit J.-D. Cassini à la découverte de la *libration de la lune*, résultant d'un ensemble de phénomènes dont la traduction consiste dans un petit changement des bords de l'hémisphère visible, lesquels varient quelque peu et font voir une légère bande de l'hémisphère opposé tantôt à droite, tantôt à gauche, en sorte que l'astre paraît se balancer mollement autour de son axe. Ce phénomène était resté inexpliqué jusqu'à *Lagrange*. Ce géomètre le rattacha à la gravitation universelle, en faisant remarquer qu'à l'origine des choses, lorsque la lune passa à l'état solide, elle obéissait à l'action attractive de la terre, et dut affecter une forme renflée avec un équateur elliptique. Cette forme non observable, cet allongement d'un des diamètres de la lune du côté de la terre, est la cause de ce que nous ne verrons toujours que la même face de notre satellite. L'attraction de la terre eût suffi pour rendre égales les durées de rotation et de révolution de la lune si elles avaient jamais eu une légère différence.

La même attraction aurait également ramené à la coïncidence les intersections de l'équateur de la lune et de son orbite avec le plan de l'écliptique, en supposant que ces intersections eussent différé d'une petite quantité.

Euler, natif de Bâle (1707), s'occupa avec succès de plusieurs questions du système du monde. Quelques-uns de ses mémoires ont été couronnés par l'Académie des sciences de Paris. Parmi ceux-ci, il y en a trois sur les inégalités des mouvements des planètes et deux sur la théorie de la lune; ils lui permirent de perfectionner la connaissance du mouvement de notre satellite et de construire des tables plus exactes que celles déjà établies.

Avant de parler des deux plus grands astronomes des temps modernes depuis l'époque de Newton, nous signalerons encore quelques hommes remarquables qui ont rendu de vrais services à la science. L'infortuné *Bailly*, victime de la Révolution, composa une histoire de l'astronomie. *Delambre*, qui concourut à la mesure de la méridienne, en fit une aussi. M. Rodier s'exprime ainsi à l'égard de ces deux auteurs : « Si Bailly eut quelquefois le tort d'accueillir avec trop de facilité certaines données dont il lui était impossible de bien contrôler la réalité et l'exactitude; s'il a mis trop d'ardeur à grouper tous les faits qui de son temps tendaient à constater chez un ou plusieurs des peuples primitifs l'existence d'une science avancée, Delambre a commis une plus grande faute en dédaignant les indications qui étaient déjà recueillies en ce sens, en s'obstinant à ne pas voir d'astronomie sérieuse avant celle des Grecs, et surtout en méconnaissant la nature du débat, qui doit admettre nécessairement des arguments de tout genre et de tout poids, et non pas, avec exclusion de tous les autres, rien que des raisonnements rigoureusement mathématiques. Tous détails mis à part, le travail de Bailly aboutit à la vérité, celui de Delambre à l'erreur... »

Pour analyser convenablement les immenses travaux exécutés par Herschell, qui fut observateur heureux, zélé et scrupuleux, ainsi que ceux du fameux Laplace, continuateur de Newton, nous devons faire une remarque qui nous paraît essentielle : c'est que l'astronomie se présente sous deux aspects bien caractérisés : elle affecte la forme mathématique lorsqu'elle s'applique à la recherche des mouvements des corps célestes, à celle de leurs volumes, de leurs masses, etc. Elle devient astronomie physique quand elle s'occupe de la nature, de la constitution des astres, de leur formation, etc. D'après cela, les observations se distinguent : 1° en observations méridiennes, parce qu'elles consistent à fixer les positions des astres par leurs ascensions droites et leurs déclinaisons au moment où ils passent au méridien de l'observateur. Les deux principaux instruments employés à cet usage dans les observatoires sont la lunette méridienne et le cercle mural; 2° en observations faites avec les instruments parallactiques, ayant pour but de suivre un corps céleste dans tout le parcours de l'arc qu'il effectue au-dessus de l'horizon. Elles permettent d'étudier la constitution physique du soleil, de la lune, des planètes, des comètes, etc.; de rapporter les positions de ces dernières et des astéroïdes à celles des étoiles voisines; d'apprécier la variation d'éclat de certaines étoiles; d'étudier les mouvements relatifs des étoiles multiples; de dresser des cartes célestes, etc.; 3° enfin, en observations sur la constitution physique faites au moyen des lunettes astronomiques et des télescopes, en faisant usage de grossissements aussi forts que possible. Les observations méridiennes, celles concernant la recherche des planètes, des comètes etc., servent à l'astronomie mathématique; il en est de même des observations des étoiles doubles multiples, et généralement de toutes celles relatives à la fixation des positions sur la sphère céleste. Les autres regardent l'astronomie physique. Certaines observations, comme celles des éclipses, des réfractions atmosphériques, etc., sont du domaine de l'astronomie générale. Ces distinctions, du reste, n'ont rien d'absolu, mais elles caractérisent les deux genres d'aptitudes qui distinguent les astronomes en observateurs et en géomètres. Nous allons avoir un exemple frappant de la remarque précédente à l'occasion des deux grands hommes qui vont nous occuper.

CHAPITRE VII

Herschell. Il construit ses télescopes. Découverte d'Uranus. Télescope front-view décrit par Mersenne. Invention des lunettes. Képler inventeur de la lunette astronomique. Pourquoi Herschell préféra les télescopes aux lunettes. Achromatisme. Longueur démesurée des anciennes lunettes. Micromètre à fil horizontal. Astronomie stellaire. Étoiles variables. Étoiles éteintes. Étoiles augmentant d'éclat. Étoiles nouvelles : 121 avant J.-C., sous Adrien, sous Honorius, sous Othon Ier, en 1264, en 1572, en 1604 et en 1674. Étoiles disparues ; Ulug-Beg, Cassini, Maraldi. Étoiles périodiques. Mouvement de notre système planétaire vers la constellation d'Hercule. Étoiles nébuleuses. Conséquences pour la formation de nouveaux soleils. Catalogues de nébuleuses. Voie lactée étudiée par Herschell. Constitution physique du soleil. Le P. Secchi. Arago. Herschell détermine la durée de la rotation de Mars. Mouvement des satellites de Jupiter. Durée de la rotation de Saturne ; son atmosphère. Herschell trouve les 6e et 7e satellites de cette planète. Uranus prise pour une comète ; mise ensuite au rang des planètes. Herschell trouve quatre satellites d'Uranus. Comètes de 1811 et de 1807. — Le marquis de Laplace. Ses ouvrages. Calcul des probabilités. Découverte de l'inégalité du mouvement lunaire. Aplatissement de la terre. Équation séculaire de la lune ; cause de l'accélération de son mouvement. Irrégularités de Jupiter et de Saturne. Invariabilité des moyens mouvements planétaires. Loi des moyens mouvements des trois premiers satellites de Jupiter. Les mouvements planétaires ne sont pas dus au hasard. Système cosmogonique de Laplace. Opinion sur les comètes. Aplatissement de la terre. État primitif de notre globe. Théorie des marées ; masse de la lune. Stabilité de l'équilibre des mers. Calcul de la rotation de l'anneau de Saturne. Problème des longitudes. La lune présentera toujours la même face à la terre. Permanence de la position de l'axe de rotation de la terre. Stabilité des principaux éléments du système solaire. Réimpression des œuvres de Laplace.

Herschell est né à Hanovre à la fin de 1738. Son goût décidé pour l'astronomie se manifesta dès son début dans cette carrière; il commença par construire lui-même ses télescopes. « En 1774, dit Arago, Herschell a le bonheur de pouvoir examiner le ciel avec un télescope newtonien de 5 pieds anglais de foyer exécuté tout entier de sa main. Ce succès l'excite à tenter des entreprises encore plus difficiles. Des télescopes de 7, de 8, de 10 et même de 20 pieds de distance focale couronnent ses ardents efforts.. : la nature accorda au musicien astronome, le 13 mars 1781, l'honneur inouï de débuter dans la carrière de l'observation par la découverte d'une nouvelle planète (Uranus). A dater de ce moment, la réputation d'Herschell, à titre de constructeur de télescopes et d'astronome, se répandit dans le monde entier. Le roi George III lui assura une pension viagère de trois cents guinées, et, de plus, une habitation à Slough. On peut dire hardiment du jardin et de la petite maison de Slough que c'est le lieu du monde où il a été fait le plus de découvertes. »

Herschell perfectionna considérablement les moyens de construction des télescopes; il en inventa un nommé *front-view-telescope*, avec lequel on observe les astres en leur tournant le dos et en regardant sur le bord du tuyau de l'instrument l'image formée par le grand miroir, lequel se trouve un peu incliné sur son axe. Son grand télescope de 39 pieds 4 pouces anglais de long (12 mètres) était construit d'après ce principe. Le diamètre de cet instrument était de 4 pieds 10 pouces (1 mètre 47). Avant Herschell, *Mersenne* avait décrit un télescope à réflexion en 1639. *Grégory* avait donné le sien en 1663, et Newton l'avait modifié en 1672, en remplaçant le petit miroir concave par un petit miroir plan incliné de 45 degrés sur l'axe de l'instrument. Les lunettes dataient de 1606 ; inventées par *Lippershey* à Middelbourg, Galilée s'en servit le premier sans dépasser un grossissement de 32 fois; ses objectifs étaient convexes, et ses oculaires concaves. Le champ de cet instrument fut sensiblement accru et son grossissement considérablement augmenté par le perfectionnement notable apporté par Képler, et constituant la véritable lunette astronomique, dans laquelle l'objectif et l'oculaire sont tous les deux convexes. Ce qui fait que l'astronome de Slough préféra les télescopes aux lunettes, c'est que les images formées par un objectif d'un grand diamètre n'avaient pas assez d'intensité pour supporter des grossissements suffisants, surtout en ce qui regardait les observations des planètes. La découverte de l'achromastisme par Dollond ne devait rendre les services qu'on en attendait qu'à la condition de pouvoir obtenir des objectifs sans stries avec des plaques pures de flint et de crown glass. Ce ne fut que plus tard qu'on parvint à résoudre cette question et qu'on revint à l'emploi des lunettes. Avant les lunettes achromatiques, on en fabriquait de très-longues et à larges ouvertures. L'une d'elles avait 98 mètres de foyer ; elle fut installée à l'Observatoire de Paris. Comme il était impossible de dresser un tuyau aussi long, on plaça l'objectif au-dessus d'un mât ou de la tour qui avait servi à déverser les eaux de la machine de Marly. L'observateur était obligé de tenir son oculaire à la main et de chercher l'image aérienne afin de la grossir.

Le micromètre à fil horizontal fixe ou coïncidant avec un arc de parallèle et à fil mobile pouvant recevoir toutes les inclinaisons de 0 à 180 degrés est une invention d'Herschell; il s'en est servi avec avantage pour trouver les angles de position.

L'importance des travaux d'Herschell sur l'astronomie stellaire ressortira suffisamment du court examen auquel nous allons nous livrer : ainsi Herschell reconnut que la trentième partie des étoiles avait une lumière d'intensité variable. D'autres étoiles se sont complètement éteintes. Parmi celles-ci Herschell comptait, depuis Flamsteed, la 9e et la 10e du Taureau, toutes deux de 6e grandeur. La 55e d'Hercule avait complétement disparu le 11 avril 1782. D'autres étoiles ont une lumière dont la densité va en augmentant. — Herschell citait comme exemple β des Gémeaux, β de la Baleine, ς du Sagitaire, la 30e du Dragon, la 14e du Lynx, etc. Avant ce grand observateur, on trouve des exemples assez nombreux d'apparitions et de disparitions d'étoiles. Une étoile nouvelle fut observée par Hipparque 125 ans avant J.-C. Une autre apparut sous l'empereur Adrien. Le même fait s'est renouvelé au temps de l'empereur Honorius, puis au dixième siècle sous l'empereur Othon Ier. Une autre étoile nouvelle s'est montrée en 1264, près de Cassiopée; en 1572, Tycho-Brahé en observa aussi une, et Képler signala celle de 1604. Soixante-dix ans plus tard, le père Anthelme en découvrit une nouvelle dans le Cygne. Arago rapporte que, dès l'année 1437, Ulug-Beg disait dans la préface de son catalogue qu'une étoile du Cocher, que la 11e du Loup, que six étoiles, parmi lesquelles quatre de troisième grandeur voisines du Poisson austral, toutes marquées dans les catalogues de Ptolémée et d'Abder-Rahman-el-Suphi, ne se voyaient plus; que, vers la fin du dix-septième siècle, J.-D. Cassini annonçait que l'étoile placée par Bayer auprès de ε de la petite Ourse avait disparu; que l'étoile ζ d'Andromède s'était considérablement affaiblie; qu'en 1709 Maraldi ne voyait plus avec la lunette plusieurs étoiles situées dans le Lion, la Vierge, la Balance, etc.

Les étoiles changeantes, ou périodiques, ont aussi fixé l'attention d'Herschell. Les observations qu'il fit spécialement sur l'étoile o du col de la Baleine prouvèrent que les durées des éclats de cette étoile sont irrégulières. — Herschell aborda la question des parallaxes par des observations de groupes binaires d'étoiles. Il ne parvint pas à la résoudre, mais il trouva que notre soleil possède un mouvement; qu'il se meut avec tous les corps qui en dépendent et vers la région du ciel où se trouve l'étoile λ de la constellation d'Hercule. On savait déjà, depuis à peu près un siècle, que les étoiles ont un mouvement propre, que, dans la suite des temps, les constellations changeront d'aspect; on avait été conduit ainsi à supposer qu'il en était de même du soleil. Mais il appartenait à Herschell de démontrer la réalité de l'hypothèse, et les travaux postérieurs aux siens sur le même sujet ont confirmé la découverte du grand observateur de Slough.

Herschell a fait une étude si complète de l'astronomie stellaire qu'il en a presque abordé toutes les questions, et que partout son extrême sagacité l'a conduit à des découvertes d'une grande portée ou à des aperçus excessivement nets et judicieux. Ses observations sur les étoiles doubles l'ont amené à conclure que, dans ces groupes, les étoiles ne paraissent pas simplement rapprochées en apparence, mais qu'elles sont réellement liées les unes aux autres, de telle manière que les petites étoiles circulent autour des grandes.

Herschell a encore trouvé qu'il est probable que les noyaux des étoiles nébuleuses forment avec leurs enveloppes des systèmes particuliers d'étoiles brillantes entourées d'atmosphères considérables et lumineuses par elles-mêmes. Ce grand astronome en déduisait des conséquences gigantesques : ces atmosphères se condensent avec le temps, et doivent finir par se réunir au noyau central, ainsi que cela semble résulter de ses observations, qui lui offrirent des apparences de têtes de comètes dans ces nébuleuses intermédiaires entre les nébuleuses homogènes également lumineuses en tous leurs points et les étoiles nébuleuses. A la longue, cette transformation doit aboutir à la naissance de nouvelles étoiles, à l'existence de nouveaux soleils.

La puissance des instruments d'Herschell était telle qu'il forma des catalogues de 2,500 nébuleuses, tandis qu'avant lui on n'en connaissait que 96. Il remarqua qu'elles sont disposées par couches et forment des strates, et que les espaces les plus pauvres en étoiles sont proches des nébuleuses les mieux fournies. La voie lactée fut pour Herschell un beau sujet de recherches. Il trouva qu'en un quart d'heure il voyait 116,000 étoiles dans les parties les plus riches avec un télescope dont le champ était de 15 minutes.

La voie lactée serait, suivant les idées cosmogoniques d'Herschell, une immense strate composée d'une innombrable quantité d'étoiles à peu près également distantes les unes des autres. Cette strate serait renfermée par deux surfaces planes parallèles, et assez rapprochées comparativement à leurs prolongements prodigieux. Le soleil ferait partie de cette strate, et serait situé non loin de son milieu. La direction du rayon visuel étant dans le sens des très-grandes dimensions de la strate, on conçoit qu'il doit rencontrer une multitude d'étoiles, tandis que, dans l'autre sens, ou celui de l'épaisseur, les étoiles se trouveront en nombre beaucoup plus petit.

Ainsi toutes les apparences de condensations et de variations de lumière se trouveront expliquées en même temps que la disposition à peu près exacte de la Voie lactée suivant un grand cercle de la sphère céleste.

Aucun sujet n'était abordé par Herschell sans qu'il y fît des découvertes importantes. En recherchant la nature de la constitution physique du soleil, ce grand astronome a été conduit à une hypothèse admise jusque dans ces derniers temps : le soleil est un corps dont le noyau est obscur et entouré d'une atmosphère lumineuse; celle-ci est séparée du noyau par une autre atmosphère non lumineuse, dans laquelle flotte une couche de nuages réfléchissants. Le noyau se voit à travers les trous de l'atmosphère lumineuse (photosphère) et ceux de la couche nuageuse; ceux-ci forment la pénombre en réfléchissant la lumière de la photosphère.

Depuis que les astronomes sont en possession de cette hypothèse, le P. *Secchi* mit hors de toute controverse qu'outre la partie la plus brillante, existent sur le soleil des espèces de nuages moins lumineux qui n'avaient été indiqués jusqu'ici que par M. *Dawes*. Mais il paraît aussi que l'apparition de ces nuages n'est pas constante aux environs du noyau. Il fallait, pour faire admettre la théorie d'Herschell, démontrer que la lumière solaire est engendrée dans un milieu gazeux. C'est ce qu'Arago a fait voir en étudiant la nature de cette lumière.

Ce savant s'est basé sur la manière dont se comportent les rayons lumineux émanant perpendiculairement d'une source de lumière et ceux qui sont réfléchis ou réfractés. Ces divers rayons, en traversant les cristaux, ne jouissent pas des mêmes propriétés; les premiers sont ce qu'on appelle la lumière naturelle, et les seconds sont désignés sous le nom de lumière polarisée. On sait que les corps liquides et solides envoient des rayons qui se polarisent partiellement quand ils forment avec la surface un petit angle d'émergence; les substances gazeuses, au contraire, envoient des rayons qui n'offrent aucune trace de polarisation, quel que soit leur angle d'émergence.

Il s'agissait donc de rechercher la nature des rayons envoyés par les bords du soleil; c'est ce qu'a fait Arago, et c'est ce qui a prouvé la nature gazeuse de la photosphère et la réalité de la théorie d'Herschell. Nous reviendrons plus tard sur la constitution physique du soleil; nous en ferons l'objet d'un chapitre spécial.

L'illustre astronome de Slough a cru voir à plusieurs reprises des volcans en ignition dans la lune; les observations ultérieures n'ont pas confirmé ces annonces. Herschell a déterminé la durée de la rotation de Mars et la valeur de son aplatissement. Les changements qu'il remarqua dans les taches de cette planète situées vers ses pôles lui firent supposer qu'elles étaient des amas de glace et de neige. Il croyait Mars entouré d'une atmosphère, quoiqu'il ne pût en constater l'existence aussi positivement que pour Vénus.

Les satellites de Jupiter exécutent sur eux-mêmes, à l'instar de la lune, un mouvement de rotation pendant le même temps qu'ils emploient à faire une révolution autour de leur planète ; cette découverte est encore due à Herschell. Il a aussi déterminé la durée de la rotation sur elle-même de la planète Saturne et son aplatissement ; il constata l'existence de son atmosphère, fit de nombreuses observations sur son anneau et découvrit ses 6e et 7e satellites.

La planète Uranus, découverte par Herschell, fut d'abord signalée par lui comme étant une comète. Tous les astronomes suivirent le mouvement du nouvel astre, et ne pouvaient parvenir à accorder l'ensemble de ses positions. C'est que tous faisaient leurs calculs en croyant qu'il s'agissait d'une comète; ce fut M. de *Saron* qui fit remarquer le premier que les tentatives resteraient infructueuses tant qu'on ne supposerait pas la distance périhélie de la comète égale au moins à 14 fois la distance de la terre au soleil.

Dans les déterminations ultérieures, *Laplace* et *Lexell* abandonnèrent la parabole, ou l'ellipse très-allongée, et eurent recours à un orbe presque circulaire.

Ce furent Laplace et Méchain qui calculèrent les premiers les éléments elliptiques d'Uranus. Herschell découvrit encore les 3e, 4e, 5e et 6e satellites de cette planète.

Les comètes furent de la part de l'astronome de Slough l'objet de plusieurs mémoires. Il fit un travail sur la comète de 1811, duquel il résulte qu'au milieu de la tête vaporeuse de l'astre, il y avait un corps rougeâtre d'apparence planétaire n'offrant aucune trace de phase, avec de très-forts grossissements, ce qui fit penser à Herschell que ce corps était lumineux par lui-même. La lumière de la tête était d'une teinte vert-bleuâtre ; elle paraissait entourée vers le soleil d'une zone brillante et étroite d'une couleur jaune très-prononcée. Son étendue formait un demi-cercle dont les deux extrémités étaient suivies de deux longs sillons lumineux opposés au soleil et limitant la queue. La matière cométaire était obscure, très-rare et très-diaphane entre le demi-anneau brillant et la tête. Il fut reconnu que ce demi-anneau flottait à 129,000 lieues du noyau. Mais cette distance changea, et l'atmosphère diaphane fut pénétrée par la matière du demi-anneau-enveloppe, laquelle finit par arriver jusqu'au noyau, et la comète n'offrait plus que l'apparence d'une nébuleuse globulaire. Si la comète de 1807 et la belle de 1811 étaient pour Herschell lumineuses par elles-mêmes, il n'en fut pas de même de la seconde comète de 1811; elle lui paraissait emprunter sa lumière du soleil.

Après avoir tracé, aussi rapidement qu'il nous a été possible, la longue série de découvertes faites en astronomie physique par le plus habile des astronomes observateurs, nous allons entreprendre le même exposé à l'égard des découvertes faites en astronomie mathématique par le plus grand des astronomes géomètres qui ont suivi Newton : nous voulons parler de l'illustre marquis de *Laplace,* né à Beaumont-en-Auge en 1749 (mort en 1827). Cet homme de génie a légué au monde savant quatre immortels ouvrages : la *Mécanique céleste*, l'*Exposition du système du monde*, la *Théorie analytique des probabilités.* Une autre œuvre moins répandue que les précédentes est remplie d'idées neuves et fécondes : c'est l'*Essai philosophique des probabilités.* Dans ce dernier ouvrage, Laplace indique la source de ses plus grandes découvertes. La considération des probabilités, dit-il, peut servir à démêler les petites inégalités des mouvements célestes enveloppés dans les erreurs des observations, et à remonter à la cause des anomalies observées dans ces mouvements. C'est ainsi qu'ayant soumis au calcul des probabilités un grand nombre d'observations lunaires, Laplace découvrit l'inégalité du mouvement lunaire en latitude. Cette inégalité lui en fit reconnaître une autre dans le mouvement de la lune en longitude, laquelle produit la diminution observée par Mayer dans l'équation de la précession applicable à notre satellite. Ces résultats l'amenèrent à la fixation de l'aplatissement de la terre, qu'il trouva être de 1/305, résultat peu différent de celui obtenu par les mesures de la méridienne et du pendule.

Ce fut encore par la considération des probabilités qu'il reconnut la cause de l'équation séculaire de la lune. Les astronomes avaient constaté une accélération dans le mouvement lunaire par la comparaison des anciennes éclipses aux observations modernes de la lune. Lagrange et d'autres géomètres avaient cherché, mais en vain, dans les perturbations de ce mouvement les termes dont cette accélération dépend. Un examen attentif des observations anciennes et modernes, ainsi que des éclipses observées par les Arabes, montra à Laplace qu'elle était indiquée avec une grande probabilité. Il reprit alors la théorie de la lune, et reconnut que son équation séculaire était due à l'action du soleil sur notre satellite, combinée avec la variation séculaire de l'excentricité de l'orbite de la terre, ce qui l'amena à la découverte des équations séculaires des mouvements des nœuds et du périgée de l'orbe de la lune. L'accord très-remarquable de cette théorie avec toutes les observations anciennes et modernes l'a portée au plus haut degré d'évidence. Une diminution dans l'excentricité de l'orbite terrestre augmente la vitesse de la lune, et réciproquement. L'accélération observée dans notre satellite, depuis les temps les plus anciens jusqu'à nos jours, se changera donc en un ralentissement quand l'excentricité de l'orbe de la terre augmentera, et ces variations auront lieu périodiquement, et toujours dans les mêmes limites.

Cette découverte, l'une des plus belles de Laplace, émane d'idées philosophiques qui guidèrent l'illustre astronome peut-être plus que toutes les combinaisons numériques. Il vit que les géomètres avaient toujours supposé que l'attraction s'exerçait instantanément, tandis qu'en supposant à sa propagation une certaine durée, il devait nécessairement en résulter une inégalité ou équation séculaire à l'égard du mouvement lunaire. Recherchant ensuite la valeur en temps de cette communication attractive de la terre sur la lune, il trouva qu'elle devait être huit millions de fois plus grande que la vitesse de la lumière.

« Enfin, dit M. Delaunay, dans son mémoire annexé à la *Connaissance des temps* pour 1864, ce que bien des géomètres avaient vainement cherché depuis quelque temps, Laplace eut le bonheur de le découvrir au moment où il y pensait le moins; il trouva moyen d'expliquer par la gravitation seule cette accélération séculaire de la Lune, qui préoccupait tant les astronomes. En travaillant à faire la théorie des satellites de Jupiter, il vit que la variation séculaire de l'excentricité de l'orbite de cette planète produisait des équations séculaires dans leurs mouvements moyens. Ce fut pour lui un trait de lumière. Il s'empressa de transporter ce résultat à la Lune, et trouva ainsi que la variation séculaire de l'excentricité de l'orbe terrestre produit dans le moyen mouvement de la Lune une équation séculaire qui cadrait assez bien avec celle qui avait été précédemment tirée des observations. Il trouva de plus que la même cause produit aussi des équations séculaires dans les mouvements du nœud et du périgée de l'orbite de la Lune. Cet important résultat fut communiqué à l'Académie des sciences de Paris, le 19 novembre 1787; le mémoire où la découverte de Laplace est exposée en détail a paru, en 1788, dans le volume de l'*Histoire de l'Académie* pour 1786. »

« La force moyenne du Soleil, dit Laplace, pour dilater l'orbe de la Lune, dépend du carré de l'excentricité de l'orbite terrestre; elle augmente et diminue avec cette excentricité; il doit donc en résulter, dans le mouvement de la Lune des variations contraires, analogues à l'équation annuelle, mais dont les périodes, incomparablement plus longues, embrassent un grand nombre de siècles. »

Le calcul des probabilités a semblablement conduit ce grand géomètre à la cause des grandes irrégularités de Jupiter et de Saturne. Voici, d'après lui, l'exposé de cette importante question. En comparant les observations modernes aux anciennes, Halley trouva une accélération dans le mouvement de Jupiter et un ralentissement dans celui de Saturne. Pour concilier les observations, il assujettit ces mouvements à deux équations séculaires de signes contraires, et croissantes comme les carrés des temps écoulés depuis 1700. Euler et Lagrange soumirent à l'analyse les altérations que devait produire dans ces mouvements l'attraction mutuelle des deux planètes. Ils y trouvèrent des équations séculaires; mais leurs résultats étaient si différents que l'un deux au moins devait être erroné. Laplace se détermina à reprendre ce problème important de la mécanique céleste, et il reconnut l'invariabilité des moyens mouvements planétaires, ce qui fit disparaître les équations séculaires introduites par Halley dans les tables de Jupiter et de Saturne. Il ne restait ainsi, pour expliquer les grandes irrégularités de ces planètes, que les attractions des comètes, auxquelles plusieurs astronomes eurent effectivement recours, ou l'existence d'une inégalité à longue période produite dans les mouvements des deux planètes par leur action réciproque, et affectée de signes contraires pour chacune d'elles. Un théorème qu'il trouva sur les inégalités de ce genre lui rendit cette inégalité très-vraisemblable. Suivant ce théorème, si le mouvement de Jupiter s'accélère, celui de Saturne se ralentit, ce qui est déjà conforme à ce que Halley avait remarqué. De plus, l'accélération de Jupiter, résultante du même théorème, est au ralentissement de Saturne à très-peu près dans le rapport des équations séculaires proposées par Halley. En considérant les moyens mouvements de Jupiter et de Saturne, il lui fut aisé de reconnaître que deux fois celui de Jupiter ne surpasse que d'une très-petite quantité cinq fois celui de Saturne. La période d'une inégalité qui aurait cet argument serait d'environ neuf siècles. A la vérité, son coefficient serait de l'ordre des cubes des excentricités des orbites; mais Laplace savait qu'en vertu des intégrations successives il acquiert pour diviseur le carré du très-petit multiplicateur du temps dans l'argument de cette inégalité, ce qui peut lui donner une grande valeur : l'existence de cette inégalité lui parut donc très-probable. La remarque suivante accrut encore sa probabilité. En supposant son argument nul vers l'époque des observations de Tycho-Brahé, il vit que Halley avait dû trouver, par la comparaison des observations modernes aux anciennes, les altérations qu'il avait indiquées, tandis que la comparaison des observations modernes entre elles devait offrir des altérations contraires et pareilles à celles que Lambert avaient conclues de cette comparaison. Laplace n'hésita donc pas à entreprendre le calcul long et pénible nécessaire pour s'assurer de l'existence de cette inégalité. Elle fut entièrement confirmée par le résultat de ce calcul, qui, de plus, lui fit connaître un grand nombre d'autres inégalités dont l'ensemble a porté les tables de Jupiter et de Saturne à la précision des observations mêmes.

Ce fut par le secours du calcul des probabilités que Laplace découvrit la loi remarquable des moyens mouvements des trois premiers satellites de Jupiter, suivant laquelle la longitude moyenne du premier, moins trois fois celle du second, plus deux fois celle du troisième, est rigoureusement égale à la demi-circonférence. L'approximation avec laquelle les moyens mouvements de ces astres satisfont à cette loi depuis leur découverte indiquait son existence avec une vraisemblance extrême : il en chercha donc la cause dans leur action mutuelle. L'examen approfondi de cette action fit voir à l'illustre géomètre qu'il a suffi qu'à l'origine les rapports de leurs moyens mouvements aient approché de cette loi dans certaines limites pour que leur action mutuelle l'ait établie et la maintienne en vigueur. Ainsi, ces trois corps se balanceront éternellement dans l'espace suivant la loi précédente, à moins que des causes étrangères, telles que les comètes, ne viennent changer brusquement leurs mouvements autour de Jupiter.

Le système planétaire, tel qu'il était connu alors, formait un ensemble de onze planètes avec dix-huit satellites. Les mouvements de rotation du soleil, de six planètes, de la lune, des satellites de Jupiter, d'un satellite de Saturne et de son anneau, étaient établis. En les réunissant à ceux de révolution, ils constituaient quarante-trois mouvements, tous dirigés dans le même sens. Laplace trouva, par l'analyse des probabilités, qu'il y a plus de quatre mille milliards à parier contre un que cette disposition n'est pas due au hasard. En considérant, en outre, que l'inclinaison du plus grand nombre de ces mouvements à l'équateur solaire est très-petite, il concluait qu'une cause primitive a dirigé les mouvements planétaires. Il reconnaissait de même l'effet d'une cause régulière dans le peu d'excentricité des orbites des planètes et des satellites, avec l'allongement considérable des ellipses cométaires, sans qu'il y eût des nuances intermédiaires et sans que cette cause eût influencé les directions des comètes, puisqu'on en observe presque autant dans le sens rétrograde que dans le sens direct. D'après cela, Laplace expose son système cosmogonique avec autant de simplicité que de clarté et d'élégance; nous allons tâcher d'en donner une idée aussi nette qu'il nous sera possible. La cause dont il vient d'être question, productrice ou directrice des mouvements des planètes, leur ayant communiqué un mouvement presque circulaire et de même sens autour du soleil, n'a pu être qu'un fluide s'étendant aux limites du monde solaire, et contournant l'astre radieux comme une immense atmosphère. La chaleur excessive qui maintenait cet état s'étant dissipée peu à peu, l'enveloppe atmosphérique s'est resserrée progressivement de manière à conserver les limites que nous lui connaissons aujourd'hui. « Dans l'état primitif où nous supposons le soleil, dit Laplace, il ressemblait aux nébuleuses que le télescope nous montre composées d'un noyau plus ou moins brillant, entouré d'une nébulosité qui, en se condensant à la surface du noyau, doit le transformer un jour en étoile. Si l'on conçoit, par analogie, toutes les étoiles formées de cette manière, on peut imaginer leur état antérieur de nébulosité, précédé lui-même par d'autres états, dans lesquels la matière nébuleuse était de plus en plus diffuse, le noyau étant de moins en moins lumineux et dense. On arrive ainsi, en remontant aussi loin qu'il est possible, à une nébulosité tellement diffuse que l'on pourrait à peine en soupçonner l'existence. Tel est, en effet, le premier état des nébuleuses qu'Herschell a observées avec un soin particulier, au moyen de ses puissants télescopes, et dans lesquelles il a suivi les progrès de la condensation, non sur une seule, ces progrès ne pouvant devenir sensibles pour nous qu'après des siècles, mais sur leur ensemble ; à peu près comme on peut, dans une vaste forêt, suivre l'accroissement des arbres sur les individus des divers âges qu'elle enferme. Il a d'abord observé la matière nébuleuse répandue en amas divers dans les différentes parties du ciel dont elle occupe une grande étendue. Il a vu dans quelques-uns de ces amas cette matière faiblement condensée autour d'un ou de plusieurs noyaux peu brillants. Dans d'autres nébuleuses, ces noyaux brillent davantage relativement à la nébulosité qui les environne. Les atmosphères de chaque noyau venant à se séparer par une condensation ultérieure, il en résulte des nébuleuses multiples formées de noyaux brillants très-voisins et environnés chacun d'une atmosphère : quelquefois la matière nébuleuse, en se condensant d'une manière uniforme, a produit les nébuleuses que l'on appelle *planétaires*. Enfin, un plus grand degré de condensation transforme toutes ces nébuleuses en étoiles. Les nébuleuses classées d'après cette vue philosophique indiquent avec une extrême vraisemblance leur transformation future en étoiles et l'état antérieur de nébulosité des étoiles existantes. » A l'appui des preuves tirées de ces analogies, Laplace énonce des considérations dont voici la substance. Mitchel avait déjà remarqué le peu de probabilité qu'il y avait pour que le hasard eût resserré les pléiades, par exemple, dans le petit espace où elles se trouvent : d'où il conclut que ce groupe et ceux qui lui ressemblent sont le produit d'une cause primitive ou d'une loi générale de la nature. Ils résultent, en un mot, de la condensation des nébuleuses à plusieurs noyaux. Telle est l'origine des étoiles doubles, provenant de nébuleuses à deux noyaux, telles que celles dont Herschell a étudié les mouvements, et parmi lesquelles la soixante et unième du Cygne compte comme un exemple frappant. Bessel a constaté que les deux étoiles qui la forment sont animées de mouvements propres autour de leur centre commun de gravité. C'est ainsi qu'on est amené à considérer le soleil comme ayant été autrefois entouré d'une vaste atmosphère par l'examen des phénomènes de son système de planètes. « Une rencontre aussi remarquable donne à l'existence de cet état antérieur du soleil une probabilité fort approchante de la certitude. Mais comment l'atmosphère solaire a-t-elle déterminé les mouvements de rotation et de révolution des planètes et des satellites? Si ces corps avaient pénétré profondément dans cette atmosphère, sa résistance les aurait fait tomber sur le soleil ; on est donc conduit à croire avec beaucoup de vraisemblance que les planètes ont été formées aux limites successives de l'atmosphère solaire, qui, en se resserrant par le refroidissement, a dû abandonner dans le plan de son équateur des zones de vapeur que l'attraction mutuelle de leurs molécules a changées en divers sphéroïdes. »

Dans cette hypothèse, qui rend les comètes étrangères à notre système planétaire, rien n'empêche, en suivant le même ordre d'idées, de voir en elles de petites nébuleuses à noyaux, errantes dans l'espace en passant d'une sphère d'attraction à l'autre. On rendrait compte de cette manière du développement considérable que prennent les têtes et les queues de ces astres en approchant du soleil, ainsi que de la rareté de la matière formant les queues. En arrivant dans la sphère attractive du soleil, elles décrivent des ellipses ou des hyperboles dans un sens ou dans l'autre et suivant toute sorte d'inclinaisons à l'écliptique. Cependant les chances qui correspondent aux orbes hyperboliques doivent être fort rares, puisqu'on n'a pas encore observé des comètes se mouvant dans ces courbes. Le calcul des probabilités a fait trouver à Laplace qu'il y a six mille à parier contre un qu'une nébuleuse entrant dans la sphère d'activité du soleil décrira ou une ellipse très-allongée ou une hyperbole qui se confondra avec une parabole dans la partie visible de son cours.

Passant ensuite à des considérations plus particulières à notre globe, Laplace fait ressortir les avantages du pendule pour trouver la variation de la pesanteur à la surface de la terre, et il arrive à conclure qu'il y a plus de quatre mille à parier contre un que l'aplatissement de la terre est au-dessous de $\frac{1}{272}$ et qu'il y a des millions de milliards à parier contre un qu'il est moindre que celui qui répond à l'homogénéité de la terre, et que les couches terrestres vont en augmentant de densité à mesure qu'elles s'approchent du centre de la terre. De plus, la régularité de la pesanteur à sa surface prouve qu'elles ont une disposition symétrique autour de ce même centre. Ces deux conditions, ajoute ce grand astronome, suite nécessaire de l'état fluide, indiquent avec une grande vraisemblance que la terre entière a eu primitivement cet état, qu'une chaleur excessive a pu seule lui donner, ce qui vient à l'appui de son hypothèse sur la formation des corps célestes.

La théorie des marées a aussi fixé l'attention de Laplace d'après les observations qui furent faites à Brest; il lui appliqua ses formules de probabilité, et il trouva qu'elles indiquaient avec une probabilité extrême les lois des hauteurs et des intervalles des marées relatives aux phases de la lune, aux saisons et aux distances de la lune et du soleil à la terre.

La théorie des marées qu'il a donnée d'après cette loi repose sur un principe de dynamique qui la fait rentrer dans le domaine de la gravitation universelle; il en a déduit une masse pour notre satellite égale à la soixante-quinzième partie de celle de la terre.

L'illustre géomètre a démontré de plus que l'équilibre de l'Océan est stable, pourvu que la densité moyenne de la masse liquide soit moindre que la densité moyenne de la terre. Laplace a encore tiré la conséquence suivante du mouvement angulaire de la lune : c'est qu'en 2,000 ans la température moyenne de la terre n'a pas varié de la centième partie d'un degré centigrade. L'analyse mathématique était dans les mains de Laplace un moyen de découvertes si puissant qu'aucune question n'était inabordable pour lui. Il calcula le mouvement de rotation de l'anneau de Saturne, et trouva le même résultat que l'observation donna plus tard à Herschell. Les mouvements différents de précession des deux parties de l'anneau ont une cause que Laplace mit dans l'aplatissement de Saturne résultant de sa rotation; ce mouvement fut annoncé par Herschell en 1789.

En perfectionnant les tables de la lune, Laplace a résolu le problème des longitudes d'une manière très-avantageuse pour les marins. Notre satellite a été pour lui un sujet de recherches heureuses; ainsi, il a non-seulement démontré que la lune nous présenterait toujours la même face, mais encore qu'on pouvait résoudre le problème de la parallaxe solaire par des observations lunaires faites dans un même endroit, et il a donné pour la distance de la terre au soleil un nombre à peu près égal à celui qui a été trouvé au moyen des passages de Vénus sur le soleil. Ces observations de la lune faites dans un même lieu ont encore amené Laplace, comme nous l'avons déjà dit, à la découverte de deux perturbations de valeurs très-différentes dans le mouvement lunaire, dépendantes de l'aplatissement de la terre, et qui toutes deux lui ont donné la même valeur pour cet aplatissement. Quant à l'axe de rotation de la terre, Laplace a montré qu'aucune cause liée à la pesanteur universelle ne peut déplacer sensiblement, sur la surface du sphéroïde terrestre, l'axe autour duquel s'exécute la rotation apparente de la sphère céleste.

Nous avons déjà vu que la grande question de la stabilité du système solaire avait été abordée et résolue par Laplace avec un étonnant succès. Il a trouvé que le grand axe de chaque orbite planétaire est constant, ou n'est soumis qu'à de petites variations périodiques, d'où résulte la permanence du temps de la révolution de chaque planète. L'attraction universelle conserve les formes et les inclinaisons moyennes des orbites, parce que les planètes se meuvent dans le même sens, dans des orbites d'une petite excentricité et dans des plans peu inclinés les uns sur les autres. La découverte de l'invariabilité des moyens mouvements ou des grands axes fut suivie de celle de la stabilité des autres éléments, fondée sur la petitesse des masses des planètes, sur la même direction de leurs mouvements de translation et sur le peu d'ellipticité de leurs trajectoires.

Les découvertes de Laplace ne se bornent pas à celles dont nous avons parlé; mais nous avons dû nous attacher à faire ressortir les plus importantes, dans l'impossibilité où nous étions de les analyser toutes.

Nous terminerons cet article en disant que les œuvres de ce grand homme ont été réimprimées aux frais de l'État, d'après la proposition qui en fut faite en 1842, à la Chambre des députés, par M. le ministre de l'instruction publique. Arago, qui était le rapporteur de la commission chargée d'examiner cette proposition, s'exprime ainsi dans son rapport : « ...L'édition de la *Mécanique céleste* elle-même sera bientôt épuisée. On voyait donc arriver avec peine le moment où les personnes vouées à l'étude des mathématiques transcendantes auraient été forcées, à défaut de l'ouvrage original, de demander à Philadelphie, etc., la traduction anglaise... Sans aucun doute, le ministre de l'instruction publique était pénétré de ces idées, lorsqu'à l'occasion d'une édition devenue nécessaire des œuvres de Laplace, il vous a demandé de substituer la grande famille française à la famille personnelle de l'illustre géomètre... »

Aussi le gouvernement français, jaloux de la gloire qu'un aussi grand génie répand sur son pays, a-t-il voulu donner une expression manifeste de ses sentiments en faisant réimprimer les œuvres complètes du marquis de Laplace. Il ne pouvait pas mieux témoigner l'intérêt qu'on a toujours porté chez nous au progrès des sciences qu'en mettant ainsi, à la portée de tous ces ouvrages indispensables à quiconque se livre à l'étude de l'astronomie.

CHAPITRE VIII

Bouvard.— Planètes télescopiques. Piazzi, Olbers, Harding. — Loi de Bode. Encke; Astrée. — M. Le Verrier — Recherche de petites planètes. M. Chacornac, etc. Atlas écliptique. — Neptune. MM. Le Verrier et Galle. M. Lescarbault. Planètes intramercurielles. — Saturne.—Mars. — Observations du P. Secchi.— MM. Bour, Bravais, Serret, Delaunay. M. Valz. M. Petit. M. Biot. M. Faye. Arago. Ses travaux; ses vues. Constitution physique du Soleil. Opinion de M. Faye. M. Nasmyth. —Analyse spectrale. — Scintillation expliquée par Arago. Il donne une preuve directe de la rotation de la terre. Éclipses. Comètes. Instruments. L'Observatoire de Paris. M. E. Liais, etc. Observatoires de Marseille et de Montpellier. — M. Bulard. — M. L. Foucault. Mouvement de rotation de la terre démontré avec le pendule. Télescope à miroir en verre argenté. Nouvelle détermination de la vitesse de la lumière. Parallaxe solaire. Communication de M. Babinet sur ce sujet. — Constructeurs de chronomètres. — Lunette de MM. Lerebours et Secrétan.

L'exposé que nous avons fait des travaux et des découvertes de Laplace est bien de nature à donner une grande et juste idée de la puissance de l'analyse mathématique. C'est avec son secours que ce grand géomètre a fait ses principales découvertes en se laissant guider par l'analogie, l'induction, et en appliquant ses formules de probabilité aux importantes questions qu'il a résolues. Mais, ce que beaucoup de personnes ignorent peut-être, c'est qu'indépendamment des formules algébriques, exigeant la plus haute science de la part de celui qui les emploie, il faut, pour arriver à un résultat définitif, traduire ces valeurs de l'analyse en nombres, et cette traduction exige le plus souvent des calculs longs et pénibles ; en sorte qu'il faut une aptitude toute particulière de la part de celui qui se livre à ce genre de travail, lequel paraît fastidieux au plus grand nombre de ceux qui entreprennent l'étude de l'astronomie. Laplace eut le bonheur de rencontrer un savant qui, par goût, exécuta les immenses calculs numériques exigés pour l'interprétation des formules de la mécanique céleste : ce savant fut *Bouvard*, né en 1767 et mort en 1843. Il fut, dit Arago, le collaborateur et l'ami de Laplace, qui allait le trouver plusieurs fois la semaine pour coordonner ses savantes formules avec les résultats numériques de l'infatigable calculateur.

Après l'acquisition tout à fait inattendue que la science fit d'Uranus, personne n'aurait osé se prononcer négativement à l'égard de la découverte probable d'autres planètes ; mais personne aussi n'aurait pensé à voir sitôt notre système solaire s'enrichir de plusieurs de ces corps célestes. C'est cependant ce qui signala le commencement du dix-neuvième siècle. Quatre nouvelles planètes furent trouvées : Cérès, en 1801, par *Piazzi ;* Pallas, en 1802, par *Olbers ;* Junon, en 1803, par *Harding ;* et Vesta, en 1807, encore par Olbers. Ces planètes, situées entre Mars et Jupiter, se firent d'abord remarquer par leur petitesse et par les grandes inclinaisons des plans de leurs orbites sur l'écliptique. Elles venaient remplir une lacune signalée par la loi de *Bode*. Cet astronome de Berlin avait remarqué qu'en écrivant la suite des nombres

0, 3, 6, 12, 24, 48, 96, 192

(dont chacun s'obtient, à partir de 3, en multipliant le précédent par 2) et en ajoutant 4 à chacun d'eux, on obtenait l'autre suite

4, 7, 10, 16, 28, 52, 100, 196,

dans laquelle chaque nombre représentait la distance d'une planète au soleil. Il n'y avait que le nombre 28 qui ne correspondait à rien. Ainsi, 4 représentant la distance de Mercure au soleil, 7 devenait celle de Vénus, 10 celle de la Terre, etc., jusqu'à 196, donnant celle d'Uranus.

Après la découverte des quatre petites planètes télescopiques (astéroïdes), la lacune fut comblée, car le nombre 28 devenait leur distance au soleil.

Tout semblait faire croire que ces petits astres passaient anciennement par un même point de l'espace à chacune de leurs révolutions, et qu'en conséquence leur origine était commune. On les regardait comme des fragments d'une autre planète qui éclata par une cause quelconque. Les uns voyaient cette cause analogue à celle qui développe les éruptions volcaniques; les autres l'attribuaient à un choc de comète; mais, dans cette dernière hypothèse, les quatre planètes devaient donner chacune des indices certains d'existence d'atmosphère, et Vesta n'en offrait aucune trace.

La question en était à ce point lorsque M. *Encke* découvrit Astrée, le 8 décembre 1845. Cette petite planète, située, comme les quatre autres, entre Mars et Jupiter, et approximativement à la même distance du soleil, vint réveiller l'attention des observateurs. Dès ce moment, les découvertes d'astéroides se multiplièrent, si bien qu'aujourd'hui leur nombre a atteint le chiffre 76.

A la fin de 1853, M. *Le Verrier* présenta à l'Académie des sciences de Paris un travail sur les petites planètes, dont le nombre s'élevait alors à 27; ce travail a pour titre : *Considérations sur l'ensemble du système de petites planètes situées entre Mars et Jupiter*. L'auteur pense que l'ensemble de notre système planétaire est plus compliqué qu'on ne l'avait cru. Sans parler de l'innombrable quantité de comètes et des astéroides voisins de l'orbite terrestre, M. Le Verrier trouve dans les petits astres situés entre Mars et Jupiter, dont le nombre, dit-il, va et ira en s'augmentant chaque jour, un sujet fécond de réflexions et de recherches. Olbers prétendait, à propos des petites planètes découvertes au commencement de ce siècle, qu'elles provenaient des débris d'une grosse. Cette hypothèse, qui paraissait assez gratuite, a été abandonnée, surtout depuis les nombreuses découvertes qui ont été faites. Il est à présumer, continue

M. Le Verrier, qu'elles ont été formées par suite des mêmes lois que les autres planètes. D'où il suit qu'on doit s'attendre à la découverte d'un nombre prodigieux de petites planètes. De plus, il se propose la détermination d'une limite supérieure à la somme totale de la matière qui peut être répandue dans la zone du ciel envisagée ici. Il conclut que cette somme totale de la matière composant les petites planètes placées entre les distances moyennes 2, 20 et 3, 16, *ne peut dépasser le quart de la masse de la terre.*

Les principaux observateurs auxquels on doit les nombreuses découvertes récentes des planètes télescopiques sont MM. *Goldschmidt*, *Luther*, *Hind*, *Chacornac*, *de Gasparis*, *Hencke*, *Ferguson*, *Tempel*, *Laurent*, etc.

La recherche des petites planètes n'est pas une question aussi difficile qu'on pourrait le supposer au premier abord. Nous pouvons dire, sans rien ôter au mérite des explorateurs, qu'il suffit, pour s'y livrer, d'avoir une bonne lunette montée parallactiquement et armée d'un grossissement médiocre. En y joignant une pendule sidérale, on a tous les instruments nécessaires à ce genre d'observations. Avec de l'habileté, on peut explorer la région dans laquelle se meuvent ces astéroïdes, et courir la chance d'en trouver parmi les astres qui se rangent ordinairement depuis la neuvième jusqu'à la douzième grandeur. Un d'eux semble-t-il nouveau ou changer de position, on l'observe alors attentivement d'un jour au suivant, pendant un certain temps, et on arrive à le classer dans ce groupe nombreux des petites planètes, ou bien à reconnaître son identité avec l'une de celles déjà cataloguées. C'est une affaire de patience et de sagacité; tout réside dans le *pointé*, dans la formation de cartes exactes et détaillées pour cette partie du ciel; et c'est en cela que consistent principalement le mérite de l'observateur et les chances favorables aux découvertes. M. Chacornac, astronome de l'Observatoire impérial de Paris, s'est distingué dans cette spécialité, en établissant un atlas écliptique auquel il travaillait déjà à Marseille, sous la direction de M. *Valz*.

Indépendamment des astéroïdes dont nous venons de parler, on sait qu'une autre planète, beaucoup plus grosse qu'Uranus, et une fois et demie environ plus éloignée du soleil que cette dernière, a été découverte, à l'aide du calcul seul, par M. Le Verrier; elle a été aperçue pour la première fois, le 23 septembre 1846, par M. *Galle*. Cette planète, qu'on nomme *Neptune*, est située aux dernières limites du système dont nous faisons partie; la place que lui assigna le calcul fut, à de très-légères différences près, celle que l'observation a constatée. Qu'on nous permette, à l'égard de cette découverte, d'entrer dans quelques détails qui, nous le pensons, intéresseront le lecteur. On avait déjà, depuis un certain temps, rattaché à la présence d'une planète inconnue certaines perturbations, mais sans rien fixer, sans détermination aucune sur l'astre supposé. Le problème était difficile; il fallait, pour le résoudre, se sentir la force d'aborder de longs calculs numériques. M. Le Verrier eut le mérite de les exécuter, et il réussit à enrichir notre monde planétaire d'un nouvel astre, placé à une distance du soleil trente fois plus grande que n'est celle de la terre! Sans entrer dans de grandes explications scientifiques sur les méthodes de calcul employées dans la solution de cette importante question, on nous pardonnera de tracer sommairement la marche suivie dans le calcul des perturbations planétaires. Les difficultés du problème de l'attraction universelle, déjà fort grandes dans le cas de trois corps, deviennent pour ainsi dire insurmontables quand il y en a un plus grand nombre. Le seul moyen qui se soit présenté pour sortir d'embarras a été de ne considérer que les planètes principales, en employant la méthode des approximations successives. La détermination du mouvement d'une planète dépend de l'intégration d'un système de trois équations de même forme. Dans le cas général, on ne peut résoudre la question que par des moyens détournés et par approximation, et cela suffit heureusement aux besoins de l'astronomie. Par exemple, on remarque que, le deuxième terme de chacune de ces équations étant très-petit par rapport au précédent, on peut les intégrer en négligeant d'abord les termes dépendants des planètes troublantes, ce qui donne une première approximation, laquelle répond à l'hypothèse où chaque planète serait seule en présence du soleil. On porte ensuite ces valeurs approchées en fonction du temps dans les autres termes très-petits, et l'on obtient pour ceux-ci des valeurs approchées presque toujours suffisantes. On peut alors intégrer en tenant compte de ces petits termes et avoir ainsi une solution beaucoup plus approchée. Si l'on voulait continuer, on reprendrait les termes provenant de cette approximation pour refaire encore le calcul.

Ajoutons, en ce qui concerne la découverte de Neptune, que tous les résultats des nombreuses observations qui en ont été faites dans une foule de localités concourent à lui fixer une orbite qui se tient dans les limites assignées par le calcul : il semble donc superflu d'ajouter que cette planète existe réellement, et que les astronomes ne la perdent pas de vue.

Nous allons maintenant parler d'un fait extrêmement remarquable qui s'est produit à la fin de l'année 1850. Il s'agit d'une lettre de M. *Lescarbault* à M. Le Verrier, datée du 22 décembre et communiquée à l'Institut par ce dernier savant dans la séance du 2 janvier 1860. L'observation curieuse de M. Lescarbault a été faite à Orgères (Eure-et-Loir). Voici la substance de sa communication.

Cet observateur avait remarqué dès 1837 que la loi de Bode était loin de représenter exactement les rapports des distances des planètes au soleil, et il imagina qu'indépendamment des quatre petites planètes découvertes au commencement de ce siècle, il pourrait peut-être bien s'en rencontrer ailleurs. Le passage de Mercure sur le soleil, qu'il vit en 1845, lui suggéra l'idée que, si une autre planète que Mercure et Vénus était située entre le soleil et la terre, elle devait aussi avoir ses passages devant l'astre radieux. A partir de 1853, M. Lescarbault commença à s'occuper de faire des observations; mais ce ne fut qu'à dater de 1858 qu'il organisa un instrument susceptible de donner à un degré près un angle de position. Après bien des observations infructueuses, il eut le bonheur de trouver ce qui suit le 26 mars 1859 ·

« (L'espoir de revoir le petit astre dont je vais parler m'a fait différer jusqu'ici pour en donner connaissance; je ne crois pas devoir attendre plus longtemps.)

« Je n'ai corrigé mes résultats ni des effets de la réfraction, qui pouvaient être négligés dans chaque observation partielle, ni de l'erreur due au déplacement de notre globe dans son orbite.... La planète paraît comme un point noir d'un périmètre circulaire bien arrêté. Son diamètre angulaire, vu de la terre, est très-petit; je l'estime bien inférieur au quart de celui que j'ai vu à Mercure avec le même grossissement appliqué à ma lunette, lors de son passage devant le soleil le 8 mai 1845.... J'ai *la conviction*, que quelque jour on reverra passer devant le soleil un point noir parfaitement rond, très-petit, parcourant une ligne située dans un plan dont l'inclinaison à l'écliptique sera comprise entre 5 degrés 1/3 et 7 degrés 1/3; que l'orbite contenue dans ce plan coupera le plan de l'orbe terrestre vers 183 degrés, en passant du sud au nord; qu'à moins d'une excentricité énorme de l'orbite décrite par ce point noir autour de l'astre qui nous éclaire, il sera susceptible d'être vu par nous parcourir le diamètre solaire en 4 heures 1/2 environ. Ce point noir sera, avec un grand degré de probabilité, la planète dont j'ai suivi la marche le 26 mars 1859.... Je suis fondé à croire que sa distance au soleil est inférieure à celle de Mercure, et que ce corps est la planète ou l'une des planètes dont vous, Monsieur le Directeur, avez, il y a quelques mois, fait connaître l'existence dans le ciel au voisinage du globe solaire.... »

M. Le Verrier se rendit à Orgères. « Les explications de M. Lescarbault, dit-il, la simplicité avec laquelle il nous les a données, ont porté dans notre esprit l'entière conviction que l'observation détaillée qu'il a faite doit être admise dans la science, et que le long délai qu'il a mis à les publier provient uniquement d'une réserve modeste et du calme qu'on peut encore conserver loin de l'agitation des villes. Un article du journal le *Cosmos*, relatif au travail que nous avons donné sur Mercure, a seul déterminé M. Lescarbault à rompre le silence.... En considérant les masses comme proportionnelles au volume, on en conclurait que la masse de cette dernière planète ne serait que le dix-septième de la masse de Mercure, masse beaucoup trop petite, à la distance où elle est placée, pour produire la totalité de l'anomalie constatée dans le mouvement du périhélie de Mercure.... » Cet astre ne devra jamais s'éloigner de plus de 8 degrés du soleil, et l'émission de sa lumière, beaucoup plus faible que celle de Mercure, serait la cause qui l'a empêchée d'être vue jusqu'à présent.

Cette planète, à laquelle on a donné par anticipation le nom de *Vulcain*, n'a pas encore été revue. Pour en finir avec les planètes intramercurielles, nous reproduirons une communication de M. Poey à l'Académie des sciences :

« Le 7 septembre 1820, vers une heure trois quarts du soir, lorsque l'éclipse se trouvait sur son déclin, le sous-préfet et des groupes nombreux d'individus admiraient, dans les rues d'Embrun, et à l'œil nu, une quantité prodigieuse de globules de feu du diamètre des plus grosses étoiles, qui se projetaient en divers sens de l'hémisphère supérieur du soleil, avec une vitesse incalculable. Ces globes apparaissaient à des intervalles inégaux et assez rapprochés; souvent plusieurs à la fois, mais toujours divergents entre eux. Les uns parcouraient une ligne droite, d'autres une ligne parabolique, et s'éteignaient tous dans l'éloignement; d'autres enfin, après s'être éloignés à certaine distance en ligne droite, rétrogradaient sur la même ligne, et semblaient rentrer encore lumineux dans le disque du soleil. Voici maintenant les détails de notre observation cubaine qui fut faite par le professeur Alejandro Auber, personne très-versée dans les sciences physico-mathématiques et naturelles. M. José Toribio Arazoza, rédacteur aujourd'hui de la *Gazette officielle*, et son gendre, M. Juan Eleizegui, m'ont assuré l'exactitude du fait dont ils furent tous témoins. Lors de l'éclipse du 15 mai 1836, à 7 heures du matin, M. Auber dirigea une lunette sur le bord oriental du soleil, puis l'observa à travers l'ouverture d'une piqûre d'épingle faite dans une feuille de papier. Un peu plus tard, il eut l'heureuse idée de cacher le disque solaire, comme l'avait fait le sous-préfet d'Embrun, par l'interception du toit d'une maison, et, visant alors à quelque distance de l'astre, il fut également témoin du passage d'un nombre considérable de globules lumineux qui paraissaient partir du soleil et se mouvoir dans diverses directions, s'entre-croisant parfois et s'éteignant ensuite dans l'espace. D'autres globules, après s'être éloignés du soleil jusqu'à la distance de trois à quatre fois le diamètre de l'astre, retournaient sur leurs pas presque par la même route, comme s'ils eussent été fortement attirés vers le foyer d'où ils émanaient. Enfin, d'autres paraissaient tracer une courbe elliptique, de sorte qu'on pouvait les suivre dans leur éloignement et leur rapprochement du soleil, bien que l'intensité de leur lumière allât s'affaiblissant à mesure qu'ils se rapprochaient. Leurs mouvements étaient très-rapides, et aucun n'était visible au delà d'une demi-seconde de temps. Leurs directions différaient considérablement; car les uns, bien que peu nombreux, filaient de haut en bas, et c'étaient précisément ceux que l'on pouvait suivre dans tout le parcours de leur orbite; tandis que ceux qui filaient horizontalement disparaissaient presque tous avant de retourner sur leurs pas. Les uns étaient de la grosseur d'une étoile de septième grandeur, et quelques autres presque inappréciables. Lorsque le soleil commença à se découvrir, on put toujours les observer, quoique plus difficilement, se propageant aussi rapidement que les étoiles filantes, s'éloignant du soleil dans diverses directions et se précipitant de nouveau sur sa surface. Enfin, quand le soleil fut découvert sur plus de sa moitié, M. Eleizegui put encore apercevoir deux globules d'une lumière excessivement pâle. »

La planète Saturne a beaucoup occupé les astronomes de ce siècle; indépendamment des théories de Laplace et de *Pierce* en faveur de la fluidité de l'anneau, de nombreuses observatations ont été faites. Il en résulte qu'il y a trois anneaux distincts et que les divisions secondaires de *Vico* sont changeantes. On ne sait pas encore si tous ces anneaux sont doués d'une même vitesse de rotation ni si leur forme est elliptique ou circulaire ; la même incertitude règne encore sur l'existence d'une atmosphère de l'anneau. Celui-ci n'est pas plan, mais on ignore si les irrégularités sont constantes ou variables.

Le P. Secchi, directeur de l'Observatoire romain, a transmis tout récemment (novembre 1862) des observations qu'il a faites sur la planète Mars. Elles nous ont semblé de nature à piquer la curiosité. En 1858, cet habile observateur s'était occupé de l'exécution d'une image de Mars, laquelle fut très-soignée; elle avait indiqué des différences assez fortes avec les figures de *Maedler*, surtout dans les taches polaires qui étaient alors très-larges et compliquées : maintenant, celle qui est visible est réduite au petit cercle de Maedler. La figure actuelle de Mars comparée à l'image peinte de 1858 montre que les grandes taches blanches ont disparu, et sont remplacées par de belles surfaces roses parcourues par les canaux bleus de la peinture. Ces taches polaires sont donc des amas de neige ou des nuages condensés aux pôles de Mars dans son hiver, lesquels se sont dissipés ou fondus à l'époque de l'été du pôle austral. Les canaux bleus sont probablement des mers, comme paraît l'indiquer leur persistance; les continents seraient représentés par les taches rouges. Tout cela avait été soupçonné et indiqué avant le P. Secchi, mais ses observations mettent les faits précédents hors de doute.

Nous donnerions à ce livre des proportions trop étendues si nous voulions analyser tous les travaux des géomètres du dix-neuvième siècle qui se sont occupés utilement de l'astronomie mathématique. Nous ne pouvons que mentionner très-sommairement quelques-uns des plus importants. Ainsi, nous distinguerons principalement ceux de MM. *Bour*, *Bravais*, *Serret*, *Delaunay*, respectivement relatifs au problème des trois corps; sur le rapport géométrique qui lie le mouvement réel d'une étoile filante à son mouvement apparent; sur les grandes perturbations du système solaire; sur une méthode d'intégration applicable au calcul des perturbations des planètes et de leurs satellites. Nous aurions aussi à mentionner les travaux de M. Valz sur la détermination des orbites des planètes nouvellement découvertes, des comètes; ceux de plusieurs savants étrangers, etc ; ceux de M. *Petit* sur les trajectoires décrites par les bolides. Quelques-unes de ces questions seront examinées dans les chapitres suivants.

A l'égard de M. Biot, qui fut enlevé à la science il y a deux ans, il faudrait relater ses recherches sur les réfractions atmosphériques, etc. « Voici donc en résumé, dit ce savant, quel a été le but, et je voudrais pouvoir dire quel est aussi le résultat de mon travail. Depuis Képler et Newton, la science astronomique s'est débarrassée de l'empirisme qui jusqu'alors l'avait dirigée. Elle ne s'en sert plus que pour évaluer les réfractions atmosphériques qui affectent toutes les déterminations. J'ai voulu montrer qu'en cela encore il lui est inutile, et qu'il ne lui fournit rien qu'elle ne puisse se procurer plus sûrement par elle-même, sans le secours de cet auxiliaire dangereux. »

Mentionnons encore les articles de M. Biot relatifs à la théorie du mouvement de la lune; la théorie du même astre par M. Delaunay et les intéressants travaux de M. *Faye* sur les comètes et sur les éclipses.

Dans l'impossibilité où nous sommes de passer en revue les travaux de chaque astronome en particulier, devant nous borner à esquisser les progrès scientifiques et à n'insister que sur les plus saillants, on comprendra pourquoi nous allons faire à grands traits l'exposé de ce que la science est redevable à l'un des savants les plus illustres du dix-neuvième siècle. Si *Arago* a exercé par son savoir une énorme et générale influence, ce n'est pas tant à cause des découvertes qu'il a faites que par la facilité extraordinaire qu'il avait de concevoir, d'analyser, et surtout d'exposer avec une clarté admirable les questions les plus ardues, les théories les plus délicates, de manière à les rendre, sinon abordables pour tout le monde, du moins compréhensibles dans leur énoncé et dans la fin à laquelle elles sont destinées.

Arago était grand physicien ; la physique du globe lui doit beaucoup, car il a éclairci une foule de problèmes et posé avec clarté et netteté un grand nombre de questions dont il a indiqué la solution et préparé l'avenir. Comme astronome, sa place est marquée parmi les plus habiles observateurs, et, comme théoricien, il a prouvé que son génie était capable des plus profondes conceptions.

Il fut un zélé défenseur de la gloire scientifique de son pays, car il établit victorieusement les titres de priorité de plusieurs de ses compatriotes sur des découvertes importantes, malgré les tentatives faites pour les en dépouiller. Il se montra toujours sévère dans cet ordre de discussion ; et il rendait également justice aux étrangers, convaincu qu'il était, après tout, que la science n'est pas l'apanage de tel ou tel peuple, mais qu'elle appartient à l'humanité tout entière.

On doit à Arago la découverte de la constitution physique du soleil, ou du moins celle de son enveloppe gazeuse et lumineuse. Si Herschell émit à ce sujet des idées qui furent adoptées par la généralité des savants, il ne donna aucune preuve de leur réalité ; et c'est Arago qui fit les observations et imagina les expériences qui devaient, comme nous l'avons dit dans notre dernier chapitre, lui faire admettre l'hypothèse du grand observateur de Slough. Arago a fait plus, il a démontré que notre soleil est une étoile et que sa constitution physique est identique à celle de l'innombrable quantité de soleils qui parsèment le firmament. Cela résulte des expériences faites à la lunette polariscope sur les étoiles changeantes.

L'analyse spectrale des astres est un nouveau champ ouvert aux investigations astronomiques. Le phénomène de la dispersion devient un moyen d'analyse chimique extrêmement délicat : il permettra désormais de constater la présence de tel ou tel métal dans un milieu incandescent donné. C'est ainsi déjà que les astronomes, devenus de nouveaux chimistes, ont pu établir la présence des métaux qui entrent dans la composition du soleil et de quelques étoiles. L'astre qui nous éclaire possède une grande quantité de fer et est dépourvu des métaux précieux; et sa triple atmosphère disparaît pour devenir unique avec les nuages et envelopper son noyau incandescent. Nous reviendrons sur ce sujet.

Arago est le premier qui ait donné une théorie satisfaisante de la scintillation des astres; il l'a rattachée au principe des interférences, en faisant intervenir la réfringence des couches traversées par les rayons lumineux.

Le globe terrestre a aussi occupé cet illustre savant au point de vue astronomique. Il a donné une preuve directe de la rotation de la terre en la reliant à la vitesse de la lumière et aux apparences des distances relatives aux étoiles. Il a fait voir dans l'hypothèse d'une vitesse appréciable de la lumière (proposition établie) et dans celle de l'immobilité de notre globe que deux astres, très-voisins en réalité, pourraient occuper dans l'espace des positions fort éloignées, et qu'une même étoile, déjà couchée, pourrait sembler se lever, être au méridien ou dans toute autre position. Par la même raison, deux astres inégalement éloignés et paraissant se toucher pourraient être très-éloignés l'un de l'autre. Dans le cas du mouvement de la terre, au contraire, la vitesse de la lumière ne saurait influer sur les positions apparentes des astres; ceux qui semblent voisins le seraient réellement en projection sur la sphère céleste, et ceux vus au méridien y passeraient. Or, en appliquant ces déductions à la planète Mars, on trouverait entre l'opposition et la conjonction, dans les passages méridiens observés et les passages réels, une inégalité égale au double du temps que la lumière met pour venir du soleil à la terre, ce qui équivaut à 16 minutes 1/2 à peu près. De plus, le mouvement de la planète paraîtrait s'effectuer de l'orient à l'occident, entre la conjonction et l'opposition. « Or, dit Arago, l'existence de pareilles perturbations n'est nullement indiquée par les observations. Un raisonnement analogue s'appliquerait à Jupiter et à Saturne. On découvrirait que la même supposition de l'immobilité de la terre conduirait à des résultats plus inadmissibles encore, si on considérait les étoiles doubles. »

Les observations d'éclipses et de comètes faites par ce savant académicien, les déductions qu'il en a tirées, ont été pour lui des sujets de notices scientifiques très-intéressantes, publiées fréquemment dans l'*Annuaire du Bureau des longitudes*. Elles sont pour ceux qui étudient la nature une source féconde d'enseignements sérieux et des modèles de la clarté et de l'élégance qu'on peut apporter dans le style scientifique.

L'initiative qu'Arago a su prendre dans certaines occasions a valu de notables modifications dans les moyens d'observation qu'on possédait à l'Observatoire de Paris. Des instruments nouveaux, construits par des artistes français, ont été acquis au moyen de fonds que le gouvernement fit voter à plusieurs reprises. On peut citer parmi les beaux instruments que possède l'Observatoire de Paris les magnifiques cercles muraux de Fortin et de Gambey. Le premier a été pour M. Mauvais l'objet d'un travail très-important. D'autres équatoriaux sont venus, dans ces derniers temps, s'ajouter à celui qui existait pendant la vie d'Arago : quant à la lunette méridienne, elle est restée la même.

Un crédit de 90,000 francs était ouvert, en 1851, au Ministre de l'instruction publique pour la construction du pied parallactique de la grande lunette de l'Observatoire : depuis cette époque, cet établissement est richement doté par le gouvernement de l'Empereur. « Il possède, écrivait M. Liais en 1858, un crédit annuel de près de 100,000 francs, uniquement affecté à la solde des employés et à l'entretien du matériel, et des crédits extraordinaires considérables lui sont fréquemment alloués pour l'achat et la construction de nouveaux instruments. Tout récemment encore, 205,000 francs ont été accordés à l'Observatoire de Paris. Il n'existe guère en Europe d'établissement astronomique muni de pareilles ressources, et cette largesse à l'égard de la science fait l'éloge du gouvernement français, et prouve la ferme volonté que la France occupe le premier rang dans l'astronomie comme dans les autres sciences. L'Observatoire de Paris peut-il, à lui seul, répondre à cette intention du gouvernement? Nous ne le croyons pas, et tous les hommes compétents tomberont d'accord sur l'immense avantage qu'il y aurait à répandre sur plusieurs points, à diviser entre plusieurs centres les ressources en matériel et en personnel que renferme l'Observatoire impérial. » Ce que disait M. Liais en 1858, nous l'avions dit aussi, en 1856, à l'Athénée des arts, sciences et belles-lettres de Paris.

En dehors des observations méridiennes, disions-nous, on doit reconnaître que l'astronomie offre des sujets dignes du plus grand intérêt. Ainsi, par exemple, pourquoi n'appliquerait-on pas les moyens d'amplification dont on dispose aux planètes, aux étoiles, aux nébuleuses, dans le pays où le climat favoriserait ces sortes d'observations, sans lesquelles l'astronomie physique ne saurait faire de progrès? En France, en Angleterre, dans la plus grande partie de l'Europe, en un mot, l'atmosphère n'est pour ainsi dire jamais pure : les vents contraires qui circulent dans les différentes régions de l'air, la quantité d'humidité qui change brusquement, et principalement la température, qui varie souvent d'un instant à l'autre, sont les principales causes qui rendent la réfraction si inconstante. De là, naissent des oscillations dans les rayons lumineux, qui sont d'autant plus intenses que les grossissements appliqués aux lunettes sont plus considérables, et il devient impossible d'obtenir dans les images des astres la fixité et la netteté nécessaires à des observations précises. Dans certains pays, en Italie, et peut-être dans une partie du midi de la

France, l'homogénéité plus parfaite des couches atmosphériques permettrait de faire souvent de bonnes observations sur la constitution physique des astres et sur les transformations probables de certaines nébuleuses. Avec des grossissements suffisants, on pourrait, sinon voir certaines étoiles sous un diamètre apparent sensible, du moins étudier les mouvements des étoiles doubles et arriver à les classer au nombre des systèmes obéissant, comme le nôtre, aux lois de l'attraction newtonienne. Nous pourrions indiquer une foule d'autres problèmes dont la solution dépend du choix de la localité et de la construction des instruments; mais nous nous contenterons d'ajouter à ces considérations qu'il est grandement question en ce moment d'organiser d'autres observatoires dont le besoin se fait si fortement sentir. Le Ministre de l'Instruction publique vient de statuer définitivement sur l'organisation des observatoires astronomiques du Sud. Le projet primitif a pris de l'extension par suite des offres faites par les villes du littoral et de la Méditerranée. On a accepté celles de Montpellier et de Marseille. L'observatoire de cette dernière ville va être réorganisé sans délai, et l'ancien observatoire de Montpellier sera rétabli. L'astronomie est donc favorisée en France plus qu'elle ne l'a jamais été, et tout porte à croire que bientôt notre pays se trouvera au premier rang parmi ceux où l'astronomie est cultivée.

Il y a déjà plus de trois ans que les idées précédentes reçoivent une réalisation efficace en Algérie. Un astronome attaché autrefois à l'observatoire de Paris, M. Bulard, a établi aux environs d'Alger un observatoire qui se fera remarquer par les travaux d'astronomie physique que promet son zélé et infatigable directeur. D'ailleurs, le gouvernement l'a mis à même de donner une libre carrière à ses recherches. Nous avons vu, ici à Paris, le plus beau des instruments qu'il est venu y chercher : c'est un télescope de M. Foucault, qui lui permettra, sous le beau ciel d'Afrique, de faire des dessins de la lune irréprochables, lui qui manie parfaitement le crayon pour les reproductions astronomiques.

L'astronomie physique, si bien interprétée par Arago, possède encore un physicien français habile, ingénieux, duquel nous ne pouvons nous dispenser de parler : c'est M. *Foucault*. Parmi toutes les preuves qu'on a données du mouvement de rotation de la terre, celles de ce savant sont, sans contredit, les plus directes et les plus élégantes; sa belle expérience du pendule date de 1851. Nous avons déjà parlé du pendule à l'occasion de la figure de la terre; cet appareil consiste en un corps pesant, une boule métallique, par exemple, suspendue à l'extrémité d'un fil très-délié, lequel est attaché par son autre extrémité. En éloignant la boule de la position qu'elle occupe au repos, quand le fil est vertical, on sait que le pendule effectue des oscillations dans le plan vertical suivant lequel il a été écarté primitivement. Mais ce qu'a fait remarquer M. Foucault, c'est que ce plan primitif est variable, et que cette variabilité est liée au mouvement de notre globe. L'appareil, tel que nous l'avons vu fonctionner au Panthéon, se composait d'une sphère en cuivre d'un poids de quelques kilogrammes, et portant une pointe en dessous. Cette boule était fixée à l'extrémité d'un fil d'acier attaché par l'autre bout en haut de la voûte de la coupole de l'édifice. Le fil métallique passait dans une plaque de suspension, et y était fixé de manière à ce que le système d'attache ne pouvait exercer aucune action sensible sur le plan d'oscillation. De petits monticules de sable fin étaient disposés perpendiculairement au premier plan du mouvement, de façon que la pointe de la boule en cuivre venait démolir progressivement ces monticules, en indiquant la déviation du plan des oscillations d'orient en occident. Remarquons de suite que ce plan est immobile, et que c'est en réalité la terre qui tourne en sens inverse, d'occident en orient. Ainsi le plan d'oscillation semblant tourner dans un certain sens pour un hémisphère, il semblera tourner en sens opposé dans l'autre hémisphère, et, sur l'équateur, ce plan paraîtra immobile. Au pôle boréal, ce même plan semblerait tourner de l'est à l'ouest, en vingt-quatre heures, tandis qu'au pôle austral, ce serait de l'ouest à l'est que l'apparence de son déplacement se manifesterait. Cette expérience est donc une preuve directe du mouvement de rotation de la terre autour de son axe.

M. Foucault s'est également livré avec succès au perfectionnement des instruments astronomiques. En 1857, il adressa une note à l'Académie des sciences sur un télescope en verre argenté. Les considérations qui l'ont engagé à s'appliquer à l'amélioration de cet instrument sont suffisamment indiquées dans la note en question. Le télescope est essentiellement exempt d'aberration de réfrangibilité ; la pureté des images ne dépend que de la perfection d'une seule surface; à égalité de longueur focale, il comporte un plus grand diamètre que la lunette et il rachète ainsi en partie les pertes que la lumière subit aux réflexions. C'est pour cela que quelques observateurs, surtout en Angleterre, ont continué à lui donner la préférence sur la lunette pour l'exploration des objets célestes. Il est certain qu'à l'époque actuelle, et malgré tous les perfectionnements apportés à la fabrication des grands verres, le plus puissant instrument qu'on ait encore dirigé sur le ciel est un télescope à miroir en métal. Le télescope de lord *Rosse* a six pieds anglais de diamètre et cinquante-cinq pieds de distance focale. M. Foucault voit tout avantage dans un télescope à miroir en verre. Cette substance une fois taillée et polie en forme de miroir, il la recouvre d'une couche métallique qui, au sortir du bain où elle s'est formée, acquiert par un frottement bien exécuté un éclat très-vif. La surface du verre ainsi métallisée est très-énergiquement réfléchissante. Ce nouveau télescope en verre est moitié plus court qu'une lunette de même diamètre ; il donne presque autant de lumière et des images plus nettes ; à longueur égale, il comporte un diamètre double et recueille trois fois et demie plus de lumière. En 1859, M. Foucault rendait compte de son essai d'un nouveau télescope parabolique en verre argenté d'après le procédé Drayton. Le miroir est taillé dans un disque en verre fortement trempé, et est monté à l'instar du télescope newtonien ; mais l'image n'est pas renvoyée par un petit miroir placé en dehors du tube ; et elle est reçue à l'intérieur d'un prisme à réflexion totale, où on l'observe avec un oculaire formé de quatre verres. Le grossissement est varié en changeant simplement l'oculaire des quatre verres, et l'objectif reste inséparable du miroir. D'après les expériences qui ont été faites, ce miroir dédouble les 4/10 de seconde ; les dimensions étaient de 4 décimètres de diamètre et de 2 mètres et 1/2 de foyer. « Nous n'en sommes plus, dit M. Foucault, à construire des miroirs exactement paraboliques, et nous croyons mieux faire en les terminant par une surface expérimentale qui possède expressément la propriété d'agir de concert avec le système de verres amplificateurs de l'oculaire, pour assurer la perfection à l'image résultante. » Un grand télescope construit sur ces principes, fonctionne en ce moment à l'Observatoire impérial de Paris. Entre les mains de M. Chacornac, cet instrument a déjà rendu de notables services. Il a permis à cet habile observateur de cataloguer neuf étoiles de la nébuleuse du Chien de chasse, lesquelles avaient jusqu'ici passé inaperçues. Les dernières observations sur les comètes (Chap. XI) se ressentent également de ce puissant moyen d'exploration.

Enfin, nous croyons devoir énoncer l'une des dernières communications de M. Foucault, concernant la vitesse de la lumière. Elle serait de 298 millions de mètres par seconde, représentant 74 millions et demi de lieues ; ce chiffre remplacerait celui de 77 millions de lieues admis généralement. Si ce nombre doit subir des corrections, elles ne vont pas au delà de 500,000 mètres. Ainsi, la distance de la terre au soleil devrait subir une diminution de 1/30, c'est-à-dire de 1,261,000 lieues de 4 kilomètres. La parallaxe solaire serail de 8″ 86 au lieu de 8″ 50.

A l'égard de la parallaxe du soleil, M. Babinet a fait la communication suivante, dans la séance de l'Académie des sciences, à la fin du mois de septembre 1862 :

« La détermination précise de la distance du soleil, par M. Léon Foucault, au moyen d'un appareil de physique, est un grand événement scientifique et dont l'honneur rejaillit sur les artistes qui ont rendu possible une opération si délicate, sur la technologie, dans laquelle l'auteur occupe un des premiers rangs, de l'aveu des juges compétents, et enfin sur la science française, qui, grâce à la persévérance et au génie mécanique de l'auteur, obtient aujourd'hui un triomphe que personne ne lui contestera.

« Elle serait longue l'histoire des efforts du monde scientifique entier pour connaître ce premier élément de notre système, la distance de la terre au soleil. Ce serait en même temps l'histoire d'efforts impuissants et de tristes déceptions, du reste faciles à prévoir, pour ceux qui joignaient quelques notions d'optique à quelque hardiesse de bon sens.... M. Léon Foucault est venu nous donner : 1° la possibilité de la solution d'un problème réputé insoluble; 2° la solution elle-même; 3° la certitude d'arriver ultérieurement à une précision correspondante à celle de la mesure de l'aberration par M. Struve, ce qui n'exige qu'une précision trois fois plus grande que la limite atteinte par M. Foucault, tandis que son appareil peut facilement atteindre une précision décuple de celle à laquelle il a jugé convenable de s'arrêter.

« Nous conserverons encore le mot de *parallaxe*, quoique, dans le procédé de M. Foucault, il ne soit besoin d'aucune mesure d'angle et que la distance de la terre au soleil y soit directement déterminée ainsi qu'il suit : M. Foucault mesure la vitesse de la lumière; l'astronomie, par la mesure de l'aberration, nous dit que la vitesse moyenne de la terre autour du soleil est un dix-millième de celle de la lumière. Prenant donc la dix-millième partie du nombre trouvé pour la vitesse de la lumière, j'ai la vitesse de la terre, c'est-à-dire le chemin qu'elle parcourt en une seconde de temps. Multipliant ce nombre de mètres par le nombre de secondes qu'il y a dans l'année sidérale, j'obtiens le contour entier du cercle annuel de la terre. Divisant par le rapport connu de la circonférence au diamètre, j'ai le diamètre même de l'orbite annuelle de la terre, dont enfin la moitié est la distance de la terre au soleil.

« Je puis porter témoignage de la persévérance et de l'habileté expérimentale dont M. Foucault a fait preuve pendant douze années avant d'arriver, de perfectionnements en perfectionnements, à une certitude complète. La mesure chronométrique du temps employé par la lumière à parcourir un espace donné, la régularisation du miroir tournant, de la turbine aérienne et de la soufflerie qui en alimente la rotation, la fixation relative d'images qui se déplaceraient à la moindre non-coïncidence de durée, enfin tout le chapitre des micromètres, des mesures de distances focales, des procédés optiques, tout cela fera un volume entier d'exposition, comme ç'a été le produit de plusieurs années de perfectionnements mécaniques, rendus possibles par l'habileté de nos excellents artistes français, et notamment de M. Froment.

« Trois modes de détermination de la distance du soleil ont jusqu'ici été connus dans l'astronomie : 1° les passages de Vénus sur le soleil qui se succèdent à plus d'un siècle d'intervalle ; 2° la parallaxe de Mars en opposition; 3° les perturbations des planètes et de la lune calculées analytiquement et comparées aux observations.

« Je commence par ce dernier procédé, tout à fait mathématique.

« Laplace dit, et M. Biot répète à peu près dans les mêmes termes :

« La parallaxe solaire peut être déterminée avec « précision au moyen d'une équation lunaire en lon- « gitude, qui dépend de la simple distance angulaire « de la lune au soleil....

« Il est très-remarquable qu'un astronome, sans « sortir de son observatoire, en comparant seulement « ses observations à l'analyse, eût pu déterminer « exactement la grandeur et l'aplatissement de la terre « et sa distance au soleil et à la lune, éléments dont « la connaissance a été le fruit de longs et pénibles « voyages dans les deux hémisphères. »

« C'est encore par la théorie de la lune et des planètes que M. Le Verrier s'est assuré que la parallaxe donnée par le passage de Vénus sur le soleil en 1769, et par les calculs de Laplace, était notablement inférieure à sa valeur véritable. Heureusement l'assertion de M. Le Verrier avait précédé la détermination de M. Foucault, tandis que le résultat de Laplace avait suivi les observations de 1769; car il est permis de supposer que si la parallaxe trouvée par Laplace eût été en grande discordance avec celle que donnait le passage de Vénus, il aurait peut-être hésité à la faire connaître, ou du moins il ne l'aurait pas préconisée avec une telle assurance.

« Quant à la parallaxe 8″,57, conclue du passage de

1769, j'ai, pendant plus de trente ans, réclamé au nom de l'optique contre la précision qu'on attribuait à cette détermination, dont le principe était regardé comme un titre de gloire pour Halley et pour ses compatriotes.

« Je disais à M. Arago : Il y a 500 mille lieues d'incertitude sur la distance de la terre au soleil, M. Arago réduisait cette incertitude à 400 mille lieues. La mesure de M. Léon Foucault porte l'erreur à 1261 mille lieues de 4 kilomètres, car sa parallaxe est 8″,86.

« Écoutons une grave autorité, M. Hind (décembre 1861) :

« On peut assurer sans crainte que nous connais-
« sons la vraie distance de la terre au soleil à un trois-
« centième de sa valeur totale : conclusion très-satis-
« faisante, si l'on considère la grandeur et l'importance
« de la question. »

« Or, sur cette quantité, M. Foucault trouve une erreur de un trentième, et les calculs de M. Le Verrier indiquaient une erreur encore un peu plus grande.

« Venons à Mars. Lacaille, en 1751, trouvait une parallaxe de 10″,71, tandis que l'expédition américaine du Chili, mal entendue de tout point, comme l'a fait voir M. Airy, a donné 8″,50. La vraie valeur trouvée par M. Foucault, avec une incertitude d'environ un six-centième, est 8″,86. On peut juger !

« Comme en 1860, Mars est aujourd'hui dans les meilleures positions possibles pour la détermination de la parallaxe du soleil. La parallaxe de cette planète est d'un peu plus de 21 secondes. Or, je puis établir que, pour des observations de distances zénithales mesurées dans les circonstances les plus favorables, il est impossible de répondre d'une demi-seconde. J'en ai pour garant la mesure des deux diamètres du soleil, diamètre horizontal et diamètre vertical, opérée par M. Struve, avec une incertitude d'une demi-seconde, la distance des étoiles doubles dont les mesures individuelles ne concordent pas à une demi-seconde, et enfin les diamètres équatoriaux de Mars lui-même, pris à l'héliomètre d'Oxford et qui (malgré les incertitudes réduites à moins de moitié) sont les suivants quand on les ramène à la distance moyenne du soleil : 5″,56 ; 6″,15 ; 5″,93 ; 5″,97 ; 5″88.

« Après cela, qu'attendre des observations de Poulkova et du cap de Bonne-Espérance, faites au moyen du plus infidèle des instruments, l'équatorial, sans simultanéité de temps, sans identité d'observateur, d'intruments, de climat, etc. ? Or, une incertitude d'une demi-seconde fausserait la parallaxe de près d'un quarantième du total. Il n'y a rien à espérer de Mars.

« M. Foucault nous a donc donné une quatrième et bien supérieure méthode pour aborder ce problème, que tout esprit non aveuglé devait déclarer *expérimentalement* insoluble. Il y a mieux : ses procédés ont une exactitude qui pourrait facilement atteindre une précision décuple de un six-centième, savoir, un six-millième; mais comme l'aberration, admirablement fixée par M. Struve, ne comporte qu'une précision de un dix-huit-centième environ, il serait inutile de pousser la détermination expérimentale de la vitesse de la lumière (du moins en ce qui concerne la parallaxe) au delà de trois fois la précision un six-centième, qu'a obtenue M. Foucault en opérant sur une distance de 20 mètres dans un appartement ordinaire.... »

D'après ces nouvelles expériences de M. Foucault, il faudrait diminuer la masse du soleil de un dixième, par suite de sa distance plus rapprochée, résultant de la diminution trouvée pour la vitesse de la lumière.

Il y a déjà plus de vingt ans qu'Arago parlait de l'habileté de nos constructeurs français de chronomètres; il citait parmi eux les noms de *Louis Berthaud*, de *Motet*, de *Breguet*. Cependant il faisait ressortir les avantages que la détermination des distances lunaires apportait dans la recherche des longitudes. « Enfin, disait-il, il nous a paru utile de prouver qu'à l'époque actuelle, pour qui sait y lire, la sphère céleste est encore le plus direct, le plus sûr, le plus exact des instruments de longitudes. »

Il est encore d'autres instruments dont le secours a servi utilement la science; nous en citerons un, d'après une lettre de M. *Piazzi Smith*, directeur de l'observatoire d'Édimbourg, touchant les résultats obtenus au moyen d'une lunette de MM. *Lerebours* et *Secretan* (communiqué à l'Académie des sciences par M. Le Verrier). C'est un équatorial avec un objectif de 6 pouces de diamètre que M. le capitaine W. S. *Jacob*, résidant dans les Indes, fit acheter chez ces constructeurs. L'instrument consiste en un long axe polaire métallique avec une lunette pouvant tourner intérieurement et munie d'un mouvement d'horlogerie offrant une construction de premier ordre. En septembre 1852, le capitaine, observant Saturne, s'aperçut que l'anneau obscur qu'il voyait était transparent ; la couleur changeait sur ses différents points, suivant qu'ils étaient éclairés par la lumière réfléchie de la planète ou par celle du soleil. Il vit aussi la division très-fine qui avait été soupçonnée sur l'anneau lumineux extérieur. Cette division, très-visible, embrassait plus de la demi-circonférence. La planète resta visible pendant sept mois, et ce phénomène parut tout le temps, au point de pouvoir être facilement mesuré au micromètre.

CHAPITRE IX

Détermination de la différence de longitude entre Paris et Greenwich. — Longitude de Bourges. MM. Le Verrier, Rozet et Liais. Éclipses de soleil. Celles du dix-neuvième siècle. Éclipse totale de 1715; Louville. Éclipses de 1778 et de 1842. Protubérances. Observation de M. d'Abbadie en 1851. Éclipse totale de 1858. M. Liais à Paranagua, etc. Observation de l'éclipse de 1860 par M. Lespiault. M. Bianchi. M. Faye. M. Bulard observe l'éclipse de 1861. — Étoiles multiples. Sirius et son compagnon. Bessel. M. A. Clark, etc. — Nébuleuses variables. M. d'Arrest. M. Chacornac. M. Hind. — Comètes périodiques. MM. Gambard, Biela, Pons, Encke, Struve, Wartmann, Faye. Comète de 1843. — Travail d'Arago sur les comètes. Hypothèse d'un choc avec la terre. — M. Babinet. Petite masse des comètes.

En 1854, M. *Le Verrier*, directeur de l'observatoire impérial de Paris, et M. *Airy*, directeur de celui de Greenwich, entreprirent de déterminer la différence de longitude entre ces deux observatoires. Jusqu'à cette époque toutes les tentatives qui furent faites pour cette détermination ne donnèrent que des résultats approchés. Il était donc nécessaire d'effectuer de nouveau ce travail, en se servant de toutes les ressources dont la précision apportée dans les observations permettait de disposer.

M. *Faye*, astronome de l'observatoire de Paris, et M. *Dunkin*, assistant de celui de Greenwick, furent les observateurs chargés de cette mission délicate. Les observations furent divisées en deux séries ; celles de la première série furent exécutées simultanément, à Paris par M. Dunkin, et à Greenwick par M. Faye ; celles de la deuxième série furent faites, simultanément aussi, à Paris par M. Faye, et à Greenwich par M. Dunkin.

De l'ensemble de ces observations, peu différentes entre elles, il est résulté le nombre 9′,20″,63 pour la différence de longitude cherchée.

La méthode suivie par ces messieurs paraît joindre à la simplicité un grand degré d'exactitude : elle consiste dans l'observation d'un même signal transmis en même temps aux deux observatoires au moyen du télégraphe électrique. Il s'agissait donc de fixer l'état des pendules et d'observer les signaux.

On a évité les erreurs personnelles affectant l'heure en changeant les observations des stations. Le retard qui pouvait provenir de la durée nécessaire à la transmission du courant électrique a été mesuré en envoyant les signaux de l'une et l'autre station successivement et en variant le sens du courant.

Le courant, traversant toujours les appareils des deux stations, agissait sur chaque signal, composé d'une aiguille unique, dont on observait soigneusement le commencement du mouvement.

On prit, en un mot, toutes les précautions possibles pour éliminer les causes d'erreur quelles qu'elles fussent.

Les mêmes données astronomiques servirent dans chaque station pour fixer l'état des pendules ; ou, quand on s'est écarté de cette règle, on a eu soin de ne faire usage que des étoiles fondamentales desquelles on connaît les positions avec toute la précision désirable. On voit par là quel soin fut apporté dans les opérations précédentes, et quel degré de confiance on doit avoir dans le nombre que nous avons rapporté pour la différence des longitudes des observatoires de Paris et de Greenwich.

Dès cette époque, M. Le Verrier songea à se passer de la détermination de l'état des pendules, en enregistrant sur le même chronographe électrique les observations des deux stations. Les difficultés pratiques ont été levées, en 1856, en grande partie, par M. Liais, en sorte que le résultat ne devait plus dépendre que de l'exactitude des instruments méridiens, pour l'installation desquels rien ne fut négligé tant par l'Observatoire que par le Dépôt de la guerre. La lunette méridienne du Dépôt de la guerre fut installée à l'Observatoire, et l'on chercha la différence de longitude avec la lunette de cet établissement par des observations astronomiques. Deux séries d'observations furent faites par M. Le Verrier et M. le commandant *Rozet*. Il en est résulté que la mesure cherchée a donné un nombre exact à moins d'un centième de seconde près. Ce résultat, dit M. Le Verrier, montre que nous disposons d'une méthode précise, et avec laquelle nous pouvons maintenant entreprendre et conduire avec rapidité, nous l'espérons, la mesure des longitudes sur les divers points de la France. Déjà, ajoute-t-il (août 1856), nous avons résolu, le Dépôt de la guerre et nous, d'entreprendre immédiatement la station de Bourges, qui est un des points principaux de la grande triangulation géodésique de la France. Le directeur de l'Observatoire de Paris émet en outre le vœu de voir patronner par l'Académie des sciences de nouvelles mesures de degrés du Pérou et de la Laponie qui furent faites par Bouguer et la Condamine, Maupertuis et Clairaut. C'était du reste l'opinion de M. Arago, comme l'a observé M. *Élie de Beaumont*, lequel avait de plus appelé l'attention sur les facilités toutes particulières qu'offrirait, si l'on voulait mesurer une nouvelle base dans un pays voisin, la disposition du terrain sur le plateau élevé du haut Pérou aux environs du lac Titicaca.

M. Le Verrier et M. le commandant Rozet ont dirigé la mesure de la longitude de Bourges. Ils ont employé un chronographe composé d'une pointe de fer traçant des divisions également espacées sur une bande de papier mue au moyen d'un rouage. Ces divisions correspondaient aux indications d'une pendule sidérale. A l'aide de courants électriques, les observateurs marquaient, avec d'autres points, sur la même bande de papier, les instants des passages d'une même étoile aux fils des instruments d'où l'on pût déduire la différence des longitudes des deux stations.

Pour lever les difficultés pratiques de cet appareil, M. Liais eut l'idée de substituer des pointes de cuivre aux pointes de fer, ce qui permit de pointer à Paris les signaux de Bourges avec la pile de cette dernière ville.

Les éclipses de soleil sont un des phénomènes les plus importants de l'astronomie. Les éclipses totales sont assez rares, surtout pour un lieu déterminé sur la surface du globe. En terme moyen, on peut observer sur toute la terre soixante-dix éclipses en dix-huit ans, vingt-neuf de lune et quarante et une de soleil. Jamais, dans une année, il n'y a plus de sept éclipses; jamais il n'y en a moins de deux. Quand leur nombre est réduit à deux dans une année, elles sont toutes deux de soleil. Sur l'ensemble du globe, le nombre d'éclipses de soleil est supérieur au nombre d'éclipses de lune, presque dans le rapport de trois à deux. Dans un lieu donné, il y a au contraire moins d'éclipses visibles du premier de ces astres que du second. Le 22 décembre 1870, il y aura une éclipse totale de soleil visible aux Açores, en Algérie, en Sicile, au sud de l'Espagne et en Turquie. Le 19 août 1887, il y aura éclipse totale de soleil visible au centre de l'Asie, au sud de la Russie et au nord-est de l'Espagne; en 1896, une autre sera visible en Laponie, au Groënland et en Sibérie. Enfin, la dernière de ce siècle arrivera le 28 mai 1900. Certains phénomènes encore inexpliqués ont été observés dans plusieurs éclipses de soleil. Pendant l'éclipse totale de 1715, le savant *Louville* vit à Londres, sur la surface de la lnne, des fulminations semblables à celles que produirait l'inflammation d'une traînée de poudre ; ces fulminations étaient instantanées et se montraient comme les éclairs terrestres, tantôt sur un point, tantôt sur un autre. En 1778, on remarqua sur la lune un point lumineux d'intensité variable ; en 1842, pendant l'éclipse totale de soleil, on signala sur divers points du disque de la lune des protubérances rougeâtres, mais la cause n'en est pas encore connue.

L'éclipse totale observée en pleine mer par Don Antonio Ulloa, amiral espagnol, est du 24 juin 1778. La durée de l'obscurité totale fut de 4 minutes. 5 ou 6 secondes après l'immersion totale, dit-il, nous commençâmes à découvrir autour de la lune un cercle très-brillant de lumière, qu'on pouvait fixer sans fatiguer la vue. Cette lumière augmenta, à mesure que le centre du soleil s'approchait de celui de la lune ; elle devint de plus en plus vive et brillante, jusqu'au moment de la coïncidence des deux centres, ou du moins de leur plus grande proximité : ce cercle de lumière d'environ deux doigts de largeur parut alors dans sa plus grande force et sa plus grande beauté.

Dès que les centres des deux astres commencèrent à se séparer, on s'aperçut de la diminution de l'anneau : elle suivit les mêmes progrès que son accroissement, jusqu'à ce que les rayons lumineux qui partaient de sa circonférence disparurent tout à fait.

Enfin cinq ou six secondes avant le commencement de l'émersion, l'anneau lui-même disparut totalement.

La couleur de la lumière de l'anneau (couronne) n'était pas la même dans toute sa largeur. Près du disque de la lune, elle était d'un beau rose, qui s'altérait insensiblement à proportion qu'elle s'en écartait. Elle devenait tout à fait blanche, à prendre depuis la moitié de la largeur de l'anneau, jusqu'à son extrémité extérieure.

Environ cinq ou six secondes avant que l'anneau lumineux eut paru, et cinq à six secondes après qu'il eut disparu, on voyait, comme dans la nuit close, les étoiles de la première et seconde grandeur. Dans ce temps-là, l'obscurité fut telle, que quelques personnes qui se réveillèrent dans cet instant, crurent avoir dormi, contre leur ordinaire, l'après-midi entière, jusqu'à l'entrée de la nuit. Les poules et les autres bipèdes domestiques qui étaient dans les volières sur le gaillard, les oiseaux dans leur cage, et les quadrupèdes qui étaient dans différents endroits du vaisseau, se plaçaient dans les mêmes situations qu'ils ont accoutumé de prendre, quand ils veulent se livrer au sommeil; les coqs agitèrent leurs ailes, et chantèrent comme ils le font communément à minuit.

Avant que le disque du soleil commençât à déborder celui de la lune, on vit un point lumineux sur le disque de celle-ci, à la vérité si petit, qu'on ne pouvait le distinguer, ni à la vue, ni avec une lunette de spectacle, mais seulement avec une lunette d'un pied et demi. La couleur rouge était très-distincte du rose qui caractérisait la partie de l'anneau voisine de la lune, où devait commencer l'émersion, un peu plus ou nord-ouest. Entre le point lumineux et le limbe de la lune, on voyait un petit espace obscur du corps de cet astre, que l'on jugeait à la vue, de la largeur d'une ligne et demie ou deux lignes; de manière que le point lumineux paraissait comme une étoile de la quatrième ou cinquième grandeur, qui aurait été placée sur son disque. Il parut augmenter ensuite jusqu'à égaler celles de la troisième ou seconde. Ce fut ainsi qu'on l'observa pendant une minute et un quart au moins. Les observateurs étaient Don de Ulloa, commandant la flotte; Don Joachim d'Aranda, pilote major des routes; et Don Pedro Wintuiben, lieutenant de vaisseau et major de l'escadre.

Don Ulloa explique ce phénomène en supposant un trou traversant la lune de part en part, d'un hémisphère à l'autre. Depuis cette observation, on en a fait un nombre suffisant d'autres de même genre, capables de la confirmer, si le fait était réel. Mais jusqu'ici, rien de bien positif n'est venu établir la possibilité d'un trou à la lune.

Lors d'une éclipse totale de soleil, l'aspect du ciel pénètre d'un sentiment de crainte; tous les objets terrestres ont une teinte livide; les oiseaux se cachent dans leurs nids, et les plantes s'inclinent en fermant leurs feuilles, comme à l'approche de la nuit.

Les animaux sont épouvantés, et la nature semble perdre sa vigueur et sa vie jusqu'à la renaissance du jour.

Parmi les observations d'éclipses qui méritent d'être rapportées, nous citerons celle que M. *d'Abbadie* a faite en Norwége le 28 juillet 1851. Dans cette éclipse totale, l'auréole était fortement polarisée. Il y eut un halo circulaire, rouge en dedans, violet en dehors, autour du soleil, et après le commencement de l'éclipse, l'auréole, ou couronne lumineuse, parut subitement, et on vit près du point ou le soleil venait de disparaître une bordure de couleur rose, sinueuse, irrégulière, mais bien nette, diminuant de saillie graduellement.

De l'autre côté du diamètre du soleil, près de l'est, apparut une autre proéminence ayant la forme d'un mamelon renflé vers la pointe. Au commencement de l'obscurité, il y avait comme de faibles traînées de vapeurs qui semblaient appuyées par une de leurs extrémités sur les sommets de ces proéminences. Deux autres proéminences furent également aperçues, et le contour de la lune était parfaitement net et dégagé. La seconde de ces *protubérances* avait changé dans l'espace d'une minute de temps; elle s'était rétrécie un peu à la base et s'allongeait à vue d'œil. La lumière qui venait de la partie transparente de cette protubérance était fortement polarisée. Sur la portion restée toujours rose, la polarisation était plus faible. Le contour de cette protubérance finit par ne plus rester net; il devint déchiqueté, et s'était arrondi en se courbant vers le haut. La fin de l'obscurité fut annoncée par un crépuscule qui devint de plus en plus vif, tandis qu'une bordure rose se montrait du côté opposé à cette vue au commencement de l'éclipse. Le bord du soleil parut d'abord comme de larges grains discontinus pendant une fraction de seconde : c'est le *chapelet*.

L'éclipse totale de soleil du 7 septembre 1858 fut observée à Payta. L'obscurité, très-sensible, se dissipa plus promptement qu'elle n'était venue; elle permit d'apercevoir quelques étoiles. M. de la *Pinelais*, aspirant de 1re classe, vit des taches rouges dont la hauteur surpassait une minute; les premières qui se sont montrées étaient situées au nord; celles du sud sont venues après; elles se sont découvertes du nord à l'est au tiers de la durée de l'éclipse. Un peu avant le commencement de l'éclipse totale, le même observateur vit vers le milieu de la lune une tache lumineuse jaunâtre d'une faible intensité. M. *Laulhé*, enseigne de vaisseau, qui observait à terre avec une longue-vue, vit l'auréole lumineuse qui entoure la lune pendant l'éclipse totale ainsi que les nuages rouges.

M. Emm. Liais, chargé d'une mission scientifique par M. le ministre de l'instruction publique, se trouvait au Brésil lors de l'éclipse totale du 7 septembre 1858. Il fit ses observations à Paranagua, ville située à 150 lieues de Rio-Janeiro et 2,500 lieues de France.

Ce savant distingué arrivait dans la capitale du Brésil au moment même où allait partir pour se rendre à Paranagua une commission composée des notabilités scientifiques de l'empire. Le gouvernement de l'empereur du Brésil adjoignit M. Liais à cette commission, laquelle avait à sa disposition deux navires de guerre. L'expédition arriva dans l'immense baie de Paranagua le 20 août à l'entrée de la nuit. Le phénomène se montra dans toute sa splendeur; une teinte jaune commença à être perceptible sur les objets terrestres lorsque la lune eut recouvert les trois quarts du soleil; en même temps, le ciel prit une belle couleur bleu d'azur foncé. Plus tard, la mer et l'écume des vagues brisées sur le rivage parurent jaune soufre. La nature semblait effrayante; les oiseaux ne volaient et ne chantaient plus et le bruit des insectes avait cessé. L'unique point solaire qui restait rendait l'effet d'une lumière électrique qui aurait éclairé la baie et la campagne; les ombres définies comme avec cette lumière étaient aussi nettes. La nuit qui succéda à la disparition de ce point lumineux était celle du crépuscule; des étoiles furent aperçues, et le contour noir de la lune était entouré d'une brillante auréole.

« . . . . . Cependant, dit M. Liais dans son Mémoire à l'Académie des sciences, nous ne pouvons passer sous silence un phénomène fort étrange qui s'est produit en cette occasion. . . Tous les observateurs de la station centrale, à l'exception de M. *d'Azambuja*, qui observait à bord du *Don-Pedro II*, à 200 brasses nord-nord-est de la station, ont manqué le second contact intérieur. D'après les éphémérides, l'éclipse devait durer 112 secondes; en réalité, elle n'en a duré que 72, et le soleil a reparu 42 secondes avant l'instant où on l'attendait. Surpris au milieu de leurs études sur l'auréole et les protubérances par le retour imprévu du soleil, les observateurs de la station centrale n'ont pu compléter l'observation astronomique du phénomène; ils ont ainsi perdu une occasion précieuse de photographier l'auréole et les protubérances les plus extraordinaires que l'on ait encore vues. . . »

Dans l'observation que M. *Lespiault* fit de l'éclipse totale de soleil du 18 juillet 1860, à Briviesca (Vieille-Castille), il vit avant l'instant même du dernier contact (communication à l'Académie) le mince filet lumineux formé par le bord du soleil se colorer de rose et prendre l'aspect d'une crête de feu. Pendant la première minute de l'obscurité, cette crête disparut derrière le disque lunaire. En même temps, les protubérances isolées diminuaient à l'orient et se formaient en grandissant à l'occident, comme derrière un écran mobile. Cet effet général, dit cet observateur, ne permet guère de douter que les proéminences n'appartiennent au soleil.

M. *Bianchi*, qui a observé cette éclipse à Vittoria (Espagne), assure qu'elle offrait une très-grande ressemblance avec celle de 1842. Il a vu les dentelures noires dites le *chapelet* se détacher sur le dernier croissant du soleil. L'aurore lumineuse qui rayonnait autour de l'astre éclipsé lui a paru plus éclairante qu'en 1842. Il n'a vu dans l'une et l'autre éclipse ni les filets lumineux serpentant sur le disque lunaire ni le trou d'Ulloa.

Il y a eu sur cette éclipse de nombreuses relations importantes; et, entre autres, une lettre de M. Faye à l'Académie dont nous voudrions pouvoir résumer le contenu; mais nous sommes forcé d'abréger un peu, et même de négliger plusieurs sujets sur lesquels bien des travaux sérieux ont été faits.

Nous ajouterons, en ce qui concerne l'éclipse de 1860, que Son Exc. le ministre de l'instruction publique autorisa l'Observatoire impérial de Paris à envoyer une mission en Espagne pour observer cette éclipse, en désignant M. Faye pour en diriger les travaux.

L'éclipse totale de soleil du 31 décembre 1861 fut observée par M. Bulard en Algérie, à Ouargla. Il partit pour le désert le 3 décembre, et ne fut de retour de cette excursion que six mois après. Le 29 décembre, il arrivait à Ouargla à force de marches presque forcées; après l'éclipse, il expédia immédiatement un courrier portant ses observations, lesquelles furent transmises à l'Institut. M. Bulard eut soin de déterminer les positions (longitudes et latitudes) de tous les points principaux de son parcours; il observa aussi une occultation de Vénus par la lune.

Les étoiles doubles et multiples ont été de la part

des astronomes modernes l'objet d'une étude sérieuse. Après Herschell, qui s'en est occupé le premier avec soin, on doit citer *M. Struve*, qui a catalogué 3,057 étoiles doubles, et surtout *Bessel*, etc. Ce grand astronome, après avoir discuté les observations de Sirius, annonça que cette étoile devait avoir un compagnon, lequel fut découvert par *M. Alvan Clark* le 31 janvier 1862. Nous allons bientôt revenir sur cette découverte. Bessel avait aussi annoncé l'existence de Neptune, mais il fut forcé d'interrompre ses recherches à cause d'un de ces malheurs qui frappent les familles de coups imprévus : il perdit son fils en 1840 et mourut lui-même en 1846. Bessel a exploré le ciel dans une étendue formant une zone de 30 degrés de largeur, s'étendant de chaque côté de l'équateur, et fixa les positions des étoiles jusqu'à la 9e grandeur; il a aussi déterminé la parallaxe de la 61e du Cygne.

Les autres travaux, parmi lesquels figurent avec distinction ceux de *M. Yvon Villarceau*, astronome de l'Observatoire de Paris, ont également concouru à donner des résultats remarquables.

La découverte des nébuleuses variables fut faite par *M. d'Arrest* à la fin de 1861. La grande circonspection recommandée dans ce genre d'observations par les hommes les plus compétents ne peut nous empêcher d'émettre une opinion qui comporte toute la réserve qu'on voudra lui donner. Ne serait-il pas possible que, parmi toutes ces nébuleuses, il y en eût d'analogues aux comètes, incapables de jamais donner autre chose qu'une matière diffuse, errante, et par conséquent d'aspect variable, pouvant même disparaître pour un temps ou pour toujours, suivant la nature de la trajectoire qu'elle peut décrire?

C'est au mois d'octobre de l'année 1861, que M. d'Arrest annonça la disparition d'une nébuleuse découverte par M. Hind à la fin de 1852, dans la constellation du Taureau. Cette nébuleuse a été vue par plusieurs autres observateurs habiles, et notamment par MM. Chacornac et Answers en 1854 et en 1858. Tandis qu'elle était invisible pour tout le monde, MM. Winnecke et Struve l'apercevaient à la fin de 1861 et en mars 1862, au moyen du grand réfracteur de Poulkova. Maintenant elle est en voie d'accroissement, et on espère connaître prochainement la période de ses apparences variables. Sans entrer dans les détails de ce genre d'observations, on peut résumer leur ensemble, en disant que le nombre des nébuleuses variables est assez restreint. D'ailleurs, des catalogues de nébuleuses se font, en ce moment, avec un soin tout particulier; ce sont ceux de l'observatoire de Greenwich basés sur les données fournies par sir John Herschell et celui entrepris par M. d'Arrest à l'observatoire de Copenhague. Cette nouvelle branche de l'astronomie promet donc des résultats positifs prochains; déjà l'auteur de ces minutieuses investigations a noté plus de cinquante nébuleuses doubles; il pense, d'après un fait signalé par M. Lassel, qu'on arrivera à la connaissance des mouvements des nébuleuses doubles, comme on est parvenu à celle des étoiles multiples. C'est le temps qui prononcera sur cette question.

En attendant, nous rapporterons la communication que M. Chacornac a faite tout récemment à l'Académie des sciences. Il s'agit d'une nébuleuse de ζ du Taureau :

« En construisant, à Marseille, la carte n° 17 de l'Atlas écliptique pour la recherche des petites planètes, j'enregistrai, du 3 décembre 1853 au 20 février 1854, un grand nombre d'étoiles qui se trouvent dans cette région du ciel; et, entre autres, du 26 au 31 janvier de cette dernière année, j'observai une étoile de 11e grandeur dont la position moyenne pour le 1er janvier 1852 était en ascension droite de $5^h\ 28'\ 56''\ 6$ et en déclinaison de $+ 21°\ 7'\ 18''$. A cette époque, et plus tard, je n'aperçus aucune nébuleuse en cet endroit du ciel; par exemple, à l'Observatoire impérial de Paris, le 1er septembre et le 17 décembre 1854, en me servant d'un réfracteur de 25 centimètres d'ouverture, je ne vis aucune trace de nébulosité se projetant sur la petite étoile de 11e grandeur dont je viens d'indiquer la place; cependant l'atmosphère était très-transparente, et ces étoiles étaient au méridien. Le 19 octobre de l'année suivante, en vérifiant de nouveau cette région du ciel pour la recherche des planètes télescopiques, j'observai une faible nébuleuse se projetant sur la petite étoile désignée, et j'inscrivis au bas de la carte manuscrite la note suivante : « Avoir trouvé une nébuleuse nouvelle très-près de ζ du Taureau. » Je dessinai ensuite sur la carte l'apparence et la configuration de cette nébuleuse, par rapport aux étoiles voisines. J'étais alors loin de penser que ces astres, considérés généralement comme des amas de petites étoiles très-rapprochées les unes des autres pussent varier d'éclat comme certaines étoiles isolées, et, attribuant leur degré de visibilité à la transparence plus ou moins grande de l'atmosphère terrestre, je ne m'arrêtai pas davantage à cette observation. Cependant, le lendemain, en réfléchissant que cette nébuleuse pouvait être une comète très-éloignée de la terre, je regrettais de n'avoir pas comparé plus longtemps sa position à celle des étoiles voisines, afin de m'apercevoir d'un mouvement qui pouvait être très-lent. Les jours suivants le ciel resta couvert, et le 28 la pleine lune gênait les observations. Ce ne fut que le 10 novembre que l'état de l'atmosphère permit de revoir cette nébuleuse, et la note inscrite à cette date sur mon cahier d'observations constate que la nouvelle nébuleuse de ζ du Taureau n'avait varié ni de place, ni d'étendue, ni de forme. Enfin, le 27 janvier 1856, en vérifiant de nouveau la position des étoiles de cette carte, la nébuleuse m'apparut si brillante que j'écrivis en note : « Il est étonnant que « M. Hind ne l'ait pas aperçue avec sa lunette de « sept pouces d'ouverture ; elle offre l'apparence « d'un nuage transparent qui semble réfléchir la lu-

« mière de l'étoile ζ du Taureau, et son aspect, tout « différent de celui de la nébuleuse, 357 (Her- « schell, II), ne fait naître aucune idée de points stel- « laires visibles sur toute l'étendue de sa surface. » Cette nébuleuse d'Herschell se présente, en effet, comme un amas d'étoiles qui s'aperçoivent distinctement séparées les unes des autres, même avec un faible grossissement, tandis que le souvenir que je garde de la nébuleuse variable me la fait comparer à un léger *cirrho-stratus* strié de bandes parallèles; cette description est, du reste, en tout conforme au dessin de la carte. Depuis le 27 janvier 1856, je n'ai plus inscrit les dates des comparaisons de cette carte au ciel, et le 20 novembre 1862, en disposant un nouveau canevas de cette région de l'écliptique pour la publication de la 17e carte, je fus surpris de ne pas retrouver la moindre trace de cette nébuleuse, tandis que la petite étoile de onzième grandeur, sur laquelle elle se projetait, n'offrait aucune variation d'éclat. Je n'ai pas manqué d'inspecter souvent le lieu de cette nébuleuse depuis que j'ai constaté sa disparition, mais je n'ai pu en saisir le moindre indice avec les instruments de l'Observatoire impérial de Paris. Elle offrait une forme presque rectangulaire dont le plus grand côté mesurait un arc de trois minutes et demie, et le plus petit deux minutes et demie. »

Ainsi, voilà l'existence des nébuleuses variables bien constatée. Il demeure établi que la matière cosmique, l'essence de la constitution des mondes, le chaos des anciens pris dans son origine, l'élément grossier formé de tous les corps imaginables mêlés, combinés, disséminés en vapeur, occupant des étendues inabordables aux évaluations numériques, il demeure établi, disons-nous, que la matière des nébuleuses est soumise à des mouvements qui se traduisent par des phases périodiques épiées désormais par la vision distincte des astronomes. Qu'allons-nous donc chercher dans ces rudiments de la création? Quand nous y aurons trouvé ce que nous pourrons et que les bornes de notre perception seront des millions de fois plus reculées, en serons-nous moins limités pour cela? Aurons-nous dépassé le petit coin de l'infini dans lequel nos évolutions se restreignent? Non certes, mais nous aurons fait un pas dans la question de la formation des sphères attractives, nous aurons préparé la solution de ce difficile problème : comment se forment les mondes planétaires, leurs soleils, etc., et quelle peut être la cause de la force de projection primitive qui occasionne les mouvements dont nous connaissons les lois dans le système auquel nous appartenons? Si jamais une pareille proposition venait à être rangée parmi les acquisitions scientifiques, nous ne savons vraiment où l'homme pourrait chercher désormais à étendre son domaine; mais ce dont nous ne doutons pas un seul instant, c'est qu'arrivé là il ne serait pas satisfait le moins du monde; tout ce qu'il aurait appris lui semblerait bien mesquin à côté de ce qu'il ignorerait encore. Pourquoi cela? La réponse est facile, c'est tout simplement parce qu'étant bornés, nous sentirons toujours que nous sommes à peu près nuls devant l'infini; je dis nous, c'est-à-dire tout ce qui nous enveloppe, tout ce que nous voyons, les planètes, le soleil, les étoiles, les nébuleuses, etc.

Ces astres singuliers, qu'on appelle comètes, ont été dans ces dernières années, comme nous le verrons bientôt, étudiés avec soin par les astronomes. Outre la comète de Halley, il y en a un petit nombre d'autres dont les orbites sont bien connues, et dont les retours peuvent être prédits avec exactitude.

On vit une comète à Johannisberg le 27 février 1826; *Gambart*, qui l'observait à Marseille, en calcula l'orbite. Il constata qu'elle avait été vue en 1772 et en 1805; elle devait revenir en 1832 et traverser le plan de l'écliptique le 29 octobre avant minuit. Cette comète est celle de *Biela* : sa période est de 6 ans 3/4.

Une comète vue en 1786, en 1795 et en 1805, fut annoncée par le calcul pour reparaître en 1822 et être visible dans l'hémisphère sud. Elle est revenue en 1825, en 1829 et en 1832... Elle fut découverte à Marseille le 26 novembre 1818; sa période est de 3 ans 3/10; c'est la comète de *Pons* ou de *Encke*. En 1805, sa plus courte distance à l'orbite de la terre fut de 260 rayons terrestres. Une étoile de 11e grandeur fut parfaitement distinguée par M. *Struve*, à travers la partie centrale de cette comète à courte période, le 28 novembre 1828. A 10 heures du soir, M. *Wartimann* vit à Genève qu'elle se projetait sur une étoile de 8e grandeur, qui fut complétement éclipsée.

M. *Faye* découvrit une comète qui porte son nom, et dont la période est un peu moindre que 7 ans 1/2.

Le nombre des cometes que l'on a vues depuis Jésus-Christ est de plus de 600. A la date du 31 décembre 1831, dit Arago, le catalogue des comètes renfermait les éléments de 137 de ces astres, sans compter les réapparitions constatées.

La grande comète de 1843 s'approcha jusqu'à 1/7 du diamètre du soleil. La vitesse extraordinaire de cette comète dans le voisinage de son périhélie fut cause qu'elle offrit des particularités frappantes. Elle décrivit un arc de 292 degrés du 27 au 28 février. Dans cette soirée elle traça toute la portion boréale de son orbite, et en 2 heures 11 minutes elle passa de son nœud ascendant à son nœud descendant. A cette même date, elle se trouva deux fois en conjonction avec le soleil, la première fois à 9 heures 25 minutes, et la seconde fois à 12 heures 15 minutes, en passant entre la terre et le soleil. Cette comète, observée au Chili pendant les premiers jours de mars, avait une queue latérale se détachant de la queue principale à 10 degrés de la tête ; elle avait 65 degrés de longueur, tandis qu'en France et en Angleterre elle n'avait que 40 degrés, représentant 120 millions de kilomètres.

Dans l'*Annuaire du bureau des longitudes* pour 1832, Arago a longuement discuté la possibilité d'une rencontre entre une comète et notre globe, ainsi que l'hypothèse de *Whiston*, qui attribue la cause du déluge universel à une comète. Les conclusions de l'illustre Arago sont qu'une comète d'un diamètre égal au quart de celui de la terre, et plus rapprochée du soleil que de nous à son périhélie, présenterait une seule chance de choc sur 281 millions. Quant à la théorie de Whiston, il l'appelle un vrai roman, « à moins, ajoute-t-il, qu'abandonnant la comète de 1680, on ne prétende attribuer le même rôle à un autre astre de cette espèce *beaucoup plus considérable.* »

L'hypothèse de *Buffon*, depuis longtemps insoutenable, est la suivante : les planètes faisaient partie du soleil ; elles en ont été détachées par une force impulsive, communiquée par une comète qui aurait rasé la surface du soleil ou n'y aurait pénétré qu'à une petite profondeur. Arago a cru devoir réfuter ce système, et conclut que rien ne prouve ce que dit Buffon ; rien ne force à supposer qu'une comète ait eu quelque part à la formation de notre système planétaire ; rien n'indique enfin qu'à l'origine des choses un astre de cette espèce soit tombé sur le soleil.

On se rappelle qu'en 1857 le bruit courait qu'un astronome avait annoncé la fin du monde à l'occasion d'une comète qui devait, le 13 juin, heurter la terre. M. *Babinet*, pour dissiper les craintes et les commentaires, voulut démontrer la nullité des *riens visibles*. On savait pertinemment que des étoiles avaient été vues à travers certaines comètes, sans éprouver d'altération sensible dans leur éclat. Cela faisait supposer le peu de valeur de la masse de ces astres; mais, par une discussion facile, le savant académicien fit voir que l'atmosphère terrestre éclairée par la lune est neuf cent mille fois plus brillante que la matière cométaire existant dans le ciel en plein soleil. Mais la lumière du soleil a une intensité huit cent mille fois plus grande que celle de la pleine lune, d'après M. *Wollaston*, d'où il résulte que notre atmosphère éclairée par le soleil serait sept cent vingt milliards de fois plus brillante que la comète.

Cherchant plus tard à mesurer l'absorption de la lumière au travers des comètes, M. Babinet arrive à ce résultat surprenant, c'est que, pour assimiler la substance cométaire à de l'air atmosphérique dilaté, il faudrait ramener la densité de celui-ci à une densité exprimée par une fraction qui aurait l'unité pour numérateur et pour dénominateur un nombre plus grand que l'unité suivie de 125 zéros. « Lorsque M. *Herschell*, dans son ouvrage sur l'astronomie, avait parlé de *quelques onces* pour la masse de la queue d'une comète, il avait trouvé à peu près autant d'incrédules que de lecteurs. Cependant, son évaluation est bien exagérée en comparaison de la détermination qui précède. »

L'extrême faiblesse des masses cométaires a droit de surprendre : on se demande comment quelques particules matérielles analogues aux gaz, raréfiées dans un espace aussi considérable, peuvent être aperçues? La vision, quelle que soit sa délicatesse, son degré extrême de sensibilité, ne saurait cependant dépasser certaines bornes, que la densité cométaire doit atteindre si les résultats qu'on vient d'exposer sont exacts. Pour répondre à cette objection, qui ne manque pas d'avoir son importance, nous appellerons simplement l'attention du lecteur sur un fait très-commun et dont la vulgarité ne saurait nous empêcher de le signaler : Une bouffée de fumée de tabac, lancée dans l'air, occupe un assez grand espace sans cesser d'être visible, même à la lumière diffuse. Les rayons solaires directs la rendent encore plus visible. Si l'on veut bien prendre garde au nombre de bouffées produites par une seule pipe de tabac, du poids de 1 gramme, par exemple, on sera vraiment surpris de la grandeur du volume occupé par ce petit poids de matière réduite en vapeurs, sans que pour cela on cesse de la voir très-distinctement.

CHAPITRE X

Accélération séculaire du moyen mouvement de la lune, par M. Delaunay. Halley. Dunthorne. Lalande. Laplace. M. Damoiseau. M. Plana. MM. Baily et Oltmans. M. Airy. M. Hansen. — Anciennes éclipses de soleil; éclipses chronologiques. MM. Adams et Delaünay. M. de Pontécoulant. M. Le Verrier. Conclusions. — Théorie complète de M. Delaunay, concernant le mouvement de la lune. — Étoiles filantes. Bolides. Aérolithes ou pierres météoriques. M. Biot. M. Coulvier-Gravier. M. Petit. M. Poey.

On s'étonnera peut-être, en lisant ce paragraphe relatif à la lune, de voir que les astronomes aient rencontré d'aussi grandes difficultés dans la théorie du mouvement du satellite de la terre. Au premier abord, on ne voit pas comment cet astre, étant beaucoup plus rapproché de nous qu'aucun autre, ait pu arrêter les géomètres dans leurs calculs, jusqu'à l'époque actuelle, si bien que leur accord sur ce point ne semblait pas régner sitôt. Cependant, en y réfléchissant un peu, et en se souvenant de ce qui a été dit au sujet du problème des trois corps (chap. IV), on voit bien vite que la connaissance du mouvement lunaire, dans toutes ses particularités, n'est pas chose facile à réaliser. C'est ainsi que les problèmes se rapportant aux effets les plus voisins de nous sont souvent ceux qui présentent les plus grandes complications; beaucoup encore laissent leur solution dans l'incertitude de l'avenir. Grâce aux travaux récents de MM. Adams et Delaunay, la théorie du mouvement de la lune a acquis tout le degré de perfection désirable. Le savant académicien français a poussé ses calculs plus loin qu'aucun autre, et il est arrivé à une valeur théorique de l'accélération séculaire du mouvement de la lune, aussi exacte que possible. On en jugera d'après ce qu'on va lire, extrait des débats consignés dans les *Comptes rendus* de l'Institut et d'un Mémoire de M. Delaunay, publié dans la *Connaissance des temps* pour 1864.

Après qu'Halley eut constaté l'existence de l'accélération du moyen mouvement de la lune, les astronomes s'occupèrent d'en rechercher la valeur, et les géomètres voulurent en trouver la cause.

En se servant des indications de deux éclipses de soleil observées au Caire par Ibn Junis, les 13 décembre 977 et 8 juin 978, d'une éclipse de soleil observée par Théon à Alexandrie, le 16 juin 364, de trois éclipses consignées par Ptolémée aux dates : 19 mars 721 avant J.-C., 22 décembre 383 avant J.-C. et 22 septembre 201 avant J.-C., Dunthorne arriva à fixer 10 secondes pour l'accélération séculaire cherchée. La détermination de Mayer avait donné 6″,7 d'abord, et ensuite 9 secondes, « sans que l'on sache, dit M. Delaunay, comment Mayer a été conduit à augmenter ainsi de 2″,3 la valeur qu'il avait primitivement adoptée pour cette accélération. » Lalande trouva le nombre 9″,886 presque identique à celui de Dunthorne.

Il était donc évident que l'accélération de notre satellite existait réellement, quand Laplace trouva la cause de ce fait, comme nous l'avons vu (chap. VII).

« Pour réduire en nombre l'expression qu'il avait trouvée pour l'équation séculaire de la lune, Laplace avait besoin de connaître la valeur de la diminution séculaire de l'excentricité de la terre. Cette valeur dépendant essentiellement des masses de Jupiter, Vénus et Mars, dont la première seule était connue avec une approximation suffisante, il fut obligé de s'appuyer sur certaines hypothèses relatives aux masses de Mars et de Vénus, pour obtenir la donnée numérique dont il avait besoin, et c'est ainsi qu'il trouva 11″,135 pour l'accélération séculaire de la lune. Dans le IIIe volume de sa *Mécanique céleste*, publiée en 1802, p. 273, par suite d'une modification des masses de Mars et de Vénus, il réduisit cette accélération séculaire à 10″,18. Enfin, d'après la valeur adoptée maintenant pour la diminution séculaire de l'excentricité de l'orbe terrestre, ce même terme, auquel Laplace a attribué successivement les deux valeurs de 11″,135 et de 10″,18, est égal à 10″,66. » Dès cette époque, la valeur adoptée fut 10 secondes; ensuite M. Damoiseau préféra 10″,72, et M. Plana 10″,58. M. Hansen a successivement fixé cette valeur à 11″,93; 11″47; 12″,18. MM. Baily et Oltmans se sont servis de la valeur 10 secondes dans leurs recherches sur l'éclipse de Thalès. M. Airy a fait usage du nombre 10″,72 dans son travail sur les éclipses de Thalès et d'Agathocle, en 1853. En 1857, le même astronome, en introduisant l'accélération 12″,18 dans ses calculs basés sur les Tables de M. Hansen, a reconnu que les éclipses d'Agathocle, de Larissa et de Thalès étaient très-bien représentées; et que même il faudrait encore augmenter le nombre 12″,18 de 0″,809, ce qui donnerait 13 secondes pour rendre centrales où elles ont été vues les deux éclipses de Larissa et de Sticklastad.

A l'égard de la fixation de ces éclipses chronologiques, M. Delaunay est entré dans quelques explications fort utiles; nous allons le laisser parler :

« On sait que, au moment où la lune passe entre la terre et le soleil, le cône d'ombre qu'elle projette du côté opposé au soleil s'étend à peu près jusqu'au globe terrestre. Tantôt ce cône se termine avant d'avoir atteint la surface de la terre; tantôt, au contraire, il a son sommet situé au delà de cette surface. C'est dans ce dernier cas seulement qu'il y a éclipse totale de soleil pour les lieux situés à l'intérieur du cône dont il vient d'être question. L'ombre, que la lune projette ainsi sur le globe terrestre, s'y déplace peu à peu et couvre successivement les divers points d'une zone très-étroite. On conçoit que si l'histoire nous avait transmis l'observation bien positive d'une éclipse totale de soleil en un lieu déterminé de la terre et à une date précise, sans que l'heure de l'observation ait d'ailleurs besoin d'être connue, nous trouverions dans cette observation un excellent moyen pour contrôler l'exactitude de nos Tables. En effet, en calculant cette éclipse à l'aide de Tables, on doit trouver, si elles sont exactes, que l'éclipse a été visible dans le lieu indiqué ; et pour peu que les Tables, en raison de leur inexactitude, fixent la conjonction du soleil et de la lune un peu plus tôt ou un peu plus tard qu'elle n'a eu lieu réellement, on doit trouver que l'ombre projetée par la lune sur la terre a passé d'un côté ou de l'autre de ce lieu, à une distance notable, en raison de la quantité dont la terre a tourné dans l'intervalle de temps qui sépare le moment de la conjonction réelle de celui qui est indiqué par les Tables. D'où résulte la connaissance précise de la correction qu'il faut faire subir au lieu de la lune fourni par les Tables, pour amener le phénomène à avoir été visible dans l'endroit même où il a été réellement vu. En même temps l'heure exacte de l'observation se trouve déterminée. Supposons maintenant que l'histoire parle d'une éclipse totale de soleil observée dans un lieu déterminé, sans en donner la date, et que cette date ne puisse d'ailleurs être indécise que dans certaines limites. Nous allons voir que l'emploi de Tables exactes du soleil et de la lune permettra de fixer avec précision cette date inconnue. L'ombre que la lune projette sur la terre, au moment d'une éclipse totale de soleil, ne parcourt en se déplaçant qu'une zone très-étroite de la surface du globe. On comprend d'après cela qu'une éclipse de soleil ne peut être totale que pour une très-petite portion de la surface de la terre; d'où il résulte que les éclipses totales de soleil, en un lieu déterminé, sont excessivement rares. C'est ainsi qu'à Paris, pendant toute la durée des dix-huitième et dix-neuvième siècles, on n'en aura vu qu'une, en 1724. A Londres, on a été pendant 575 ans sans en observer une seule, depuis l'an 1140 jusqu'en 1715; et depuis l'éclipse de 1715 on n'y en a pas vu d'autres. Si donc on cherche, à l'aide des Tables, quelles sont les diverses éclipses totales de soleil qui ont pu être visibles dans le lieu indiqué, il ne sera pas difficile, en général, de distinguer parmi ces diverses éclipses quelle est celle dont la date rentre dans les limites dont il a été question, et par conséquent quelle est celle dont l'histoire fait mention : la date inconnue se trouvera par là complétement déterminée. On conçoit maintenant que si les Tables que l'on a à sa disposition ne sont pas tout à fait exactes, on pourra encore les employer à des recherches chronologiques telles que celle qui vient d'être indiquée; seulement les résultats auxquels on parviendra pourront ne pas être aussi concluants. Au lieu de trouver exactement les points de la terre où les diverses éclipses totales de soleil ont réellement été visibles, on trouvera que l'ombre projetée par la lune a passé par d'autres points plus ou moins éloignés des premiers. On aura alors à chercher comment les Tables doivent être corrigées pour amener les lieux indiqués par le calcul à comprendre celui où l'observation a réellement été faite ; et si l'on a fait convenablement cette correction, on aura déterminé par là, à la fois, la date inconnue de l'éclipse mentionnée par l'histoire, et l'erreur dont les Tables sont affectées pour cette époque. Mais, pour que cette double détermination puisse être effectuée en toute sûreté, il faut évidemment que les Tables ne soient que très-peu inexactes. Pour peu que l'incertitude des Tables soit encore grande, la correction qu'on devra leur faire subir pour amener l'une des éclipses calculées à correspondre au lieu même où l'observation d'un semblable phénomène a été réellement faite, présentera une véritable indétermination; des modifications différentes des éléments des Tables qui ne sont pas encore complétement connus permettront d'identifier l'éclipse observée avec plusieurs des éclipses calculées à l'aide de ces Tables; et il pourra arriver que l'on croie avoir bien trouvé par le calcul l'éclipse même dont l'observation est mentionnée dans l'histoire, tandis que, au contraire, on aura identifié cette éclipse avec une autre qui l'aura précédée ou suivie de plusieurs années et qui n'aura pas été visible dans le lieu où l'observation aura été faite. »

Après ce court abrégé des travaux qui suivirent la découverte de Laplace, nous arrivons à M. Adams, qui, en 1853, signala une erreur dans le calcul de

MM. Plana et Damoiseau. En supposant le mouvement de la lune dans l'écliptique, et en négligeant les termes dépendant de la parallaxe du soleil, M. Adams considère les équations différentielles données par Laplace, et fait voir qu'on a supposé dans l'analyse l'excentricité du soleil comme constante, ce qui a conduit à négliger dans l'équation séculaire des petits termes périodiques, lesquels introduisent un terme non périodique influant sur la valeur de l'accélération séculaire de la lune ; car cette partie non périodique dépend de l'excentricité solaire et se trouve, comme elle, affectée d'une variation séculaire. L'approximation du calcul de M. Adams eut donc pour effet de tenir compte de la variation séculaire de la vitesse aréolaire moyenne de la lune, au lieu de la considérer comme constante. M. Delaunay ayant repris cette question, en suivant une méthode toute différente, arriva aux mêmes résultats, poussa même ses approximations plus loin en janvier 1859, et fixa l'accélération séculaire de la lune à 6″,11. Mais les travaux de ces deux géomètres furent vivement attaqués par M. de Pontécoulant, dont les critiques peuvent se résumer brièvement : M. Adams considérerait à tort l'excentricité solaire comme variable, car elle n'aurait pas d'influence sur l'équation séculaire de la lune ; c'est ce que l'on voit en s'en tenant aux termes du premier ordre par rapport à la force perturbatrice. Mais M. de Pontécoulant n'a pas remarqué que sa conclusion eût été toute différente, en allant jusqu'aux termes du second ordre. Il reproche à M. Adams d'avoir mis pour le temps, dans la valeur de l'excentricité du soleil, sa valeur complète exprimée au moyen de la longitude vraie de la lune, contenant non-seulement un terme proportionnel à cette longitude, mais aussi une série de termes périodiques ; et il n'a pas vu que ces termes périodiques, qui, en toute rigueur, font partie de la valeur du temps, ne devraient être rejetés qu'autant qu'ils n'auraient pas d'influence sur l'équation séculaire cherchée ; et c'est justement parce qu'ils ont une influence de ce genre que M. Adams a dû les conserver.

Une autre attaque contre la théorie suivie par M. Delaunay partit du sein même de l'Académie des sciences.

M. Le Verrier, à propos d'une note de M. Hansen, émit son opinion de la manière suivante : « L'illustre astronome a développé toutes les inégalités du mouvement de la lune, conformément à la théorie donnée par lui dans les *Fundamenta nova;* il en a conclu des tables extrêmement précises, au moyen desquelles on retrouve toutes les éclipses totales de soleil dont l'histoire fait mention, et qui satisfont aux observations modernes avec une exactitude bien supérieure à celle des tables de Burkhardt, ainsi que l'a démontré M. Airy. »

En conséquence, M. Le Verrier penche pour le nombre 12″ fixé par M. Hansen, et déclare que la valeur moitié moindre proposée par M. Delaunay ne doit pas être adoptée, comme ne pouvant pas satisfaire aux observations de la lune et notamment à celles des éclipses. « Très-certainement la vérité est du côté de M. Hansen. »

Pour répliquer à l'argumentation de M. Le Verrier, M. Delaunay fit remarquer que ses résultats, entièrement concordants avec ceux de M. Adams, étaient purement théoriques; qu'examinés à ce point de vue, il ne s'agissait pas de voir s'ils étaient en désaccord avec les observations, pour tâcher de les détruire, mais bien d'établir si l'analyse qui y avait conduit était en défaut. Comme rien ne pouvait être allégué dans ce sens, il en résultait de deux choses l'une : ou bien les observations étaient d'accord avec cette théorie, ou bien elles ne concordaient pas avec elle. Dans le premier cas, la cause assignée par Laplace était la seule qui produisait l'inégalité séculaire du moyen mouvement de la lune; dans le second cas, elle ne suffisait pas pour expliquer cette inégalité. La découverte de Laplace ne recevait d'ailleurs aucune atteinte, pas plus que les travaux de MM. Adams et Delaunay. De plus, ce dernier savant s'est attaché à montrer que rien jusqu'ici ne peut faire admettre l'insuffisance de la cause trouvée par Laplace, ou que les observations ne sont pas entièrement expliquées par ses résultats; il a résumé ainsi l'état de la question :

1° La variation séculaire de l'excentricité de l'orbe de la terre produit une accélération du moyen mouvement de la lune, qui est d'environ 6″ par siècle (6″,11 est la valeur fournie par les calculs les plus complets qui aient été effectués jusqu'à présent sur ce sujet);

2° Les anciennes observations d'éclipses ne prouvent nullement que le moyen mouvement de la lune soit affecté d'une variation séculaire plus grande que celle qui vient d'être indiquée;

3° On n'est nullement autorisé jusqu'à présent à penser que la découverte faite par Laplace de la cause qui produit l'accélération du moyen mouvement de la lune soit insuffisante pour expliquer la totalité du phénomène;

4° Enfin, pour éclairer la question à ce point de vue, il est indispensable qu'on reprenne les recherches sur les éclipses chronologiques, en partant de la valeur 6″,11 que la théorie indique comme étant celle de l'accélération séculaire due à la cause trouvée par Laplace.

Ajoutons que MM. Plana, Lubbock et Cayley, ayant de nouveau repris la question, arrivèrent en définitive, chacun de leur côté, au même résultat que M. Adams, lequel se trouve confirmé de cinq manières différentes, savoir : par M. Plana, par M. Lubbock, par M. Cayley, et deux fois par M. Delaunay, en suivant sa propre méthode et en appliquant celle que Poisson a proposée pour la théorie de la lune.

M. Delaunay s'est occupé de la théorie complète du mouvement de la lune; il a voulu effectuer une nouvelle détermination analytique des inégalités lunaires, en poussant les approximations notablement plus loin qu'on ne l'avait fait avant lui. C'est ce qui résulte de ses communications à l'Académie des sciences. A la fin de 1860, il annonçait à ses confrères l'achèvement de son premier volume et la prochaine impression du second.

Dans les cinq chapitres qui composent le premier volume de sa théorie du mouvement de la lune, l'auteur s'occupe successivement de l'établissement des équations différentielles dont l'intégration doit fournir les inégalités du mouvement de la lune; du développement de la fonction perturbatrice et des valeurs elliptiques des trois coordonnées de la lune; de l'exposition de la méthode analytique qu'il a imaginée pour intégrer les équations différentielles, en fractionnant le travail, de manière à permettre de pousser plus loin les approximations dans chaque partie. Le quatrième chapitre renferme le développement complet de la fonction perturbatrice, avec les diverses modifications qu'elle a subies successivement par suite des 57 opérations effectuées pour la débarrasser de ses termes les plus importants; ce développement renferme 460 termes périodiques. Le cinquième chapitre est consacré à tous les détails de l'établissement des formules relatives aux 57 opérations dont on vient de parler.

Le second volume comprend : 1° les diverses formules destinées à tenir compte des termes qui restent dans la fonction perturbatrice, après que les 57 opérations précédentes ont été effectuées ; 2° les expressions des trois coordonnées de la lune avec *toutes* leurs inégalités jusqu'au septième ordre inclusivement pour la longitude et la latitude, et jusqu'au cinquième ordre pour la valeur inverse du rayon vecteur ; 3° enfin divers chapitres destinés à compléter ces expressions des coordonnées de la lune, en tenant compte de tout ce qui avait été mis provisoirement de côté, pour n'avoir à considérer que la partie capitale de la question.

La marche simple et régulière suivie par M. Delaunay dans cet important ouvrage, fruit de quatorze années de travail, lui a permis de consacrer presque tout son premier volume aux formules. Le chapitre IV, par exemple, n'est composé que d'une seule formule embrassant 138 pages. Il ne fallait pas moins que tout le talent d'un géomètre aussi habile que M. Delaunay, appliqué à la question si difficile du mouvement de la lune, pour en donner une solution complète et combler cette grande lacune de la mécanique céleste.

La question des météores ignés est plutôt du ressort de la météorologie que de l'astronomie. Mais comme elle a donné lieu dans ces derniers temps à des considérations cosmologiques, et qu'en outre les mouvements des globes enflammés sont assimilables à ceux des planètes, nous avons cru devoir nous en occuper, sauf à y revenir et à en parler plus longuement dans le travail que nous préparons sur la météorologie.

L'idée que beaucoup de personnes se font de ces météores est loin d'être au niveau de la science, malgré que celle-ci ne soit pas fort avancée dans cette matière. La cause en est facile à trouver : c'est que, à l'exemple de nos ancêtres, nous aimons le merveilleux, nous nous plaisons à chercher des causes extraordinaires aux phénomènes sortant du cadre des notions vulgaires. Ainsi, par exemple, il en est qui s'imaginent qu'une étoile filante est un signe de la mort de quelqu'un, sans s'inquiéter comment il peut exister un rapport quelconque entre une telle apparition et la vie d'un individu, et sans faire cette remarque si simple, que les époques de l'année où on voit le plus de ces traces incandescentes ne correspondent pas à la plus grande mortalité. D'autres croient que les étoiles filantes sont des étoiles ordinaires changeant de place en plongeant plus avant dans l'espace, de manière à se soustraire à nos regards, après avoir apparu un instant. Ces opinions et d'autres, toutes différentes entre elles, devraient persuader aux amateurs des spectacles naturels que ces contradictions impliquent des erreurs et que la science seule est capable de redresser les aberrations de l'esprit. Celle-ci, en effet, ne se paye pas d'hypothèses gratuites; elle ne devrait en faire que quand elle y est forcée par une nécessité absolue. Nous avons vu que sa manière de procéder était de rattacher aux causes connues tous les phénomènes du domaine de l'observation, et, quand le contrôle de l'expérience est possible, elle arrive à les analyser et à les classer. Nous n'en sommes pas encore là pour les météores ignés, et, malgré les hypothèses d'anneaux cosmiques, rien n'est certain dans leur théorie. Quoiqu'on ne puisse assigner le rôle que jouent les étoiles filantes dans le système solaire, on a cependant acquis, par des observations nombreuses et suivies, quelques indices sur ces météores.

Nous disons que les étoiles filantes sont des météores, parce que ce mot est consacré à la désignation des faits qui se passent dans notre atmosphère par son action combinée soit avec la lumière, soit avec l'électricité, la chaleur, l'eau, etc.

On voit donc déjà que ces corps doivent, pour être visibles, se trouver en contact avec l'air qui entoure notre globe ; c'est là seulement qu'ils peuvent s'enflammer, étant animés d'une assez grande vitesse pour que la chaleur développée par leur frottement avec l'air les rende incandescents et les consume entièrement ou en partie.

La dénomination d'étoiles filantes donnée à ces corpuscules célestes est donc impropre; mais l'usage a prévalu, et les astronomes eux-mêmes ont conservé ce nom.

Elles se meuvent dans l'espace planétaire en quantités innombrables suivant deux régions : l'une commence en dépassant l'orbite de Vénus et s'étend plus loin que Mars; l'autre est renfermée dans l'orbite de la terre. Du 8 au 11 août de chaque année, la terre passe par l'un des points de rencontre des deux zones; alors on compte les étoiles filantes en grand nombre. Vers le 10 novembre, notre globe se trouve au milieu d'elles, et, à ce moment, les apparitions sont encore très-fréquentes. Quand le ciel est pur, on voit ces météores dans toutes les nuits, mais en nombre beaucoup moindre qu'aux époques périodiques d'août et de novembre. Leur marche s'effectue dans toutes les directions, et leur entrée dans notre atmosphère est due à l'action attractive que la terre exerce sur ces petits corps, lorsqu'elle en approche dans le cours de son mouvement de translation autour du soleil.

On divise les étoiles filantes en deux classes principales, suivant leurs apparences : les étoiles filantes proprement dites, et les bolides ou globes enflammés. Les premières ont l'aspect de points lumineux traçant une ligne blanchâtre plus ou moins longue; leur durée est quelquefois inférieure à une seconde de temps : elle ne dépasse jamais quelques secondes.

Les bolides sont des météores semblables aux étoiles filantes; leurs dimensions sont plus considérables, et ils présentent dans leur aspect et leur mouvement des particularités qui les rendent très-importants. Le bolide est un globe flamboyant lançant des flammes, des étincelles et même de la fumée.

Sa grosseur, variable, peut atteindre en apparence celle d'un œuf de poule. Il se meut par bonds, par saccades. Il laisse après lui une traînée lumineuse plus ou moins persistante, probablement formée d'une multitude de parcelles détachées du corps principal.

La forme générale est prismatique ou pyramidale. L'extérieur est formé d'une écorce noirâtre formant scorie et d'une épaisseur maximum de 5 à 6 dixièmes de millimètre. Il semble que la pierre soit enduite d'un vernis. D'autres fois elle possède l'éclat métallique du fer ou offre l'apparence bitumineuse. L'écorce semble être le résultat d'un boursouflement. Le bolide éclate souvent avec fracas, et les parties qui en résultent peuvent arriver jusqu'à terre sans être totalement consumées : ce sont des aérolithes ou pierres météoriques. On en voit dans plusieurs de nos musées.

On en ramassa près de l'Aigle le 26 avril 1803; l'un d'eux est au musée de minéralogie de Paris. C'est M. Biot qui donna à l'Académie des sciences les détails de l'apparition de ce météore.

« A une heure et demie, le ciel étant pur et serein, on aperçut de Caen, de Pont-Audemer, des environs d'Alençon, de Falaise et de Verneuil, un globe enflammé qui parcourait l'atmosphère avec beaucoup de rapidité. Quelques instants après, une violente explosion se fit entendre; elle dura cinq à six minutes et retentit à l'Aigle et autour de cette ville, dans un arrondissement de plus de trente lieues de rayon. Il semblait qu'on entendît la détonation de trois ou quatre canons tirés à peu de distance, et suivie d'une espèce de décharge semblable à une fusillade que terminait un épouvantable roulement comme celui de tous les tambours d'une armée.

« Ce bruit partait d'un petit nuage qui semblait immobile pendant cette affreuse détonation, et qui seulement paraissait s'entr'ouvrir de temps en temps, comme déchiré par l'effet des explosions qui se faisaient entendre. Ce nuage était très-élevé au haut de l'atmosphère, et, partout où il planait, son passage était marqué par des sifflements semblables à ceux d'une pierre vigoureusement lancée par une fronde. En même temps on en voyait tomber une quantité de pierres qu'on recueillit soigneusement, et qui se trouvèrent parfaitement semblables à celles connues sous le nom d'aérolithes ou pierres météoriques. Le nombre de ces pierres fut au moins de 2 à 3,000. Leur analyse a produit du soufre, du fer, de la silice, de la magnésie et du nickel. On ne trouve dans le règne minéral aucune pierre d'une composition analogue. »

L'apparition subite des bolides et leur courte durée empêchent d'en déterminer la hauteur avec facilité. Le moyen géométrique qui se présente pour atteindre ce but est d'employer des observations simultanées faites à une certaine distance l'une de l'autre. Il faut noter exactement l'heure de l'apparition ou de la disparition, les positions des lieux des observateurs, leur distance, etc. Si on veut trouver la trajectoire, il faut encore suivre la route apparente du météore dans les constellations qu'il traverse, le temps écoulé entre les deux points extrêmes, et constater les variations de son mouvement angulaire, afin d'avoir une base pour la mesure de la résistance qu'il éprouverait de la part de l'air. Ce genre d'observations est donc fort difficile, puisqu'il faut la coïncidence des données fournies par deux personnes au moins. C'est pourquoi la hauteur de notre atmosphère, qu'on a pensé déduire de ces apparitions, est restée indécise jusqu'ici ; d'autres difficultés en ont d'ailleurs compliqué la détermination.

Pour différents observateurs, même peu éloignés les uns des autres, un bolide peut présenter des trajectoires différentes. Cela prouve que le météore n'est pas très-éloigné au-dessus de la surface du sol. Les grandes vitesses dont ils sont animés font qu'un de ces corps se trouve, pendant sa route, à des distances très-variables pour un même observateur. D'où il suit que la résistance de l'air fait éprouver à ces météores ignés de grandes variations de vitesse. Cette résistance est très-difficile à calculer, car elle dépend du carré de la vitesse du mobile, multiplié par la densité de l'air et par un autre terme provenant du volume du corps, de sa forme et de sa densité. La courbe décrite dans l'espace est donc une question mathématiquement insoluble; on ne peut résoudre ce problème qu'approximativement, en faisant des hypothèses plus ou moins rapprochées de la vérité.

M. Liais a proposé de mettre à profit les progrès de la photographie instantanée, lesquels, dit-il, permettent non-seulement d'évaluer ces variations, mais même de les mesurer. Il n'existera jamais d'autre moyen de substituer les mesures aux évaluations, qu'en leur faisant dessiner à eux-mêmes leur trajectoire à l'aide de la photographie, et dessiner, pour ainsi dire, leur durée par la comparaison des images sur des plaques fixes et sur des plaques ou des bandes de papier, animées de mouvements connus quelconques.

Arago publiait ce qui suit dans une notice de l'*Annuaire du bureau des longitudes* pour 1836 : « Des observations comparatives faites en 1823 à Breslau, à Dresde, à Leipe, à Brieg, à Gleiwitz, etc., par le professeur Brandes et plusieurs de ses élèves, ont donné jusqu'à 500 milles anglais (environ 200 lieues de poste) pour la hauteur de certaines étoiles filantes. La vitesse apparente de ces météores s'est trouvée quelquefois de 36 milles (12 lieues) par seconde. C'est à peu près le double de la vitesse de translation de la terre autour du soleil. Ainsi, alors même qu'on voudrait prendre la moitié de cette vitesse apparente pour une illusion, pour un effet du mouvement de translation de la terre dans son orbite, il resterait 6 lieues à la seconde pour la vitesse réelle de l'étoile. Six lieues à la seconde est une vitesse plus grande que celle de toutes les planètes supérieures, la terre exceptée. » Le même savant rapporte plusieurs apparitions, parmi lesquelles, celle observée en Amérique, dans la nuit du 12 au 13 novembre 1833, est digne d'une attention particulière. « . . . Ces météores se succédaient à de si courts intervalles qu'on n'aurait pas pu les compter ; des évaluations modérées portent leur nombre à des centaines de mille. On les aperçut le long de la côte orientale de l'Amérique, depuis le golfe du Mexique jusqu'à Halifax ; depuis 9 heures du soir jusqu'au lever du soleil, et même, dans quelques endroits, en plein jour, à 8 heures du matin. *Tous ces météores partaient d'un même point du ciel* situé près de γ du Lion, et cela, quelle que fût d'ailleurs, par l'effet du mouvement diurne de la sphère, la position de cette étoile. . . Les étoiles étaient si nombreuses, elles se montraient dans tant de régions du ciel à la fois, qu'en essayant de les compter on ne pouvait guère espérer d'arriver qu'à de grossières approximations. L'observateur de Boston les assimilait, au moment du maximum, à la moitié du nombre de flocons qu'on aperçoit dans l'air pendant une averse ordinaire de neige. Lorsque le phénomène se fut considérablement affaibli, il compta 650 étoiles en 15 minutes, quoiqu'il circonscrivît ses remarques à une zone qui n'était pas le dixième de l'horizon visible. Ce nombre, suivant lui, n'était que les deux tiers du total ; ainsi il aurait dû trouver 866, et pour tout l'hémisphère visible 8660. Ce dernier chiffre donnerait 34,640 étoiles par heure. Or, le phénomène dura plus de 7 heures ; donc le nombre de celles qui se montrèrent à Boston dépasse 240,000 ; car, on ne doit pas l'oublier, les bases de ce calcul furent recueillies à une époque où le phénomène était déjà notablement dans son déclin. »

Les bolides se consument dans l'atmosphère, parce que la grande compression de l'air au devant d'eux se trouve être des milliers de fois plus considérable qu'à l'égard d'un boulet de canon ; d'où il résulte une haute température, en même temps que le frottement excessif de l'air détache des particules qui brûlent aussitôt en formant la traînée lumineuse.

La vitesse angulaire variable d'un bolide explique les changements de son diamètre apparent, indépendamment de la diminution due à la combustion.

On a observé des bolides à 16 kilomètres de la surface terrestre, et d'autres à 200 kilomètres. Les régions où ils se meuvent ont une hauteur moyenne de 100 kilomètres à peu près. Les vitesses observées sont comparables à celle de la terre dans son orbite ; c'est ce qui explique leur incandescence, malgré la grande rareté de l'air dans ces régions. Il y en a, ainsi que des étoiles filantes, qui parcourent de grandes distances, embrassant presque la largeur de l'horizon, tandis que d'autres météores décrivent seulement des arcs très-petits. Les plus remarquables sont ceux que l'on voit dans les hauteurs zénithales.

M. Coulvier-Gravier, qui s'occupe spécialement

des observations d'étoiles filantes et de bolides, a fait de nombreuses communications à l'Académie des sciences. En 1859, il constatait un total de 281 bolides répartis ainsi qu'il suit : 42 globes de première grandeur; 61 de deuxième grandeur, et 178 de troisième grandeur. « Les 42 globes de première grandeur ont fait un total de 1594 degrés de course : moyenne 36°,5. Les 61 globes de deuxième grandeur ont fait un total de 1584 degrés de course : moyenne 25°,9. Les 178 globes de troisième grandeur ont fait un total de 3735 degrés de course : moyenne 21°,1. Enfin les 281 globes ont fait ensemble un total de 6913 degrés de course : moyenne 24°,6. »

Voici un résumé des résultats obtenus par cet observateur. Le maximum des étoiles filantes s'observe toujours du 9 au 10 août de chaque année. Ainsi, en 1852, par exemple, le nombre horaire à minuit était pour le 10 de 63 étoiles; le 11, il était de 50 ; le 12, de 48 et le 13 de 43.

Ce maximum, quoique périodique, s'affaiblit d'année en année. L'année 1848, dit-il, a été la plus abondante en météores; mais depuis cette année remarquable (où le nombre horaire maximum est 113), le. nombre horaire s'abaisse progressivement jusqu'à un minimum que l'on ne peut encore prévoir, mais qui probablement ne dépassera pas le nombre 15.

Les plus anciennes observations sur les météores des 9, 10, 11 août sont celles que Patrin fit en 1800, et d'où l'on peut conclure le nombre horaire 20 pour cette époque. La moyenne générale pour les 9, 10, 11 août 1859 est 38,3. Cette moyenne est 52,2 pour les mêmes dates de l'année 1860.

Le 16 novembre 1863, M. Coulvier-Gravier communiquait à l'Académie des sciences un mémoire dont nous donnons l'extrait suivant :

« L'Académie, je l'espère, n'a pas oublié les nombreux planisphères que j'ai eu l'honneur de faire passer sous ses yeux, et les rapports favorables de ses commissions. Je me permettrai, cependant, de lui rappeler que, dans ces communcations, j'ai, entre autres résultats nouveaux, fait connaître la variation horaire des étoiles filantes, qui n'avait pas même été soupçonnée jusqu'alors; que j'ai établi les époques des maximum et des minimum; qu'enfin, pour le maximum du 12 au 13 novembre regardé par quelques astronomes comme toujours aussi brillant qu'en 1799 et 1833, j'ai fait voir qu'il avait disparu complétement pour faire place à un véritable minimum. Cette communication a été faite il y a environ quinze ans, et il n'en a pas fallu moins de dix pour obtenir des astronomes étrangers l'aveu que ce maximum n'était plus que l'ombre de lui-même.

« L'Académie sait aussi avec quel soin, quelle persévérance j'ai suivi les grandes apparitions d'août dont j'ai tracé avec précision la marche ascendante et descendante. Les cartes particulières que j'ai dressées pour les nuits des 9, 10 et 11 août, tendent à faire voir qu'il n'existe pas de point radiant particulier.

« La dernière partie du Mémoire que j'ai l'honneur de soumettre aujourd'hui au jugement de l'Académie, est consacrée à un examen des divers systèmes météorologiques qu'on avait essayés autrefois et qu'on essaye encore aujourd'hui. Les anciens, privés d'instruments, n'avaient pu porter leur attention que sur les images, les vents, le soleil, la lune, etc., sans oublier les étoiles filantes ; mais comme toutes ces observations n'avaient pas été suivies constamment, la science météorologique en avait souffert. Je ne parlerai pas du système lunaire, car l'Académie sait que tous ceux qui ont voulu le mettre en pratique n'ont trouvé en fin de compte qu'un résultat entièrement négatif.

« Si chacun prend un intérêt si vif à la météorologie, c'est que, sous ce rapport, il lui importe, en bien des circonstances, de connaître ce qu'il doit craindre ou espérer de l'arrivée successive des produits météoriques. Il s'agissait donc de trouver le meilleur moyen de satisfaire ce désir si légitime. Le moyen tant cherché ne pouvait s'obtenir par un travail purement de cabinet ou de statistique : c'était dans une observation complète de tous les météores vus dans toutes les couches, régions et zones atmosphériques, aussi loin qu'il était permis à la vue de l'homme d'aller les chercher. L'Académie sait, par toutes nos communications, en quoi consiste mon système météorique, je n'y reviendrai pas ; je dirai seulement que ce qu'il était important de découvrir, c'était le signe précurseur de toutes les oscillations barométriques, et c'est ce que j'ai obtenu. Ce signe précurseur, recueilli dans le ciel des météores filants, nous renseigne non-seulement sur la hausse ou la baisse du baromètre, mais de plus il nous donne en même temps le complément des renseignements qui nous sont indispensables afin de bien connaître la force du météore qui va se produire.

« L'Académie a vu surtout, par l'album météorique que j'ai eu l'honneur de lui présenter en avril dernier, comment la hauteur des eaux de la Seine (en ne nous occupant que de ce qui se passe dans la région où se font les observations) était en rapport avec la marche des résultantes des étoiles filantes et de leurs perturbations ; elle a vu aussi qu'il en était de même pour la chaleur et pour le froid. Enfin, elle a vu qu'en résultat final la prévision totale des produits météoriques obtenus à la fin d'avril se réalisait dans les mois suivants.

« Qu'il me soit permis, d'ailleurs, de faire remarquer que, dans mes premières notes comme dans mes publications plus récentes, j'ai toujours recommandé de ne pas se borner aux seules observations fournies par les instruments météorologiques, mais d'y ajouter au moins, à défaut des observations d'étoiles filantes, celles des différentes couches de nuages, indiquant que ce serait là un faible progrès en météorologie, mais enfin que ce serait un progrès pour la science pratique. L'Angleterre s'est emparée de cet avis si souvent répété, et elle a pu en tirer quelque profit; seulement, nous pensons qu'elle a eu tort de ne pas faire un essai d'observations d'étoiles filantes, qui auraient été le complément des mesures adoptées par l'Amirauté.

« Je terminerai mon mémoire en annonçant à l'Académie que le nombre horaire moyen d'étoiles filantes, ramené à minuit par un ciel serein, qui, en 1833, était de 130, et qui, depuis, était descendu à 9 et 11, est remonté, le 12 et le 13 novembre de cette année, à 16,7, ce qui montre que ce phénomène, comme celui d'août, reprend une marche ascendante. »

M. Coulvier-Gravier ne partage pas l'opinion des savants qui regardent les étoiles filantes comme des satellites de la terre; car, dit-il, une fois brûlés, il ne reste plus qu'un résidu de matières qui finissent par faire partie de notre globe.

Le ciel le plus beau ne nuit en rien à l'apparition des étoiles filantes dites *mouillées*, nommées ainsi par cet observateur parce qu'elles sont comme étouffées dans une masse d'eau, et que plus leur nombre est considérable, plus on est menacé de pluies abondantes.

Il en est de même, continue cet auteur (*Précis sur les météores,* etc.), pour les étoiles filantes qui paraissent et disparaissent à l'instant sans degré appréciable de course. L'humidité de l'air est donc la seule cause qui nuit à leur combustion et les étouffe à l'instant même où elles se montrent. Ceci est encore une preuve de plus qu'elles ne sont pas dues à la matière électrique. Quant à l'humidité de l'air à des distances très-grandes dans les hauteurs les plus élevées de l'atmosphère, elle est attestée par les aéronautes.

Nous dirons en passant, en ne nous occupant que de cette dernière opinion de M. Coulvier-Gravier, que nous ne sommes pas de son avis. Nous pourrions citer telle ascension célèbre, de laquelle il résulterait que, plus on s'élève, moins l'air est humide, et que la sécheresse peut devenir telle, que certaines substances hygrométriques, et même le papier et le parchemin, se crispent et se contournent, à cause de la siccité extrême qu'ils éprouvent dans ces régions.

Pour en terminer avec les observations de M. Coulvier-Gravier, nous ajouterons qu'il a remarqué que, plus les étoiles filantes sont nombreuses, plus la pluie est abondante; elles annoncent aussi les vents. Il attribue leur apparition à une force venant du sud, mais pouvant être troublée par une autre force d'un sens différent, indice de changements de temps. En un mot, cet observateur prend la météorologie *d'en haut;* il prétend qu'en la prenant *par en bas*, on ne peut arriver à rien de positif pour les prédictions à faire sur le temps. Nous sommes loin certainement de contester cette dernière opinion, mais nous ne sommes pas encore en état de nous prononcer sur la valeur des méthodes dont l'observateur du Luxembourg prétend tirer les inductions relatives aux annonces des changements de temps.

La science météorologique a été, dans ces derniers temps, l'occasion d'un trop grand nombre d'opinions hasardées, sa fondation est d'ailleurs trop récente pour qu'on puisse raisonnablement prétendre à en tirer ce que l'on ne saura peut-être jamais d'une manière précise.

Parmi les observations intéressantes que nous pourrions citer concernant les bolides, nous en choisirons une de M. Petit, publiée le 13 juin 1853.

Ce corps fut aperçu vers 9 heures 15 minutes du soir dans plusieurs villes du nord de la France, à Paris, à Rouen, à Caen, à Montfort (Sarthe), à Provins, à Meaux, au Havre, etc.; mais les seules observations que l'auteur ait pu se procurer sont celles de Rouen, de Caen et de Montfort. Vitesse relative au centre de la terre, $25^{k},92617$. Vitesse absolue dans l'espace, $43^{k},94686$. On voit d'après cela que les points de la trajectoire du bolide où ce corps a pu être aperçu se trouvent situés dans des couches atmosphériques dont la densité est déjà assez sensible. L'inflammation n'aurait pas eu lieu plus haut cette fois, sans doute parce que la vitesse du bolide était peu considérable. Le diamètre de ces corps devait être très-gros, puisque les mesures assigneraient des diamètres d'environ 300 mètres à chacun des huit ou dix globules qui s'en détachèrent. La forme des globules et diverses autres particularités permettraient de penser que le bolide était en partie gazeux, qu'il s'est même éteint et enflammé plusieurs fois en traversant l'atmosphère. Quant à la marche réelle du météore, M. Petit a obtenu des orbites hyperboliques soit autour de la terre, soit autour du soleil, à l'instant de l'apparition. Mais, en remontant au moment où l'action de la terre commence à se faire sentir, et en suivant le bolide jusqu'à l'époque où cette action est devenue insensible après l'apparition, il a trouvé qu'il se mouvait primitivement dans une ellipse autour du soleil, tandis que l'orbite définitive, dans laquelle il a dû se mouvoir après avoir échappé à l'influence de notre planète, était restée hyperbolique. Malgré la concordance des trois observations et le degré de probabilité qui en est la conséquence, il s'empresse de reconnaître qu'on ne saurait apporter trop de réserve dans les conclusions relatives à des recherches si délicates, et où les causes d'erreur sont d'ailleurs malheureusement trop nombreuses. Cependant, s'il était permis de généraliser les résultats fournis par le bolide dont il s'occupe et ceux qu'il a déduits de quelques autres bolides, on pourrait conclure que le passage des astéroïdes dans le voisinage de la terre tend à augmenter graduellement les excentricités ou les dimensions de leurs orbites; de telle sorte que, si leur assemblage forme, comme tout autorise à le supposer, plusieurs anneaux météoriques autour du soleil, ceux de ces anneaux qui ont quelques-uns de leurs points près de l'orbite de la terre devraient à la longue finir par se disperser et par disparaître entièrement dans l'espace. Dès lors aussi leur influence, aujourd'hui incontestable sur les températures terrestres et sur certains phénomènes météorologiques, devrait aller en se modifiant graduellement, et donner naissance, dans de très-longs intervalles de temps, comme par exemple le mouvement de l'apogée solaire, à des changements qu'il serait, ce semble, d'un haut intérêt de pouvoir étudier et de prédire à coup sûr.

Pour achever de se faire une juste idée de l'état où se trouve la question des étoiles filantes, nous allons donner un extrait d'une communication de M. Andrès Poey, qui depuis un certain nombre d'années observe à la Havane avec un zèle soutenu. Ses dernières observations sont du 24 juillet au 11 août 1862 ; il en résulte, sous cette latitude, une non-existence du retour périodique du 10 au 11 août.

« Il y a aujourd'hui treize ans que j'observais les étoiles filantes au retour périodique du 12 au 13 novembre 1849, et l'année suivante, en 1850, celui du 10 au 11 août, et, pendant ces deux nuits, je ne pùs remarquer aucune augmentation dans le nombre horaire des météores que l'on peut compter sous cette latitude durant les nuits ordinaires. Depuis, de fréquentes absences de l'île à ces époques déterminées de l'année, un état nuageux du ciel peu favorable à cette étude et autres circonstances imprévues ne m'avaient point permis jusqu'à présent de renouveler ces observations. Désirant cependant confirmer ce fait avant de le porter à la connaissance des savants, je commençai, dès le 24 juillet dernier, à observer toutes les nuits, pendant quatre ou cinq heures et sans interruption, depuis 11 heures du soir jusqu'à 3 heures du matin, afin de pouvoir saisir la loi d'après laquelle le nombre horaire des étoiles filantes augmente au retour périodique jusqu'à l'apparition maximum de la nuit du 10 au 11 août. Étant seul à observer, je dus me limiter à l'exploration uniquement de l'hémisphère boréal, pouvant à la fois embrasser au zénith la partie équatoriale et l'écliptique. J'étais commodément situé sur la terrasse élevée de l'observatoire et sans être dominé par aucun obstacle. Des observations précédentes m'avaient déjà appris que le nombre des étoiles filantes aperçues sous le ciel austral pouvait être évalué, en terme moyen, au tiers de celles vues vers le ciel boréal, de sorte que la perte des premières n'était point d'une très-grande valeur. »

Suit un tableau qui embrasse le nombre horaire de 884 étoiles filantes observées depuis la nuit du 24 juillet à celle du 11 août sous l'hémisphère boréal et jusqu'au zénith. On voit, d'après ce tableau : 1° un maximum d'étoiles filantes dans la nuit du 28 au 29 juillet; 2° qu'à partir de ce jour, le nombre a été par degré décroissant sans que l'on puisse entièrement attribuer cette marche ni à la présence de la lune ni à l'état nuageux du ciel; 3° que par conséquent le maximum du retour périodique du 10 au 11 août a offert au contraire un minimum assez tranché; 4° que le maximum horaire s'est effectué de 2 heures à 3 heures, puis de 12 heures à 1 heure. D'après le nombre des météores vus le jour de la pleine lune, la veille et le lendemain, M. Coulvier-Gravier conclut que la lumière de notre satellite efface à peu près les trois cinquièmes du nombre des étoiles filantes que l'on aurait observées en son absence. Ainsi, même avec l'augmentation des trois cinquièmes, le maximum de la nuit du 10 au 11 août est encore inférieur de 13 étoiles filantes à celui de la nuit du 28 au 29 juillet, après avoir retranché les vingt premiers météores vus de 8 heures à 9 heures, et les treize autres de 3 heures à 3 heures 30 minutes du matin. Il est à remarquer que la très-grande majorité des étoiles filantes convergeaient vers la constellation de Cassiopée et Céphée, du S. E. au S. O., et par conséquent contrairement à la rotation diurne de la terre. Sur un premier maximum de trois cent vingt-cinq cas de trajectoires du S. E., il y eut, du 24 juillet au 10 août, un second maximum dans chaque nuit des directions suivantes : du nord, deux cas; N. E., 34; S., 41; S. O., 80; N. O., 3 : total, 160. De sorte qu'après le S. E., la direction qui a le plus prédominé est celle du S. O. L'état nuageux du ciel aux nuits indiquées ci-dessus n'a été que partiel et même passager, surtout vers les constellations de Cassiopée et de Céphée, où la plupart des étoiles filantes se dirigeaient. Si le retour périodique du 10 au 11 août ne se produisit point, ou, mieux dit, fut invisible dans cette latitude, ne pourrait-on pas expliquer ce fait par la différence de longitude entre Paris, par exemple, et la Havane, différence de cinq heures à peu près qui ne permettrait pas de voir ici les mêmes étoiles filantes que l'on aperçoit en Europe, surtout si l'on tient compte de la hauteur à laquelle ces météores s'engendrent ou traversent notre atmosphère, et qui serait d'environ 100 kilomètres en moyenne, d'après leurs parallaxes dernièrement calculées par le R. P. Secchi, à l'aide du télescope? Or, lorsqu'à Paris il serait minuit, que l'on verrait les étoiles filantes en grand nombre rayonner de la constellation de Cassiopée ou de Persée, et atteindre son maximum d'apparition, ici, au contraire, nous aurions sept heures du soir, le crépuscule serait encore sensible, et lesdites constellations se trouveraient alors très-proches et sous l'horizon. Lorsque M. Olmstedt découvrit en 1833 le retour périodique de ces météores du 12 au 13 novembre, radiant principalement de la constellation du Lion, il affirma, et à chaque anniversaire de novembre, qu'aucune étoile filante ne se montrait avant minuit, mais qu'aussitôt le Lion levé, quelque gros météore donnait comme le signal de cette apparition périodique. Plusieurs savants adhérèrent à cette idée. N'en serait-il point de même sous la longitude de 76° 4′ 34″ de Cadix, et la latitude de 23° 9′ 26″ de la Havane?

« Parmi les 884 étoiles filantes observées, il n'y en avait relativement qu'un très-petit nombre de première grandeur, et aucune qui offrît quelque particularité remarquable, comme de se briser en fragments, etc., etc. Ceci est un fait digne de remarque, que j'ai souvent vérifié par des observations comparatives faites sous les hautes latitudes d'Europe et des Etats-Unis, et qui pourrait être pris en considération par la suite quant à la théorie de ces météores mystérieux. Plusieurs auteurs se sont souvent efforcés d'établir certaines relations entre l'apparition des retours périodiques des étoiles filantes des mois d'août et de novembre, des aurores boréales et des perturbations magnétiques. L'Académie apprendra donc avec intérêt qu'une magnifique aurore fut visible à New-York, le 2 août, après minuit. Elle s'étendit du N. E. à l'O., et l'on vit de brillantes rafales, semblables à de petits nuages illuminés par la lune ; de ces points lumineux se détachaient des flammes phosphorescentes pareilles aux éclairs sans tonnerre des nuits d'été, quoique moins intenses et passagères. Ces éclairs s'élevaient jusqu'au zénith et paraissaient être le produit de milliers de petites machines à vapeur à haute pression. La partie nord était couverte d'une nappe de lumière de couleur blanchâtre jusqu'à 15 degrés au-dessus de l'horizon. L'est était embrasé par des détachements phosphorescents moins brillants que les flammes ardentes qui parcouraient l'ouest. D'un autre côté, les magnétomètres n'ont offert ici aucune perturbation, ni la nuit de l'aurore boréale, ni celle du retour périodique des étoiles filantes... »

M. Faye a communiqué dernièrement à l'Académie des sciences (14 septembre 1863) le résultat des observations que M. E. Heis, de Munster, lui a adressées.

	Les.....	8	9	10	11	12	13 et	14 août.	
M. Heis	9 à 10 h.	26	41	93	24	45	33	18	étoiles.
a observé	10 à 11 h.	67	57	144	90	54	44	29	—
de	11 à 12 h.	58	61	165	98	98	44		—

En ramenant ces chiffres aux nombres horaires de M. Coulvier-Gravier, M. Faye en déduit pour ces époques :

Les.......	8	9	10	11	12	13 et	14 août.	
A Munster......	68	74	174	92	78	57	36	étoiles.
A Paris.........	27	31	121	49	46	38	21	—

En comparant les courbes qui expriment la loi de variation, on les trouve presque identiques : c'est à 10 h. 54 m. qu'aurait eu lieu le maximum horaire moyen.

Enfin, dans l'un des derniers numéros du *Cosmos* (20 nov. 1863), nous lisons la note suivante, à propos d'une communication de M. Faye, sur la production artificielle d'un minéral trouvé dans les aérolithes.

On sait les vues nouvelles qu'a récemment exposées M. Faye sur les météores. Ce sont de petites masses interplanétaires circulant autour du Soleil, et pouvant être entraînées dans la sphère d'action de la Terre vers les 10, 11, 12 août. Peut-on, par l'analyse chimique, accroître les probabilités en faveur de cette hypothèse?... Les aérolithes ont une composition chimique qui tend à prouver qu'ils n'ont pas une origine terrestre; ainsi ils renferment souvent un minéral assez complexe et inconnu sur terre. Les aérolithes, si réellement ils traversent, comme M. Faye le pense, les couches supérieures de notre atmosphère, doivent, en raison de la grande chaleur développée par le frottement, éprouver des traces de fusion et même donner lieu à des combinaisons chimiques.

M. Faye s'est proposé de reproduire artificiellement le minéral trouvé dans les aérolithes en mettant simplement en présence, à une haute température, les éléments qui les composent. Si l'essai réussit, évidemment il était en droit de dire qu'il y aurait là une première confirmation de la théorie. Or, l'essai a réussi. M. Faye, en commun avec M. Charles Deville, a cherché à produire artificiellement le minéral connu dans certains catalogues sous le nom de *shréibersite*, et dans d'autres sous celui de *dyslitite*. Il répond dans ce dernier cas à la formule $Ni^2 Fe^4 Ph$. On a réduit par le charbon un mélange de sesquioxyde de fer, de nickel, de pyrophosphate de soude et de silice. Voici les proportions mises dans un creuset brasqué :

$Fe^2 O^3$	8	grammes.
Ni O	3	—
Ph O^5, Na O, 10 HO	10,1	—
Si	6.	—
C	2	—

Le mélange a été porté à la chaleur blanche. On a bientôt retiré de la brasque un culot de verre avec paillettes jaunes cristallines, inattaquables par l'acide fluorhydrique, et possédant toutes les propriétés physiques et chimiques de la dyslitite.

Les espérances qu'on avait fondées sur les observations des météores ignés, pour fixer les limites de notre atmosphère, n'ont pu être réalisées jusqu'ici. La hauteur de 12 ou 15 lieues soupçonnée par les modernes est-elle plus vraisemblable que les conséquences tirées de la théorie de Descartes? Tout ce qu'on peut dire, c'est que, si jamais le génie scientifique de l'homme s'est montré dans toute sa vigueur, c'est certainement en produisant la théorie des tourbillons. Rien de plus hardi, de plus rationnel, n'avait paru avant Descartes. Ce grand philosophe, voyant que tout était matière dans le monde, admit le plein absolu, et fit tourbillonner l'univers autour de centres attractifs formant des systèmes plus ou moins complexes. Après lui, le grand Newton vint renverser à tout jamais un système qui avait nécessairement dû précéder l'attraction universelle dans les transformations progressives de la science. Aux espaces remplis succéda le vide dans les profondeurs immenses qui séparent les corps célestes, aussi bien dans les régions stellaires et nébuleuses qu'au milieu de notre système solaire lui-même. Puis, pour ne pas démentir cette opinion qui fait soutenir aux philosophes toutes les thèses imaginables, la supposition de l'éther fut une espèce de terme moyen qui, tout en laissant les astres se mouvoir dans un milieu non résistant, venait permettre aux savants de se tirer d'affaire, pour expliquer les phénomènes variés de la lumière, de la chaleur, etc.

En ce moment, voilà qu'une autre hypothèse est émise par M. Hœfer ; nous la donnons ici telle qu'on la trouve dans le *Cosmos* du 31 juillet 1863 :

« Ceux qui se sont occupés de la figure de la Terre n'avaient en vue que sa masse tangible. L'air, cependant, est aussi de la matière, au même titre que l'eau et les corps solides. Eh bien, cet immense océan dont nous sommes les crustacés, comment se termine-t-il? Quelle est sa surface? On l'ignore absolument. Nous savons seulement qu'il y a des courants variables, réguliers et irréguliers, qu'il y a même les marées, exactement comme dans l'Océan, où grouillent des animaux aquatiques. Selon toutes les probabilités, l'atmosphère est tout entière comprise dans le disque lumineux sous lequel apparaîtrait notre terre à celui qui la verrait, par exemple, de la lune.... De même que la terre proprement dite est enveloppée d'un océan gazeux qui tient en dissolution ou en suspension toutes les substances vaporisables (solides et liquides) avec lesquelles il se trouve en contact, de même aussi cet océan est environné d'une autre atmosphère, composée à son tour des matières les plus subtiles de toutes les couches subjacentes. Rien n'empêche de supposer que la seconde atmosphère soit entourée d'une troisième, d'une quatrième, etc. Cette hypothèse aurait l'avantage de rétablir naturellement la continuité de la matière et du mouvement, sans l'intervention de ce *deus ex machina*, qu'on est convenu d'appeler *éther*.

« C'est ainsi que nous arriverons à faire communiquer de proche en proche tous les atomes (planètes, satellites, etc.) entre eux et avec l'atome central de notre *molécule-monde*, qui n'est elle-même que l'infinitésimale d'un composé qu'on appelle nébuleux ou univers. C'est ainsi que nous approchons du point vital de l'œuf. Quand les physiciens auront saisi la vraie forme de notre atome planétaire au milieu des oscillations de ses atomes concomitants, ainsi que de toutes les molécules solidaires (atomes composés) de notre univers, les embryologistes auront mis la main sur le point initial de la vie. Mais cela ne sera pas encore dans l'an 3000, malgré tout le secours des mathématiques transcendantes, puissant et magnifique levier de la pensée humaine. »

Il est facile de voir que ces idées rentrent dans la théorie des tourbillons; mais il y a cette différence capitale : c'est que Descartes place à la limite de chaque système la matière la plus dense, tandis que c'est le contraire dans l'hypothèse qui vient d'être décrite, laquelle ne manque pas seulement d'originalité, mais encore de base positive, aussi bien physiquement que théoriquement.

D'après ce qui précède, nous pouvons facilement

conclure qu'on ne sait pas grand'chose sur les météores qui viennent de nous occuper. On sait à peu près les limites des hauteurs où ils se montrent ainsi que celles de leurs vitesses ; on sait qu'ils existent en très-grand nombre, et on connaît la composition de quelques aérolithes arrivés jusqu'à la surface du sol. Voilà la partie positive de cette question importante. Quant à sa partie négative, il est facile d'en parcourir l'étendue. On ne connaît pas les masses des étoiles filantes ni leurs volumes; on n'a aucune idée de ce qu'elles peuvent être au moment où ces corps entrent dans notre atmosphère, et ces météores n'ont pu servir jusqu'ici à trouver sa hauteur. On ignore leur disposition et leur rôle dans le système solaire, bien qu'on ait supposé tout à fait gratuitement qu'ils formaient des anneaux, invisibles pour nous à cause des grandes vitesses dont ils sont animés, mais qui pourraient bien être visibles pour quelqu'un se trouvant dans les mondes de Mars, Jupiter ou Saturne. Le nombre de ces corpuscules est immense, avons-nous dit ; leur influence sur l'orbite de la terre serait tellement sensible, d'après M. Le Verrier, qu'il faudrait, pour en rendre compte, estimer leur masse à la dixième partie de celle de la terre.

Telle serait donc la destinée de notre globe, qu'après avoir subi toutes les transformations qui ont fini par rendre sa surface habitable, il arriverait un moment où sa masse serait notablement plus grande que celle d'aujourd'hui, quand cette infinité de projectiles se trouveraient absorbés par notre planète. Et tous ces satellites, dont l'origine inconnue a été rattachée à la matière cosmique, constituent l'un des problèmes les plus difficiles à résoudre, car ce problème dépend du système cosmogonique tant cherché depuis la connaissance de la gravitation universelle.

CHAPITRE XI

Sirius et son compagnon. Bessel. — Comète de Donati. M. Bond. Comètes de 1862. — M. Tuttle. M. Chacornac. — Théorie de la force répulsive de M. Faye. M. Roche, etc. — Analyse spectrale des astres. Wollaston. Fraunhofer. J. Herschell. M. Donati, etc. MM. Kirchhoff et Bunsen.

Dans l'exposition que nous avons faite jusqu'ici des découvertes astronomiques, nous avons dû passer légèrement sur quelques-unes de celles qui appartiennent à ces derniers temps. Leur développement, avons-nous dit, exigeait une mention spéciale, non-seulement à cause de leur étendue, mais encore en raison de l'importance qu'elles ont acquise par des observations suivies, précises, et par les théories qui en ont été la suite.

La découverte du compagnon de Sirius, les études faites sur la constitution des comètes, et la nouvelle théorie de M. Faye, rendant compte des mouvements et des apparences présentés par ces astres, l'analyse spectrale, etc., sont les conquêtes dont l'astronomie vient de s'enrichir. N'ayant pu que les énoncer sommairement, il faut bien compléter notre tâche, en les traitant d'une façon élémentaire, afin que chacun puisse se former des idées exactes sur leur nature et sur leur valeur.

Sirius est la plus belle étoile du ciel; elle appartient à la constellation du *Grand Chien*, et brille non loin d'*Orion*, dans les soirées d'hiver; sa déclinaison australe est d'environ 16 degrés et demi.

En examinant le mouvement propre de Sirius et de *Procyon* (α du Petit Chien), *Bessel* reconnut des irrégularités périodiques qu'il ne pouvait expliquer que par l'influence, sur chacun de ces astres, d'une étoile obscure, très-rapprochée et agissant par attraction.

M. *Peters*, s'étant occupé du mouvement de Sirius, trouva que cette étoile trace en un demi-siècle une orbite elliptique très-allongée autour d'un centre de gravité accusant l'existence d'un astre invisible, dont le mouvement serait lié à celui de l'étoile brillante par les lois de l'attraction universelle. Deux autres savants, MM. *Safford* et *Auwers*, ont vérifié l'exactitude des résultats obtenus par M. Peters. Le grand axe de l'orbite de Sirius est de 5 secondes et son petit axe a 3 secondes. Son compagnon se trouve situé à plus de 4 secondes, le centre étant lui-même à cette distance de l'étoile et à sa gauche.

Mais un tel résultat, tout mathématique qu'il fût, exigeait qu'on vît la planète invisible, autant pour vaincre entièrement l'incrédulité, que pour vérifier l'extension des lois de l'attraction, dans ces régions incommensurables de l'espace et accessibles à nos regards. Le compagnon de Sirius fut aperçu pour la première fois par M. *Alvan Clark*, le 31 janvier 1862. Il a été observé depuis à Paris, en Angleterre et ailleurs. Le *fait* est donc venu confirmer la théorie; il est démontré maintenant que les étoiles possèdent les propriétés de la matière qui compose notre système solaire, comme l'examen des étoiles multiples le disait déjà.

On se rappelle l'apparition, en 1858, de la belle comète de *Donati*, qui fut observée en Amérique avec un soin tout particulier. Les dessins qui en furent faits sont de la plus grande beauté; ils permettent de suivre facilement les phases présentées par cet astre chevelu. Depuis cette époque, les observations des comètes furent continuées avec une attention soutenue; et aucune de leurs particularités n'échappa à l'habileté des observateurs.

MM. *Bond* ont suivi soigneusement la comète de Donati à Harvard-Collége, avec un réfracteur de Munich, ayant plus de 6 mètres de foyer et 40 centimètres d'ouverture. Les dessins qu'ils ont fait graver sur acier résultent de leurs observations et de toutes celles qui ont été faites sur le même astre; ils sont d'un fini qui ne laisse rien à désirer. M. C.-P. Bond, actuellement directeur de l'observatoire de Cambridge (Massachusetts), a déterminé la forme du contour de la chevelure, et il a trouvé qu'elle est exactement une chaînette, au moins dans une grande partie de sa courbure. On sait que la chaînette est formée par un fil pesant, homogène et d'une épaisseur constante, suspendu à deux points fixes; cette courbe diffère de la parabole, qui, par sa rotation autour de son axe, engendre la paraboloïde de révolution. Or, c'est cette dernière forme qu'on avait jusque-là attribuée à l'enveloppe de la tête des comètes, autrement dit à la chevelure. Dans les émissions de matière cométaire entretenues par le noyau et formant les enveloppes de la tête vers le soleil, M. Bond a remarqué que le noyau de la comète de Donati augmentait d'éclat avant de fournir des aliments nouveaux à ces enveloppes. En rapprochant cette éruption de celle des volcans, M. Faye s'exprime ainsi : « La forme de la colonne de fumée et des couches de cendres étagées comme lés branches d'un pin immense, présente en effet quelque analogie avec l'émission antérieure et les couches dont nous venons de parler. Mais les différences sont encore plus saillantes que les analogies, car dans les phénomènes volcaniques les forces en jeu sont exclusivement propres au noyau terrestre, tandis que dans les phénomènes cométaires l'attraction solaire lutte contre celle du noyau pour y déterminer en deux points la rupture de ses couches de niveau ; et la répulsion solaire, autre force extérieure, exerce sur tout le reste du phénomène une influence prépondérante ; enfin les branches du pin cométaire ne sont pas, comme les cendres d'un volcan, tenues en suspension momentanée par une atmosphère, mais par le jeu de deux forces opposées. » Ces émissions ont lieu en deux points opposés, quand le noyau décrit la portion de sa trajectoire la plus rapprochée du soleil. L'émission nucléale brillante, tournée vers le soleil, a reçu de M. Faye la dénomination de *cyathiforme* (d'un calice), pour remplacer celles d'*aigrette*, d'*éventail* et de *secteur lumineux*. L'autre émission, opposée à la première, est *conoïde;* son intérieur est obscur et s'étend dans presque toute la longueur de la queue, suivant sa courbure et pouvant se bifurquer.

Les comètes qui ont suivi celle de Donati ont été l'objet d'observations et de descriptions très-curieuses; mais, pour ne pas trop nous étendre, nous parlerons de suite des comètes de l'année 1862 ; elles sont au nombre de quatre. Les deux premières seulement ont fourni aux astronomes l'occasion de faire des études sérieuses sur la constitution de ces astres. Les variations curieuses observées dans la forme de la deuxième de ces comètes ont été rattachées par M. Faye à sa théorie basée sur la force répulsive qui émanerait du soleil.

La première comète de 1862 a été aperçue d'abord à Athènes par M. *Schmidt*, le 2 juillet. Sa forme était celle d'une nébulosité irrégulière, sans queue et sans noyau. Cet astronome a vu des petites étoiles de la Voie lactée à travers sa nébulosité, dont le centre était, à la date du 7 juillet, à une distance de quelques secondes d'une étoile de cinquième grandeur; celle-ci effaça complétement la lumière cométaire pendant plusieurs minutes. Cette comète n'est pas périodique; d'après M. *Seeling*, son orbite serait parabolique et inclinée de 8 degrés sur l'écliptique. Son mouvement a été trouvé rétrograde, et sa distance à la terre était de 4 millions de lieues vers le 4 juillet. Notre globe s'est trouvé, le 15 août, au point de sa trajectoire, où, deux mois et demi auparavant, la comète en traversait le plan à une distance de 700,000 lieues.

La seconde comète de 1862 a été découverte le 18 juillet à Cambridge (États-Unis) par M. *Tuttle*. Elle occupait à ce moment le centre de la constellation de la *Girafe*, près du pôle boréal. A partir du 22 juillet, elle fut vue en Europe, et M. *Bulard* la signalait en Afrique, le 1er août, par 6 heures d'ascension droite et 73 degrés d'inclinaison, c'est-à-dire à 17 degrés du pôle nord. A la fin du même mois, elle était au milieu de la couronne boréale ; et, après avoir dépassé l'équateur, elle devenait invisible pour notre hémisphère, vers la fin du mois de septembre. Cette comète est périodique ; mais les rapprochements qu'on a faits avec d'anciennes apparitions ne permettent pas encore de l'assimiler à quelque ancien astre chevelu.

M. *Chacornac* l'observa assidûment ; le 10 août, son noyau était allongé vers le soleil. « Je n'avais pas encore observé, dit-il, l'allongement dans ce sens du noyau des comètes ; la grande comète de 1858, celle de 1861 offrirent toutes deux le phénomène contraire ; le petit diamètre de leur noyau était dirigé suivant le rayon vecteur. Le noyau de la comète émet périodiquement, dans la direction du soleil, un jet gazeux d'où s'échappent des particules de matières cométaires, comme s'échappe d'un piston de machine un jet de vapeur. Ce jet conserve pendant un certain temps des formes rectilignes, comme si une force de projection considérable émanée du noyau lançait les particules dans cette direction; puis il s'infléchit un peu, prenant la forme d'un cône légèrement cintré. A ce moment la matière cométaire, s'accumulant à l'extrémité du jet la plus rapprochée du soleil, forme une espèce de nuage à contours arrondis, qui sembleraient indiquer qu'à cette distance du noyau la force de projection est vaincue par une résistance qui lui est opposée; refluant alors de part et d'autre, ainsi que le fait un jet de fumée refoulé par le vent, cette matière se répand en nappe de niveau dont l'écoulement a lieu dans la direction de la queue. Peu à peu le cône vaporeux, dont l'axe et le sommet ont toujours paru les portions les plus lumineuses, prend un aspect diffus, nébuleux, comme si une épaisse atmosphère le voilait davantage; l'éclat du centre s'affaiblit, celui des côtés augmente, et le cône s'élargit. L'aspect diffus continuant d'augmenter, le jet gazeux se déforme, la lumière de l'axe disparaît, et tout semble indiquer que l'émission nucléale a cessé de se produire dans cette direction. Le noyau apparaît rond, brillant. A cette époque, dans un angle de position incliné sur le rayon vecteur de 30 degrés environ vers l'est, apparaissent les premières traces d'un nouveau jet qui succède à celui-ci; et à mesure que ces traces deviennent plus apparentes, le jet vaporeux dirigé primitivement au soleil continue de s'élargir en se courbant de plus en plus, jusqu'au moment où, déformé insensiblement, il se réduit à un léger brouillard étalé, conservant à peine les traces de sa forme et de sa direction primitives. Dans cet état, l'enveloppe hémisphérique qui entoure l'aigrette est précisément plus brillante, mieux limitée dans la partie correspondante au rayon diffus en voie de dispersion, que partout ailleurs.

« Dans la période de temps où le rayon dirigé au soleil s'est dispersé, le nouveau s'est développé progressivement comme le précédent, c'est-à-dire que le noyau s'est allongé peu à peu sous la forme d'un cône dégageant des particules gazeuses de toutes les parties de sa surface, lesquelles, en s'élançant suivant la direction de l'axe, ont formé le nouveau jet, que, seize heures plus tard, on retrouve à la même place que celui-ci. On peut suivre sur ce nouveau rayon les mêmes changements que ceux décrits pour le précédent, en remarquant toutefois que ce nouveau jet gazeux alimente la partie orientale de l'enveloppe hémisphérique et l'autre branche de la queue.

« Les traces de polarisation que la lumière du noyau présentait d'une manière encore douteuse le 12 août sont devenues certaines dès le lendemain. Ainsi, cette comète, dont l'éclat à l'œil nu atteignait à peine, à cette époque, celui d'une étoile de quatrième à cinquième grandeur, indiquait déjà de la lumière polarisée, tandis que la plus brillante de nos planètes,

Vénus, inspectée à l'aide de nos plus puissants instruments, n'en a jamais offert de traces. »

L'astronomie cométaire a fait, dans ces derniers temps, des tentatives nombreuses pour sortir des notions restreintes dans lesquelles elle se trouvait circonscrite. Les études suivies, faites sur les circonstances présentées par les mouvements des comètes, ont conduit M. *Faye* à une hypothèse nouvelle pour expliquer les faits constatés. Cet habile astronome a supposé que les comètes étaient soumises à une force répulsive émanant du soleil, et analogue à celle que la chaleur développe au sein d'une masse gazeuse. Il a pu ainsi, comme on pourra le voir, rendre compte de toutes les particularités offertes par ces astres mystérieux.

Jusqu'alors la théorie était loin de rendre en même temps un compte exact des mouvements cométaires et des apparences observées. Si, d'une part, l'hypothèse d'un milieu résistant, admis par *Encke*, lui permettait de suivre assez exactement la comète de 3 ans ; et, si d'autre part, elle fournissait par la variation de l'excentricité de la comète de 7 ans un accord suffisant avec les observations, il n'en parut pas moins impossible à M. Faye d'admettre l'immobilité de ce milieu résistant. Il faut donc, si ce milieu existe, qu'il soit en circulation autour du soleil. En admettant cette hypothèse, on en déduira, suivant ce savant académicien, la conséquence que les comètes doivent éprouver une résistance, qui ne dépendra que de l'excès de leur vitesse sur celle de ce milieu. Mais il est clair que celui-ci, s'opposant au mouvement vers le périhélie, exercera une action contraire ou accélératrice à l'aphélie, circonstances qui doivent toutes entrer dans la théorie, si l'on veut qu'elle conduise à des résultats rigoureux. L'indétermination dans la densité du milieu et dans la loi de sa variation devient évidente; car la compression de ses couches est éliminée, ainsi que leur pression sur le soleil; et, d'un autre côté, les observations de diverses comètes ne permettent pas de supposer un milieu résistant annulaire, ayant une densité constante. Ces observations ne peuvent se concilier, « qu'en adoptant pour ce milieu l'hypothèse si en faveur aujourd'hui d'une série d'anneaux cosmiques plus ou moins semblables aux anneaux de Saturne, mais séparés les uns des autres par de grands intervalles. » M. Faye a donc été conduit à former une autre hypothèse à l'abri de toute indétermination. « Ce qui a le plus contribué, dit-il, à me convaincre de la force répulsive, dont je me suis servi pour expliquer la figure des comètes, c'est que cette force, simple extension de celle qui agit dans tant de phénomènes physiques et l'une des plus générales de la nature, rend compte en même temps du fait capital de l'accélération du mouvement de ces astres. » Cette force, M. Faye l'attribue à l'incandescence du soleil; elle agirait d'après la surface de cet astre et non d'après sa masse. Son intensité varierait suivant la raison inverse du carré de la distance. De plus, sa vitesse de propagation ne serait pas instantanée. « En étudiant les figures étonnantes que les comètes nous présentent, leurs queues gigantesques, la matière qu'elles semblent lancer sur le soleil, mais qui bientôt rebrousse chemin pour aller se confondre avec la queue, tout le monde se dit naturellement que les choses se passent comme si le soleil exerçait une action répulsive sur l'atmosphère des comètes. Les uns veulent que ce soit de l'électricité, d'autres du magnétisme, sans réfléchir que ces mots, si précis quand il s'agit des phénomènes terrestres, deviennent vagues et incompréhensibles quand on les applique au rapport mutuel de deux astres. D'autres ont parlé d'une répulsion apparente; c'était l'idée de Hooke et celle de Newton. Bessel, après une étude approfondie de certains phénomènes qu'il a d'ailleurs beaucoup trop généralisés, y voyait l'effet de forces polaires analogues au magnétisme. Mais, pour juger de la nature d'une pareille force, un seul ordre de faits ne suffit pas... Toute force répulsive exercée par le soleil et douée d'une propagation successive comme ses radiations lumineuses ou calorifiques, fournirait les deux composantes, l'une radiale, l'autre tangentielle, dont nous avons besoin pour expliquer à la fois la figure et le mouvement des comètes. En étudiant à ce point de vue la composante radiale, on s'aperçoit bien vite que ce doit être une force indépendante de la masse et proportionnelle à l'étendue des surfaces. La composante tangentielle nous conduit précisément aux mêmes conclusions. Le soleil l'exerce seul ; ce n'est pas à cause de sa masse, qui n'est pas en jeu ici, ce ne peut être qu'à cause de l'incandescence de sa surface, car c'est là ce qui le distingue des planètes, dont le voisinage ne s'est pas fait sentir sur la figure des comètes...

« L'action de la force répulsive sur un corps en mouvement autour du soleil ne coïncide pas avec le rayon vecteur, mais elle s'exerce toujours dans le plan de l'orbite, ensorte que la figure qu'elle tend à imprimer à un corps primitivement sphérique, tel que celui d'une comète très-éloignée du soleil doit être symétrique par rapport à ce plan. En second lieu, l'action de cette force étant en raison des surfaces, les effets produits dépendent de la densité des matières dont la comète est composée. »

Il ne se formera donc qu'une seule queue si ces matières sont homogènes ; mais, dans le cas contraire, il y aura plusieurs queues toujours renfermées dans le plan de l'orbite. Dans le principe, ces queues sont faiblement inclinées sur le rayon vecteur, et la queue droite se sépare de la queue recourbée. L'influence de la force répulsive, de la vitesse et de l'attraction solaire, force les substances de même densité à se séparer de la tête de la comète sous l'enveloppe d'une queue. L'effet général résultant de cette dispersion moléculaire aura lieu circulairement autour de la nébulosité sur des surfaces qui s'élargiront de plus en plus, et la section s'étalera dans le plan de l'orbite. Telle est l'origine de la formation des queues. « Le noyau, dit M. Faye, présente du côté du soleil une émission abondante de matière connue sous le nom de secteur lumineux ou d'aigrette. Cette matière est visiblement repoussée; car, après avoir marché quelque temps vers le soleil, elle finit par rebrousser chemin pour aller en arrière former la queue. A l'opposite, le noyau présente une seconde émission pareille, mais moins visible, dont les bords comprennent un espace obscur. En outre, du côté du soleil, mais au delà du secteur brillant, la comète est limitée par une série d'enveloppes que l'on considère à tort comme des paraboloïdes emboîtées, dont le foyer commun serait occupé par le noyau et à l'intérieur desquels s'épanouirait le secteur lumineux à bords recourbées en arrière. Pour expliquer ces détails, Olbers et Bessel ont doué le noyau d'une double faculté d'émission en deux sens opposés; ils ont pensé qu'une action solaire intervient dans le phénomène pour forcer l'émission antérieure à rebrousser chemin et à aller s'unir à l'émission postérieure pour former la queue. Plus tard, en étudiant la figure que doivent prendre les couches atmosphériques dont le noyau est immédiatement entouré sous la seule influence de l'attraction de la comète et du soleil, M. Roche trouva que ces surfaces ne devaient pas être toutes fermées; lorsque la comète se rapproche du soleil, les couches qui ne sont pas dans le voisinage du noyau doivent s'ouvrir coniquement en deux points opposés, et les couches encore plus éloignées du centre doivent pareillement s'étendre en nappes indéfinies et opposées. Plus la comète se rapproche du soleil et plus les couches à figure indéfinie se montrent près du centre, à cause de l'influence croissante de l'attraction solaire, plus la matière qu'elles comprennent abonde sur ces sortes de surfaces de niveau; il se produira donc en deux points opposés de véritables émissions nucléales, l'une vers le soleil, l'autre diamétralement opposée. »

La considération de la force répulsive de M. Faye rend compte de toutes les apparences cométaires; elle fait même disparaître la difficulté que M. Roche avait rencontrée dans la conséquence de deux queues opposées, laquelle résultait de son travail. Les parties les plus lourdes des matières émises, entraînées d'abord dans la masse moins dense, comme les parcelles d'un sel métallique enlevées d'une dissolution soumise à l'évaporation, rebroussent chemin en obéissant à l'attraction solaire, et constituent les éléments de la seconde queue opposée à la première. M. Faye est ainsi amené à expliquer ces deux queues en forme d'S, l'une ayant sa convexité tournée dans le sens du mouvement et l'autre la lui opposant.

M. Roche s'exprime ainsi, pour expliquer la formation des aigrettes lumineuses, en admettant la force répulsive : « Quand l'astre approche du périhélie, l'influence directe de la chaleur solaire détermine la volatilisation d'une partie de la substance du noyau, principalement dans la région qui regarde le soleil. Il se produit ainsi une première atmosphère, allongée suivant le rayon vecteur, et qui tend à s'échapper sous forme d'aigrette dans cette direction. Une fois sortie de l'atmosphère, l'aigrette subit une déviation progressive, qu'on expliquerait aisément, comme l'a fait M. Faye pour les courbures des queues proprement dites. Tout le fluide s'étant écoulé, cette première atmosphère a disparu, et le noyau reprend son aspect primitif, jusqu'à ce qu'une nouvelle volatilisation amène la formation d'une autre atmosphère. On voit alors le noyau s'allonger de nouveau vers le soleil, et une seconde aigrette apparaître. Le développement des queues se manifeste sous des phases analogues. »

La théorie cométaire, comme on le voit, a fait des progrès sensibles, puisqu'elle s'accorde avec les principaux points des observations nouvelles, lesquelles sont caractérisées par une précision de détails à laquelle on n'était pas accoutumé à l'égard de ces astres capricieux. Cependant la perfection n'est pas encore atteinte, des objections sérieuses sont soulevées, et le zèle des astronomes a besoin de toute la persistance qu'encourage l'intérêt attaché à une question si importante pour arriver à une théorie complète devant être la sanction d'un genre d'observations aussi délicates. M. Faye a fait faire un pas immense à ce problème; et, pour parler avec plus d'exactitude, nous devrions dire qu'il s'en faut peu pour que la solution soit complète. Nous ne doutons pas qu'en suivant son analyse, on ne parvienne à expliquer la formation du jet, dont l'inclinaison sur le rayon vecteur varie d'une comète à l'autre, ainsi que la raison pour laquelle sa partie vaporeuse n'est pas entièrement rejetée par la force répulsive, au lieu de former une enveloppe autour de la tête. Faudrait-il admettre que les parties de l'atmosphère les plus ténues fussent insensibles à la répulsion, comme étant trop rares, et ne pouvant plus se prêter à la force d'expansion, de dilatation qui caractérise les gaz soumis à l'action de la chaleur? On pourrait peut-être le supposer, car on sait que cette force élastique décroît très-rapidement passé certaines limites dans l'augmentation des distances moléculaires. Quoi qu'il en soit de cette action, il n'en est pas moins vrai que l'analyse est maintenant d'accord avec l'observation, qu'elle explique l'accélération du mouvement des comètes, et la presque totalité des apparences offertes par les bizarres figures de ces astres.

La question qui va nous occuper exige que nous entrions dans quelques explications préliminaires relatives à la lumière. On sait que pour expliquer les phénomènes optiques, les lois qui régissent la lumière, on a formulé deux hypothèses différentes : Dans l'une, on suppose que les corps lumineux envoient des particules extrêmement ténues, lesquelles, venant frapper l'organe de la vue, produisent les sensations lumineuses. Ce système, qui est celui de l'*émission*, nous montre le soleil envoyant perpétuellement vers toutes les régions des particules très-déliées, et devant finir à la longue, avec la suite des siècles, par éprouver une diminution sensible dans la masse de matière qui la constitue. Disons tout de suite que, depuis les plus anciennes observations, rien n'a fait subir à l'astre qui nous éclaire la moindre diminution de poids.

Dans l'autre système, généralement admis, parce qu'il rend à peu près compte de tous les effets observés, on suppose à la lumière une origine provenant d'ondulations, transmises de proche en proche, au milieu d'un fluide excessivement subtil, d'une densité insensible, source de mouvements vibratoires exécutés avec une surprenante rapidité. Ce fluide énigmatique, impondérable, insaisissable, remplit les espaces planétaires et pénètre les divisions les plus intimes de la matière. Les effets de la chaleur ont également été rattachés au même principe, et il en est résulté la théorie des *ondulations*, celles-ci étant comparables aux ondes aériennes qui transmettent le son; car c'est par analogie qu'on a formulé l'hypothèse des ondes lumineuses. L'idée a dû en venir naturellement par l'observation commune des ondes circulaires, produites à la surface d'une étendue d'eau tranquille dans laquelle on jette une pierre. Mais, en définitive, rien n'oblige à identifier ou à assimiler les moyens destinés à engendrer des sensations si diverses que celles du son et de la lumière, quand bien même on n'admet pas pour celle-ci la compressibilité de l'éther.

Descartes paraît être le premier philosophe qui ait donné un commencement de théorie des ondes lumineuses. Son hypothèse n'avait pas acquis la précision qu'on lui a donnée plus tard, dans notre siècle surtout; mais elle renfermait les germes des principes admis aujourd'hui, malgré qu'il eût la croyance d'une transmission instantanée et inséparable de ce système.

Newton, qui, après tout, n'était pas plus partisan d'une de ces hypothèses que de l'autre, découvrit le phénomène capital de la dispersion. Il vit qu'en faisant passer un faisceau de rayons solaires à travers un prisme formé d'une substance diaphane, il n'était pas seulement dévié de sa direction primitive, mais qu'il se divisait en plusieurs rayons inégalement réfractés ou détournés; que ces rayons formaient sept couleurs placées les unes à la suite des autres; que les rayons les moins déviés, les moins *réfrangibles*, formaient le rouge, l'orangé venant après, puis le jaune, le vert, le bleu, l'indigo et le violet, ce dernier correspondant à la plus grande déviation, aux rayons les plus réfrangibles. Ce phénomène de décomposition de la lumière blanche était une grande découverte, et le spectre solaire devait conduire à des conséquences du plus haut intérêt.

Au commencement de ce siècle, *Wollaston* s'aperçut que le spectre solaire était loin d'être aussi simple qu'on l'avait pensé. Il y découvrit une foule de raies noires sillonnant les rayons colorés et occupant des positions stables. *Fraunhofer*, qui, lui aussi, avait fait la même découverte, se livra spécialement à cette étude, et compta jusqu'à 600 de ces raies noires, indépendamment de 7 raies principales. Les recherches ne s'arrêtèrent pas là ; on compte maintenant plus de 3,000 raies invariablement placées, aussi bien avec la lumière réfléchie qu'avec la lumière émanant directement du soleil.

Avant d'aller plus loin, nous signalerons une différence essentielle existant entre le spectre solaire et le spectre produit par la lumière électrique. Quand celle-ci jaillit entre deux cônes de charbon, l'image de son spectre présente des teintes qui se succèdent sans transition brusque ; elles se fondent en passant de l'une à l'autre. Il en est de même à l'égard des corps non gazeux donnant des rayons d'incandescence, ne pouvant fournir ni gaz ni vapeurs. Pour tous les corps solides et liquides en ignition, les spectres sont dépourvus de raies obscures et brillantes. La lumière produite dans ces circonstances est donc complète ; elle renferme tous les rayons simples. Les résultats ne sont plus les mêmes quand on expérimente sur des gaz, des vapeurs et des substances volatiles ; nous allons voir à quelles conséquences ils ont conduit.

Fraunhofer avait commencé l'étude des spectres

stellaires ; il avait constaté des différences essentielles entre les spectres de Sirius, de Procyon, de la Chèvre, etc., et le spectre solaire ; mais c'est tout récemment qu'on a donné à ces expériences une précision et une importance inespérées. Après les expériences de M. Donati sur quinze des principales étoiles, desquelles il résulte des différences bien caractérisées entre leurs spectres et celui du soleil, nous sommes naturellement amené à parler de l'*analyse spectrale*. C'est à sir *John Herschell* que revient le mérite d'avoir eu la première idée de la liaison intime qui existe entre le spectre fourni par une flamme et les particules des sels projetés dans son intérieur ; il voyait là un moyen efficace pour déceler la présence des éléments constitutifs des corps. Cette découverte ainsi présagée devait devènir, dans les mains de MM. *Kirchhoff* et *Bunsen*, une source féconde de résultats inattendus : ils ont fait de l'étude du spectre un procédé d'analyse chimique, auquel on doit déjà la découverte de trois nouveaux métaux, ainsi que la connaissance d'une partie au moins de ceux qui entrent dans la composition du soleil et de certaines étoiles. Ces savants ont opéré avec des chlorures, afin de faciliter la volatilisation des métaux qu'ils voulaient étudier. Ils fixaient un petit fragment de sel sur un fil de platine, et l'introduisaient dans la flamme du bec de gaz. Ces expériences ont donné pour les métaux des raies brillantes correspondantes aux raies noires de Fraunhofer. Ainsi, par exemple, le sodium, dont la sensibilité est très-considérable, puisqu'il suffit d'employer une fraction de millionième de milligramme de son oxyde, a donné une raie jaune unique à la place de la raie noire marquée D par Fraunhofer à la fin de l'orangé. Le spectre du potassium est continu et marque une raie à la limite du rouge, précisément à l'endroit où Fraunhofer indique la raie principale obscure A. Ces expériences ont été variées de bien des manières : on a placé dans la flamme un mélange de sels métalliques, et l'on a vu leurs spectres se succéder et se superposer distinctement, en donnant les raies propres à chacun de leurs métaux.

L'analyse spectrale est donc un procédé extrêmement délicat pour déceler la présence de quantités insignifiantes de tel ou tel corps ; et, tandis que la chimie devient impuissante passé certaines limites, la lumière, au contraire, se montre efficace par ses subtiles propriétés.

Nous voici arrivés à la conséquence capitale, au point de vue astronomique, qui découle immédiatement de l'analyse spectrale. Puisque les étoiles sont si éloignées qu'on ne peut parvenir à construire des instruments capables de nous les montrer avec un diamètre apparent sensible, rien ne pouvait faire prévoir qu'on pût jamais connaître leur constitution physique, pas plus que leur composition chimique. Mais ces astres, à distances incalculables, sont visibles; ce sont des soleils brillant comme le nôtre d'une lumière qui leur est propre. Leur analyse spectrale nous dira donc les métaux qui s'y trouvent, ainsi que ceux qui leur manquent. Ici nous devons faire une observation indispensable : c'est que les raies de Fraunhofer sont des raies d'absorption, occupant la place des raies brillantes des métaux répandus dans l'atmosphère solaire. Le spectre fourni par le noyau du soleil ne peut nous parvenir isolément ; il est mêlé à celui de l'atmosphère de cet astre. L'aspect général ne peut donc pas présenter les teintes continues que donnerait la masse nucléale. Ces teintes uniformes et fondues sont parsemées de raies métalliques; et ces dernières nous semblent obscures parce que leur éclat est effacé par celui des rayons émanés du noyau. C'est pourquoi le spectre de l'atmosphère solaire est interverti ; et ses lignes noires, comparées aux raies brillantes des différents spectres métalliques dont nous avons parlé, sont un moyen de constater la présence des diverses matières qui sont en incandescence dans l'atmosphère de notre soleil. C'est ainsi que M. Kirchhoff est parvenu à trouver que les métaux qui entrent dans la composition du soleil, sont le fer, le sodium, le potassium, le calcium, le magnésium, le nickel, le chrôme, le cuivre, le barium, l'aluminium, etc., et que cet astre est dépourvu des métaux précieux, tels que l'or et l'argent ainsi que du plomb, du mercure, du silicium, etc.

Il résulte de ces faits une nouvelle hypothèse sur la constitution du soleil : cet immense globe serait formé d'un noyau liquide incandescent entouré d'une atmosphère moins lumineuse et moins incandescente que lui. Cette seconde enveloppe contiendrait les métaux dont nous venons de parler à l'état de vapeur ; et ils auraient été volatilisés par la température excessivement élevée du noyau.

Tels sont les beaux résultats de la science moderne ; on peut facilement prévoir qu'elle n'en restera pas là, et que l'étude des étoiles, déjà commencée, viendra confirmer une idée que nous allons émettre en terminant cet intéressant sujet : *c'est* que l'innombrable quantité d'étoiles que nous voyons disséminées dans l'espace, et l'étendue qu'elles embrassent, sont des quantités limitées, comme masse, comme dimensions, comme espace, et forment un ensemble fini. Mais ce fini qu'est-il devant l'infini qui nous échappe ? Nous l'avons déjà dit ailleurs : c'est moins qu'une goutte d'eau dans la mer, qu'un grain de sable dans le désert ! Cependant notre globe, ce fragment imperceptible, n'en est pas moins une partie de ce milieu dans lequel il existe. Or, les plus minces particules d'un corps en possèdent les propriétés ; c'est ainsi qu'un atome d'or, détaché d'une de ces feuilles si minces, qu'en les superposant au nombre de cent mille on n'aurait pas l'épaisseur d'un centimètre, que cet atome d'or emporte avec lui les propriétés de l'or. Il en est de même de ces infiniment petits odoriférants qui s'exhalent des fleurs et de ces molécules des couleurs qui se dissolvent dans un contenu liquide volumineux, en lui transmettant la teinte qui leur est propre. Ne nous étonnons donc pas, d'après cela, si nous voyons dans les étoiles les matériaux qui composent la croûte de notre globe et qu'on retrouve dans le soleil; ne soyons pas surpris non plus de constater, par l'examen des étoiles multiples et par d'autres merveilles, que le principe de l'attraction s'étend jusqu'où notre vue peut percer. Tout cela est fort naturel, et, ce qui ne le serait pas, ce qui pourrait à juste titre exciter notre surprise, ce serait le contraire s'il existait. En suivant cet enchaînement, on devrait forcément en conclure que ce qui est au delà de notre perception, est aussi régi par ces belles lois surprises à la nature. Cette induction serait peut-être hasardée : outre que nos sens et notre intelligence sont trop bornés pour nous initier à toutes les manifestations des choses créées, nous ne pouvons faire entrer l'infini dans nos comparaisons. Il n'est donc pas déraisonnable de croire qu'en dehors de cet ensemble qui nous limite, il existe des phénomènes dont nous ne pouvons avoir aucune idée, des propriétés affectées par des mondes qui nous resteront à jamais inconnus, en vertu de lois étrangères à celles qui nous sont imposées. Nous sommes au milieu de la voie lactée et des innombrables soleils qui nous entourent comme une fourmillière enfoncée dans un bois, vivant dans une enceinte très-restreinte, sans que ses habitants puissent se douter qu'il y ait des lacs. des fleuves, des mers, des prairies, des montagnes, etc., où vivent une infinité d'animaux dont les organes et les formes variées sont appropriés aux éléments qui déterminent leur existence.

Remarquons enfin, qu'à mesure que les moyens d'analyse s'étendent et deviennent plus délicats, la science se complique au lieu de se simplifier. L'analyse spectrale en est une nouvelle preuve frappante, car elle est venue, comme l'électricité, augmenter le nombre des métaux. Les corps simples, en se multipliant, nous éloignent de cette perfection qui semble vouloir réduire le nombre des causes; et la chimie s'améliore absolument comme l'astronomie progresse par ses acquisitions de petites planètes.

Que conclure de tout cela? C'est que la science est bien éloignée de cette phase où la perfection est promise ; c'est que rien dans nos connaissances ne peut faire penser que nous ayons jamais la représentation complète de toute la création.

CHAPITRE XII

Le soleil. Constitution physique du soleil. Sa triple atmosphère. Wilson, Herschell et Arago. — Expériences de Bouguer et du P. Secchi. — Théorie de Laplace. — Théorie de M. Faye; loi qu'il substitue à celle de Laplace, etc. — Conséquences de l'analyse spectrale. — Chaleur solaire; M. Thomson. — Conclusion.

Parmi toutes les questions que l'on étudie en astronomie, il n'en est pas de plus intéressantes que celles qui concernent le soleil. Nous sommes curieux, en effet, de connaître la constitution physique de cet astre, de savoir s'il éprouve un refroidissement pour tâcher d'en trouver la loi. L'origine de sa chaleur, sa température actuelle, sont des problèmes qui fixent naturellement l'attention des astronomes travaillant à la détermination de la durée de notre système planétaire, cherchant à fixer le temps probable de l'existence des êtres qui peuplent la terre; car celle-ci dépend essentiellement de la permanence dans la quantité de chaleur et de lumière que le soleil nous envoie.

Depuis les études d'Herschell et d'Arago, d'après lesquelles l'atmosphère solaire serait formée de trois enveloppes gazeuzes, d'autres travaux sont venus modifier considérablement cette hypothèse; ils dérivent d'observations précises, de l'analyse spectrale et d'une modification importante apportée par M. Faye à la théorie de Laplace. Mais avant d'entreprendre l'examen de ces nouvelles déductions du progrès, il est nécessaire de donner un aperçu des idées qui guidèrent les deux illustres savants auxquels on doit la première théorie rationnelle, celle de la triple enveloppe solaire.

Il est démontré que l'énorme globe sphérique du soleil tourne sur lui-même en vingt-cinq jours et demi ; cela résulte de l'observation de ses taches qui, depuis Fabricius, ont été très souvent observées, se montrant sur le bord oriental et s'avançant progressivement sur le disque jusqu'à leur disparition sur le bord occidental. Ces taches sont noires, variables et entourées d'une pénombre ou auréole moins lumineuse que la surface générale. De ces observations est résultée l'hypothèse d'un noyau obscur, entouré d'une atmosphère où flottent des nuages opaques et réfléchissants. Une seconde atmosphère, enveloppant la première, serait lumineuse par elle-même ; c'est pour cette raison qu'on l'a nommée *photosphère ;* c'est elle qui déterminerait le contour visible du soleil. Les taches s'expliqueraient facilement : elles auraient lieu par la mise à nu d'une partie du noyau obscur, lorsque des interstices seraient pratiqués à travers les deux atmosphères. La couche de nuages flottants dans la première atmosphère occasionnerait la pénombre en réfléchissant la lumière de la photosphère. Cette explication, due à Herschell, rend compte du phénomène observé par Wilson, lequel consiste en ceci : quand une tache, bordée de sa pénombre, arrive près du bord de l'astre, à cause de la rotation de celui-ci, on s'aperçoit que le côté de la pénombre le plus proche du centre solaire disparaît le premier. D'où il résulte que la pénombre ne coïncide pas avec la surface lumineuse, car si cela était, on remarquerait précisément le contraire de ce qu'a vu Wilson. Ainsi, une tache avec sa pénombre approche-t-elle de la circonférence du disque solaire; il arrivera que le bord de la pénombre tourné vers le centre, sera recouvert par le bord de l'ouverture pratiquée dans la photosphère, et l'on verra encore la couche nuageuse située au-dessous de la surface lumineuse, dans le voisinage du contour de l'astre; c'est-à-dire que la pénombre doit commencer à disparaître du côté du centre, comme le constatent les observations. Wilson supposait que les taches du soleil étaient dues à de grandes excavations dans la matière lumineuse, la partie obscure étant le fond des cavités et les pénombres étant formées par les talus. D'après cette hypothèse, il calcula, en 1769, l'abaissement du fond de la cavité au-dessous de la surface de l'astre, et trouva un rayon terrestre pour sa valeur. L'explication d'Herschell admettrait le même nombre ; mais alors il représenterait l'abaissement, au-dessous de la photosphère, de la couche nuageuse à partir de sa surface inférieure. Le nombre de 6,000 kilomètres, qui n'est d'ailleurs pas la centième partie du rayon solaire, devrait être réduit de moitié, suivant d'autres observations; au reste, il ne doit être pris que comme une approximation. Cette théorie rend également compte de la plus grande intensité lumineuse de la pénombre, à mesure qu'elle se rapproche du noyau : on peut supposer que les nuages sont amoncelés en plus grand nombre sur les bords de l'ouverture, de manière à réfléchir plus de lumière: les diverses apparences de formes et d'intensité qui couvrent en partie le corps obscur, sont encore facilement rattachées à l'existence de ces nuages.

La démonstration physique d'une enveloppe gazeuse autour du soleil appartient à Arago; cet illustre physicien s'est basée sur une des propriétés délicates de la lumière, dite polarisée : elle consiste en ce que la lumière émise sous un petit angle par la surface incandescente d'un corps solide ou liquide, présente des apparences de polarisation, c'est-à-dire donne deux faisceaux colorés de teintes *complémentaires*, lorsqu'on regarde cette lumière avec la lunette polariscope; tandis que, dans les mêmes conditions, une substance gazeuse en ignition ne présente aucun phénomène de ce genre. Les couleurs nommées complémentaires sont celles qui, mélangées, forment la couleur blanche. En observant donc les rayons envoyés par les bords du soleil, lesquels sortent de sa surface sous un très-petit angle, on ne remarque aucune coloration dans les deux images vues directement au moyen de la lunette polariscope; elles conservent toutes deux leurs couleurs naturelles; d'où il suit que l'enveloppe lumineuse du soleil est gazeuse. N'oublions pas de dire ici que cette conséquence est infirmée aujourd'hui par les résultats de l'analyse spectrale. Ceux-ci tendent à faire considérer la photosphère comme étant à l'état de solide ou de liquide incandescent et non à l'état de gaz.

Indépendamment des taches noires, il existe sur la surface du soleil des taches lumineuses appelées *facules* et *lucules*. Ces dernières sont rondes et rendent la surface *pointillée;* elles sont beaucoup moins étendues que les premières. Or, une flamme éclaire un objet avec la même intensité totale, soit qu'elle se présente par sa tranche, soit qu'elle tourne vers lui sa plus large surface, d'où Arago en déduit la conséquence qu'une surface gazeuse incandescente paraît plus lumineuse vue obliquement que sous l'incidence perpendiculaire; qu'en conséquence, si la surface du soleil est ondulée à la manière de notre atmosphère chargée de nuages pommelés, elle doit paraître comparativement faible dans les parties ondulées perpendiculaires à la vision de l'observateur, et plus brillante dans celles qui sont inclinées; toute cavité conique doit nous sembler une lucule.

Certaines particularités offertes par les éclipses de soleil ont fait supposer une troisième atmosphère, entourant la photosphère; cette nouvelle enveloppe, invisible à cause de l'énorme intensité de la lumière solaire, se trouve dans des circonstances différentes lorsque le disque solaire est entièrement recouvert par le globe obscur de la lune. A propos de l'éclipse du 8 juillet 1842, observée par Arago à Montpellier, l'illustre astronome s'exprime ainsi (Annuaire pour 1852) : « Dans tous les genres de recherches, la part de l'imprévu est toujours immense; aussi les observateurs furent étrangement surpris lorsque, après la disparition des derniers rayons directs du soleil derrière le bord de la lune, et celle de la lumière réfléchie par l'atmosphère terrestre environnante, ils virent quelques protubérances rosacées de deux à trois minutes de hauteur, s'élancer pour ainsi dire du contour de notre satellite. » Ces protubérances ont été vues dans les éclipses totales qui suivirent celle de 1842 ; leur existence est non-seulement mise hors de doute, mais il est impossible de supposer qu'elles soient dues à des montagnes solaires; car on a vu de ces protubérances séparées du bord de la lune et par conséquent en dehors du bord de la photosphère du soleil. Il était donc naturel de rattacher ces apparitions à des nuages solaires flottant dans une nouvelle atmosphère. « Je ferai au reste remarquer, dit Arago, que l'existence de cette troisième atmosphère est établie par des phénomènes d'une tout autre nature, par les intensités comparatives du bord et du centre du soleil, et aussi à quelques égards par la lumière zodiacale, si visible dans nos climats aux époques des équinoxes. » C'est qu'on a observé une plus grande intensité calorifique et lumineuse au centre du soleil qu'aux bords, ce qui s'explique par l'absorption d'une enveloppe gazeuse autour de la photosphère ; car, sans cela, les observations devraient donner des résultats précisément contraires, c'est-à-dire que les bords du soleil seraient plus chauds et plus lumineux que le centre.

M. Faye, qui s'est occupé avec succès de grandes questions astronomiques, n'a pas manqué d'aborder celle de l'atmosphère du soleil ; nous allons tâcher de résumer son travail publié dans les Comptes rendus de l'Académie des sciences, au milieu du mois de novembre 1859.

On a constaté l'exactitude des expériences de Bouguer sur les intensités lumineuses relatives des différents points du disque solaire. Il a trouvé qu'à une distance des bords égale au quart du rayon du disque de l'astre radieux, l'intensité lumineuse est plus petite qu'au centre dans le rapport de trente-cinq à quarante-huit.

Le P. Secchi, par ses expériences, a confirmé celles de Bouguer. Les épreuves photographiques conduisent aux mêmes conséquences. Mais une preuve incontestable est la suivante : les facules qui entourent les taches ne sont visibles que sur les bords ; quand elles arrivent au centre, par la rotation du soleil, elles disparaissnt pour se montrer au bord opposé. Ainsi, vers le centre, leur éclat est le même que celui de ces régions, tandis que vers les bords elles ont un éclat bien supérieur à celui de ces parties du disque. Cette raison a paru capitale à M. Faye, pour détruire l'opinion d'Arago, qui ne consentait à accorder au bord qu'une diminution d'intensité insignifiante égale à l'incertitude qu'il attribuait à ces méthodes, c'est-à-dire à 1/40.

« Si, comme il est naturel de le penser, dit La-
« place, chaque point de la surface du soleil envoie
« une lumière égale dans tous les sens, l'intensité de
« chaque élément superficiel sera inversement pro-
« portionnelle au sinus de l'inclinaison de cet élément
« sur la direction du rayon visuel, ou, à très-peu
« près, au cosinus de la distance angulaire de ce
« point au centre du disque. Dès lors l'éclat ira en
« croissant du centre au bord. » Telle est la loi admise *à priori*, indépendamment de toute expérience, et parce qu'il est naturel de le penser ainsi. « Mais,
« ajoute Laplace, sur le soleil, tel que nous le
« voyons, l'éclat va au contraire en décroissant du
« centre vers les bords; cette différence s'explique-
« rait très-simplement au moyen d'une atmosphère
« qui envelopperait le soleil, et dont la substance
« incomplétement transparente éteindrait beaucoup
« plus la lumière des bords que celle du centre. »
La formule, à laquelle Laplace est conduit, renferme comme expression de la loi hypothétique de l'émission la sécante de l'angle représentant la distance du point considéré au centre du disque. Elle ne contient

qu'une quantité arbitraire, qu'il a déterminée en se servant de la mesure de Bouguer. Il a trouvé que l'atmosphère correspondante équivaudrait, comme puissance d'extinction, à une colonne d'air homogène de 55,000 mètres de hauteur, en le prenant à 0° et à la pression de 0m,76 de mercure. En ramenant l'atmosphère terrestre aux mêmes conditions, elle n'aurait plus que 8,000 mètres. Une couche aussi puissante réduirait à 1/4 l'intensité du centre du disque solaire, et si le soleil en était dépouillé, le disque entier nous paraîtrait douze fois plus brillant.

« Telle est l'origine de tout ce qui a été dit sur l'atmosphère du soleil. C'est dans cette atmosphère qu'on a placé des nuages pour expliquer les protubérances lumineuses des éclipses totales; c'est cette atmosphère qu'on a voulu voir dans les rayons brillants qui entourent le soleil éclipsé. »

M. Faye soumet la théorie de Laplace à une triple épreuve : il recherche, 1° si le but que se proposait Laplace a été réellement atteint; 2° si le décroissement d'intensité qui en résulterait pour les bords s'accorde avec l'observation; 3° il compare la théorie basée sur la mesure de Bouguer avec les mesures du P. Secchi.

Le savant astronome conclut au rejet ou à la modification de la loi de Laplace, parce que, avec la loi d'émission admise, les bords de l'astre ne pourraient jamais être éteints par aucune atmosphère; ils présenteraient, à partir d'un certain point, un rapide accroissement de lumière; le soleil serait bordé d'un cercle éclatant.

Dans les regions voisines des bords, l'intensité calculée semblerait réduite à être dix-neuf ou quatre-vingts fois plus faible qu'au centre, ce qui est entaché d'exagération.

Quant à la troisième épreuve, le P. Secchi a trouvé à très-peu près le même résultat que Bouguer. La discordance entre la théorie et l'observation se manifeste dès l'angle 68°49′; ce qui doit faire conclure que les hypothèses de Laplace ne sont pas conformes à la nature.

Examinant ensuite la loi d'émission admise *à priori*, M. Faye ne la trouve applicable, dans certaines limites, qu'aux substances gazeuzes à l'état d'incandescence; l'intensité, mesurée par la sécante de l'angle d'émission, ne peut s'appliquer au soleil. S'appuyant sur ce que la photosphère n'est pas une nappe plane de matière lumineuse, mais qu'elle est sphérique; que, d'après les mesures du P. Secchi, on verrait un redoublement d'intensité à dix-sept secondes du bord, suivi d'un affaiblissement rapide, tandis qu'on ne voit rien de pareil; que de plus, il faudrait supposer, toujours d'après la même loi, que la photosphère fût transparente, comme la flamme d'une bougie, d'une lampe ou d'un bec de gaz; et que l'on vît sur les bords de l'astre l'accroissement brusque d'intensité observé dans les flammes d'éclairage; observant, d'ailleurs, que cette transparence de la photosphère est hypothétique, que, fût-elle réelle, on ne saurait ni si elle est parfaite, ni si les rayons qui nous arrivent viennent de toute son épaisseur; attendu que, d'après les expériences citées, cette épaisseur aurait au moins trois mille lieues, et qu'il est alors permis de croire à la non-vérification de la loi de Laplace; s'appuyant sur toutes ces raisons, M. Faye en conclut que, sous toutes les incidences, le rayon visuel trouverait partout la même épaisseur efficace de la photosphère; que la lumière émise par un élément de la surface solaire ne dépendrait plus seulement de l'étendue de sa superficie, mais du volume constant de la partie efficace ayant cet élément pour base plus ou moins oblique; que l'éclat serait partout le même, sur les bords comme au centre, et qu'on rentrerait dans la loi d'émission généralement admise pour la lumière et la chaleur. En substituant cette loi à l'autre, le savant académicien fait voir que les observations sont beaucoup mieux représentées, mais que des discordances avec les faits sont encore trop palpables pour qu'on soit autorisé à s'en tenir à l'hypothèse de l'atmosphère solaire; c'est pourquoi il pose les conclusions suivantes :

La loi d'émission de Laplace, représentée par la sécante de l'angle d'émission, ne s'applique pas au soleil; la loi ordinaire du cosinus du même angle s'adapte beaucoup mieux aux circonstances principales du phénomène; mais alors, par la nature même des considérations qui conduisent à cette dernière loi, l'affaiblissement des bords du soleil pourrait résulter d'une légère modification de cette loi qui deviendrait sensible pour les incidences extrêmes, sans qu'il y eût lieu de recourir à l'hypothèse d'une atmosphère absorbante.

Mais ce n'est pas assez de dire que l'hypothèse d'une atmosphère solaire n'est pas indiquée par la nature même de la question. En dehors de la question d'intensité, cette hypothèse est de plus en contradiction avec les faits les mieux établis et les plus faciles à vérifier.

1° La netteté des taches, des pénombres au bord du soleil. Que l'on compare cette netteté, supérieure à celle des bords de la lune qui n'a pas d'atmosphère, avec la confusion des contours et des formes sur les bords des planètes entourées d'une atmosphère non équivoque, comme Jupiter et Mars.

2° L'identité des raies du spectre au centre et aux bords, constatée par Forbes en 1836, à l'occasion d'une éclipse annulaire. S'il y avait autour du soleil une de ces gigantesques atmosphères que l'on a imaginées, il y aurait aussi, selon toute probabilité, une différence considérable entre les raies du bord et celles du centre. Voir, pour apprécier l'influence de l'atmosphère terrestre, les expériences de M. Piazzi Smyth, directeur de l'observatoire royal d'Édimbourg, au pied et au sommet du pic de Ténériffe.

Cependant, trois faits pourraient être invoqués comme preuves indirectes à l'appui de l'atmosphère solaire : la couronne des éclipses, les facules, et l'accélération de la comète d'Encke.

La couronne des éclipses, dans son ensemble, ne ressemble nullement à une atmosphère; pour en juger sainement, il suffit d'en rassembler les descriptions et les dessins.

Les facules sont attribuées par le P. Secchi à la hauteur de certaines grandes dénivellations de la photosphère, bien constatées par M. Dowes et par le P. Secchi lui-même. Grâce à cette hauteur, les facules se trouveraient dégagées des couches les plus basses et les plus absorbantes de l'atmosphère extérieure du soleil; elles brilleraient donc pour nous d'un plus vif éclat que les régions voisines. Mais on peut les expliquer plus simplement par l'inclinaison même de leurs faces. Peu sensible au centre du disque, une différence d'inclinaison de quelques degrés peut en produire une très-sensible dans l'intensité vers les bords, si l'émission décroît avec quelque rapidité pour des obliquités très-grandes.

Quant au milieu résistant qui affecterait près du soleil la forme et la constitution d'une atmosphère, j'ai démontré mathématiquement, poursuit l'auteur, que le fait unique, pour lequel cette hypothèse a été imaginée, peut s'expliquer d'une autre manière et se rattacher simplement à la force qui agit incontestablement sous nos yeux dans la production des queues des comètes et des particularités les plus détaillées de leur figure.

Enfin, l'identité des raies du spectre produit par les parties centrales ou marginales du disque solaire, identité constatée par Forbes en 1836, semble confirmer la loi substituée à celle de Laplace ; car, admettre que la lumière émise en un point quelconque du disque provient d'une épaisseur constante de la photosphère, c'est dire que l'absorption de certains rayonnements se fera partout dans des conditions identiques. Si pourtant l'émission était moins abondante sur les bords, il pourrait en résulter quelques différences entre les raies des deux spectres, différences trop faibles, d'ailleurs, pour altérer leur distribution générale dont l'identité a été constatée.

Néanmoins, l'analyse spectrale, qui a été l'objet de l'un de nos précédents chapitres, démontre la réalité d'une enveloppe gazeuse autour de l'astre qui nous éclaire, sans toutefois donner aucun indice sur son épaisseur. Nous ne reviendrons pas sur ce que nous avons dit à ce sujet, mais nous énoncerons une conséquence importante sur la constitution physique du soleil. Le spectre de cet astre présente de larges bandes lumineuses, et les raies obscures qui les séparent sont étroites. On ne peut donc pas admettre que le soleil soit formé d'un noyau obscur entouré d'une photosphère gazeuse, puisque, dans ce cas, les intervalles obscurs seraient larges et les bandes lumineuses étroites. C'est pourquoi, comme nous l'avons dit dans l'article cité, il faut recourir à l'hypothèse d'une masse nucléale solaire liquide et incandescente, enveloppée d'une atmosphère moins lumineuse et contenant les métaux dont on a constaté la présence. Quant au principe de physique sur lequel est fondée l'analyse spectrale du soleil, il dérive d'une loi de la chaleur établie par Dulong, et en dernier lieu par MM. de La Provostaye et Desains, d'après laquelle les physiciens admettent que le pouvoir émissif d'un corps pour la chaleur est proportionnel à son pouvoir absorbant. Le principe correspondant relatif à la lumière est donc celui-ci: Lorsqu'une flamme produit dans le spectre une raie brillante, cette flamme a la propriété d'absorber les rayons analogues fournis par une autre source de lumière, et se laisse traverser, au contraire, par d'autres rayons qu'elle ne produit pas elle-même. C'est dire que si une flamme renferme certains métaux volatilisés, elle donnera un spectre avec des bandes brillantes caractérisant ces métaux, tandis que si on interpose cette même flamme au-devant d'une autre lumière plus considérable et émettant tous les rayons possibles, on obtiendra des raies obscures correspondantes aux raies lumineuses des métaux dispersés dans la flamme formant écran. Ce spectre interverti est précisément celui donné par le soleil ; et des raies obscures remplacent les bandes lumineuses des spectres métalliques, en sorte que si l'atmosphère du soleil émettait seule de la lumière, elle donnerait précisément les rayons qu'elle absorbe ou qu'elle nous transmet sous forme de raies obscures.

Pour terminer ce que nous avons à dire sur la constitution physique du soleil, nous aurions à rapporter l'hypothèse de M. Nasmyth; mais elle a déjà trouvé sa place dans l'un de nos précédents chapitres, c'est pourquoi nous n'y reviendrons pas.

Nous répondrons aux exigences des idées que nous avons émises en commençant ce chapitre, en examinant, d'après M. *Thomson,* les questions suivantes qu'il a traitées dans *les Mondes :* 1° *Sur le refroidissement séculaire du soleil;* 2° *De la température actuelle du soleil;* 3° *De l'origine de la somme totale de la chaleur solaire.*

L'auteur de ce travail déclare tout d'abord que nous ne savons pas si le soleil s'est refroidi, et que nous n'avons aucun moyen de le découvrir ou de l'évaluer, même approximativement. Ce qui est certain, ajoute-t-il, c'est que *quelque chaleur* est engendrée dans l'atmosphère par l'influence de la matière météorique, et il est possible que la *somme* de chaleur ainsi engendrée d'année en année suffise à compenser la perte causée par le rayonnement. Il est possible aussi que le soleil soit encore aujourd'hui une masse liquide incandescente, rayonnant de la chaleur, primitivement créée ou communiquée à sa substance, ou bien, ce qui semble beaucoup plus probable, engendrée par la chute incessante des météores pendant les âges écoulés.

En admettant la compensation entre la chaleur fournie au soleil par la matière météorique et la perte due au rayonnement, on en a conclu que, pendant les vingt ou trente derniers siècles, les météores absorbés par la masse solaire devaient être renfermés entre la terre et le soleil, s'approchant constamment de celui-ci et traçant des spirales qui se rétrécissaient de plus en plus.

Cette conclusion est nécessaire pour expliquer l'invariabilité de la longueur de l'année, laquelle aurait sensiblement diminué, si cette substance zodiacale eût été située au delà de la trajectoire décrite par la terre. Dans cette hypothèse, dit M. Thomson, la quantité de matière absorbée annuellement a dû être un quarante-septième de la masse de la terre ou un dix-sept millionième de la masse du soleil. Il faudrait donc supposer que la masse de la lumière zodiacale s'élève à un cinq-millième au moins de la masse du soleil, pour expliquer de la même manière l'approvisionnement de la chaleur solaire pour les trois mille ans à venir. Lorsque ces conclusions furent publiées pour la première fois, on fit remarquer qu'il fallait étudier les perturbations des planètes comme pouvant fournir les moyens d'évaluer la somme probable de matière de la lumière zodiacale, et l'on crut, *à priori*, qu'elle serait loin de suffire à son approvisionnement de chaleur pour trois cent mille années, au taux actuel de la dépense. Ces *desiderata* ont été, jusqu'à un certain point, remplis par M. Le Verrier. En effet, ses grandes recherches sur le mouvement de Mercure ont récemment révélé l'existence d'une influence sensible qu'on ne peut attribuer qu'à la matière qui circule sous forme d'astéroïdes innombrables entre l'orbite de Mercure et le soleil. Mais la somme de matière mise en évidence par cette théorie est très-petite; et, par conséquent, si la chute de matières météoriques est réellement la source d'une partie appréciable de la chaleur rayonnante, il faut admettre que cette matière circule autour du soleil à de très-faibles distances de sa surface. Mais la densité de ce nuage météorique ne serait-elle pas tellement grande que les comètes n'auraient pas pu la traverser sans éprouver une résistance qui aurait modifié sensiblement leur marche quand leur distance au soleil n'aurait plus été qu'un trentième du rayon solaire? Tout bien considéré, il semble peu probable que la perte de chaleur solaire par rayonnement soit compensée, d'une manière appréciable, par la chaleur provenant de la chute des météores, pour le moment du moins; et comme on ne peut pas trouver davantage cette compensation dans quelque action chimique, on est réduit à conclure que le plus probable est que le soleil n'est aujourd'hui qu'une masse incandescente liquide en cours de refroidissement.

Ne pouvant connaître exactement le refroidissement du soleil, on a cherché les données sur lesquelles on pouvait baser une évaluation probable. Les recherches de MM. *Herschell* et *Pouillet* ont permis de poser les chiffres suivants : Le rayonnement annuel de toute la surface solaire est d'environ

3×10^{30} fois la chaleur nécessaire pour élever un kilogramme d'eau de un degré centigrade. D'un autre côté, l'analyse spectrale de l'astre radieux rend probable l'hypothèse qui attribue à sa chaleur spécifique une valeur moindre que celle de l'eau, et permet d'affirmer qu'elle ne peut pas lui être trop supérieure. D'où il suit que, en supposant cette chaleur spécifique égale à celle de l'eau, le soleil se refroidirait annuellement de plus d'un degré quatre dixièmes : il ne pourrait pas d'ailleurs se refroidir moins. Quant à la contraction qu'il devrait éprouver, « même sans la preuve historique de l'invariabilité de son diamètre, il paraît juste de conclure qu'aucune contraction au delà de un pour cent, en 860 ans, n'a pu réellement avoir lieu. Il semble, au contraire, probable que, d'après la somme actuelle du rayonnement, une contraction d'un dixième pour cent ne saurait avoir lieu en beaucoup moins de 20,000 ans, et qu'il serait à peine possible qu'elle ait lieu en moins de 8,600 ans... Il est presque certain que la température moyenne du soleil est aujourd'hui de quatorze mille degrés centigrades... Nous pouvons donc admettre comme fort probable que la chaleur spécifique du soleil est plus de dix fois et moins de dix mille fois celle de l'eau à l'état liquide. Il s'ensuivrait donc avec certitude, que sa température s'abaisse de 100 degrés pendant une durée de 700 à 700,000 ans. »

Quant à la température actuelle du soleil, on peut s'en faire une idée en la comparant à celle développée par la houille, dans les foyers des locomotives. Une livre de charbon s'y consume depuis trente secondes jusqu'à quatre-vingt-dix secondes par pied carré de grillage ; ce qui donnerait pour le soleil une intensité rayonnante de quinze à quarante-cinq fois la chaleur d'un foyer de locomotive à égalité de surfaces.

D'après ce qui précède, on est obligé de rechercher l'origine de la chaleur solaire dans l'une des deux explications qui suivent : ou bien cet astre a été créé à une époque déterminée, ou bien la chaleur qu'il a déjà perdue et qu'il continue à développer provient d'un moyen naturel. M. Thomson a voulu démontrer que cette seconde hypothèse n'est pas en opposition avec les lois physiques connues. « Il n'est pas nécessaire, pour le moment, d'entrer dans de longs détails sur la théorie météorique, qui paraît avoir été énoncée pour la première fois par *Mayer* et ensuite par *Waterston;* ni sur l'hypothèse modifiée des tourbillons météoriques, dont l'auteur de ce mémoire a démontré la nécessité, pour que la longueur de l'année, telle qu'elle est du moins depuis deux mille ans, n'ait pas été sensiblement altérée par les accroissements qu'a dû subir la masse du soleil pendant cette période, si la chaleur rayonnée a toujours été compensée par celle due à l'influx météorique. »

Concluant au rejet de toute théorie de compensation météorique contemporaine, complète ou à peu près telle, M. Thomson ajoute qu'on peut toujours supposer que : *l'action météorique n'existe pas seu-*

lement comme une cause de la chaleur solaire, mais que c'est la seule de toutes les causes concevables dont nous connaissons l'existence par des preuves indépendantes. Le soleil et sa chaleur auraient leur origine, d'après la théorie météorique la plus rationnelle, dans l'agglomération formée de corpuscules, gravitant simultanément, et développant, suivant la loi de Joule, une quantité de chaleur équivalente au mouvement perdu par l'action de toute cette matière.

Qu'une théorie météorique de quelque nature, ajoute l'auteur, soit certainement la vraie et complète explication de la chaleur solaire, c'est ce dont on ne saurait douter, en considérant les raisons suivantes :

1° Aucune autre explication naturelle, excepté l'action chimique, ne peut se concevoir ;

2° La théorie d'une action chimique est tout à fait insuffisante, parce que l'action la plus énergique que nous connaissions, s'opérant entre des substances équivalant à toute la masse du soleil, ne développerait que trois mille années de chaleur ;

3° Au moyen de la théorie météorique on peut, sans difficulté, rendre raison de vingt millions d'années de chaleur.

En considérant, en outre, que la masse solaire doit aller en croissant de sa surface au centre, on voit qu'une chaleur bien plus grande encore a dû être produite, si la matière qui forme notre soleil provient de l'accumulation des petits corps hypothétiques dont il a été question. On peut encore admettre que la concentration la plus rapide de toute cette masse n'a pu communiquer à l'astre formé que la moitié à peu près de toute la chaleur due à l'énergie potentielle de la gravitation mutuelle épuisée. D'où le chiffre dix millions de fois la chaleur d'une année peut être posé comme le plus faible pour représenter la chaleur initiale du soleil ; et cinquante ou même cent millions de fois sont possibles, à cause de la densité augmentant graduellement de la circonférence au centre.

« Il semble donc, à tout prendre, fort probable que le soleil n'a pas éclairé la terre durant cent millions d'années, et il est presque certain qu'il ne l'a pas fait pendant cinq cents millions d'années. Pour ce qui est de l'avenir, on peut dire, avec une égale certitude, que les habitants de la terre ne pourront continuer à jouir de la lumière et de la chaleur essentielles à leur existence pendant plusieurs millions d'années encore, à moins que des sources aujourd'hui inconnues ne soient préparées dans la grande réserve de la création. »

L'astre que nous avons le plus d'intérêt à connaître a donc échappé jusqu'à ce jour à nos investigations? Les savants de premier ordre qui l'ont étudié sont arrivés aux conclusions les plus contradictoires : les uns, s'appuyant sur leurs propres observations, voient une atmosphère nécessaire autour du soleil ; les autres, non moins fondés dans leur raisonnement, appuyé également sur des expériences positives, rejettent l'hypothèse d'une atmosphère. D'un autre côté, nous ignorons complétement la loi du refroidissement du soleil et la cause qui le tient en ignition. Ce qu'il y a de certain, c'est qu'il s'éteindra un jour, c'est que l'existence des êtres à la surface de la terre a une limite, invariablement liée à la cause qui rend resplendissant l'astre auquel tout le système planétaire doit la vie. Il faut donc nous résigner; la perpétuité de la vie sur notre globe est impossible; cette continuité mystérieuse dans les générations qui passent cessera quand le soleil aura perdu son pouvoir fécondant.

Mais qu'importe, après tout, la valeur de ces déductions scientifiques? Ne sommes-nous pas assurés que toutes les phases de la nature ne sont que des transformations ayant des places marquées dans l'évolution éternelle des lois qui régissent l'univers? Ne savons-nous pas que rien ne s'anéantit, que la mort n'est qu'un changement d'état, de quelque manière qu'elle arrive, et que les transmutations incessantes qui s'opèrent au sein des mondes ne font que mesurer la durée dans l'infini du temps et de l'espace!

Il nous paraît convenable de terminer ce livre par un résumé succinct; ce sera le moyen de fixer nettement les idées sur l'ensemble des connaissances astronomiques.

En remontant aux temps les plus reculés dont l'histoire fasse mention, on voit l'astronomie, sérieusement cultivée, servir à la fixation de la durée de l'année et à l'établissement de cycles dépendant du cours de la lune et de celui du soleil. En Égypte, la science reste comme un dépôt dans des mains qui s'en servent pour nourrir les idées superstitieuses et pour tromper la crédulité du peuple en l'effrayant par les pronostics de l'astrologie. Cette institution mensongère se perpétue d'âge en âge et ne perd sa prépondérance qu'à la fin du seizième siècle ou au commencement du dix-septième. Dans cette longue suite d'années, que devint la véritable science, quelles furent ses acquisitions et quelles transformations a-t-elle subies?

Apportée en Grèce par des philosophes curieux de connaître la nature, elle implante des racines profondes, et, au milieu de toutes les sèctes qui débattaient la portée de la vie, une seule, celle de Pythagore, eut l'intuition de la vérité. Ce grand philosophe eut les premières idées justes sur l'organisation de l'univers. Hipparque vint ensuite; observateur exact et judicieux, il légua aux générations futures l'unique moyen d'établir la valeur des observations et de les contrôler, en fixant les positions des principales étoiles. Cela seul eût suffi pour lui mériter la reconnaissance de ses successeurs; mais il ne s'en tint pas là : il a mesuré exactement la durée de l'année et a découvert le phénomène de la précession des équinoxes, en vertu duquel le soleil revient couper le plan de l'équateur avant une année entière révolue. Un autre astronome contribua à rendre célèbre l'école d'Alexandrie; c'est à Ptolémée, qui nous a transmis les observations d'Hipparque, que nous devons la découverte de l'*évection*, une des inégalités du mouvement de la lune. A partir de cette époque, on peut franchir hardiment les seize siècles qui la séparent de Copernic, sans trouver des caractères saillants dans les manifestations de la science, ni de ces théories que le génie enfante et que l'épreuve du temps sanctionne.

C'est l'astronome de Thorn qui eut la gloire de ruiner de fond en comble les vieilles idées que l'orgueil maintenait dans leurs étroites limites; il dota définitivement le monde savant des conceptions pythagoriciennes, développées, élargies et basées sur des faits incontestables. Dès ce moment, la terre fut rangée parmi les corps qui accomplissent leurs révolutions autour du soleil; elle fut simplement une planète comme toutes les autres, soumise aux mêmes exigences du mouvement.

La précision dans les observations reçoit de Tycho-Brahé un cachet original; il ne devait être surpassé qu'après l'invention des lunettes. Ici, l'astronomie physique prend véritablement naissance pour se développer un peu plus tard, au commencement du dix-septième siècle.

Galilée découvre des satellites à Jupiter; il voit les phases de Vénus; il consolide le système de Copernic, qu'une fausse interprétation faisait rejeter par les plus savants de l'époque, Tycho-Brahé en tête.

Le système solaire est soumis à des lois; Képler dévoile les formes des orbites planétaires, et leur liaison avec les durées des révolutions célestes. C'est la mécanique introduite dans le ciel. De jour en jour les observations se perfectionnent : l'anneau de Saturne est découvert; Fabricius voit les taches du soleil et sa rotation sur son axe en 25 jours 1/2, etc.

La cause de tous ces mouvements, de toutes ces apparences, est signalée : les lois de Klépler se résument en un principe, et l'astronomie nouvelle, l'astronomie affectant la forme mathématique, est fondée; les siècles à venir n'auront plus qu'à appliquer la découverte brillante et féconde de Newton. Les cieux solides sont brisés; on sait que les corps célestes se meuvent dans le vide ou dans un milieu extrêmement rare, et les rêveries d'un grand homme disparaissent avec ses tourbillons. A ce moment, les découvertes se multiplient, la vitesse de la lumière est trouvée, l'aberration des étoiles, la nutation de l'axe de la terre et l'annonce du retour des comètes périodiques, sont autant de conquêtes qui viennent se grouper autour du principe de l'attraction universelle et en assurer le triomphe. La forme réelle du globe terrestre est déterminée, ses dimensions sont connues et ces nouvelles acquisitions viennent encore appuyer le système de Copernic et corroborer la théorie de Newton.

Le champ des observations, considérablement agrandi par l'invention des lunettes, des télescopes et par la construction des instruments de précision, devait être exploré dans tous les sens. La découverte d'une nouvelle planète située plus loin que Saturne fut suivie de celle de nouveaux satellites, de l'aplatissement des planètes et des durées de leurs rotations. L'astronomie stellaire prit un développement inespéré : la variabilité d'intensité dans la lumière d'un bon nombre d'étoiles, la périodicité de certaines d'entre elles, les mouvements des étoiles doubles ou multiples, les observations d'un grand nombre de nébuleuses et leurs transformations en étoiles dans la suite des temps, l'étude de la voie lactée, dont notre soleil fait partie, le mouvement de cet astre vers une région déterminée du ciel, la constitution physique du soleil entouré d'une atmosphère multiple dans laquelle réside la cause de sa lumière et de sa chaleur, etc., sont toutes des acquisitions dues au plus grand des observateurs; dont les unes sont complètes et dont les autres sont en voie de solution.

L'aplatissement de la terre fut de nouveau déterminé par des observations lunaires, indépendantes des mesures directes faites autrefois. L'accélération de notre satellite, rattachée à la théorie, devint toute naturelle. Les irrégularités des mouvements de Jupiter et de Saturne, reliées également à l'attraction universelle, conduisirent à la grande précision apportée dans leurs tables, et les lois des satellites de Jupiter vinrent se placer à côté de celles de Képler et de Newton. Le système solaire fut assuré sur ses bases;

sa stabilité fut démontrée sans qu'il y eût aucune crainte de voir son existence compromise. La théorie des marées fixant la masse de la lune, et celle-ci conduisant à la parallaxe solaire par des observations faites dans un même lieu, assurèrent encore la puissance de la mécanique céleste. Le mouvement de rotation de Saturne, trouvé par le calcul et par l'observation, la preuve de la fluidité primitive de la terre, la stabilité dans l'équilibre des mers et la fixité de l'axe du monde furent encore les productions du même génie.

Les découvertes se succédaient avec bonheur; entre Mars et Jupiter on vit circuler quatre petites planètes qui devaient être suivies d'un nombre considérable de ces petits astres tous situés dans la même zone. Une autre grosse planète fixait enfin la limite du système solaire; c'était encore une sanction ajoutée à tant d'autres du principe général de l'attraction. Les moyens d'observation allaient toujours en se perfectionnant; on voyait les glaces et les neiges paraître et fondre périodiquement sur des planètes; la pluralité des mondes se confirmait de plus en plus. En même temps les calculs suivaient la même marche progressive, et la réfraction atmosphérique elle-même était estimée de manière à satisfaire à la précision exigée par les travaux modernes. La cause de la scintillation des étoiles découlait des progrès de l'optique, et la vitesse de la lumière recevait une nouvelle détermination après des démonstrations directes de la rotation du globe de la terre. Le soleil lui-même et les étoiles laissaient pénétrer le secret de leur constitution physique; ils ne pouvaient résister plus longtemps aux délicates indications de la lumière. Les observatoires, s'enrichissant d'instruments nouveaux, préparaient des observations plus exactes sur les passages méridiens, sur la nature des comètes et sur les phénomènes offerts par les éclipses. D'un autre côté, on découvrait des nébuleuses variables, et l'on vit le compagnon de Sirius qui avait été annoncé comme la planète Neptune. La recherche des longitudes se perfectionnait aussi, et la théorie de la lune se complétait au point de ne plus rien laisser à désirer, dirions-nous, si un pareil langage était permis en présence d'autant de faits inattendus. Les comètes, si longtemps la terreur des peuples, perdaient complétement leur valeur matérielle en devenant purement un objet de curiosité qui permettait d'exercer les spéculations de la science, en méritant de fixer l'attention des philosophes.

Mais, au milieu de tous ces beaux résultats, quelle est la part de l'inconnu, quel est l'avenir scientifique qui nous est présagé? Une semblable question mérite sans doute d'être posée; et si sa solution ne peut être satisfaisante à un certain point de vue, au moins nous sera-t-il permis d'énoncer en peu de mots quelques-uns des problèmes qui restent à résoudre, et dont la solution sera peut-être éternellement ignorée.

La loi de distribution de la matière cosmique,

diffuse, est inconnue ; elle est cependant nécessaire pour l'établissement d'un système cosmogonique complet. L'existence de l'éther n'est pas prouvée, et la force d'impulsion qui lança les corps célestes a toujours résisté à toutes les conceptions des plus grandes intelligences. Les comètes sont encore un des problèmes à résoudre, et les astéroïdes qui brûlent en si grand nombre dans notre atmosphère ont une origine aussi cachée que celle de la lumière zodiacale, et de tant d'autres phénomènes qui échappent à la sagacité des plus audacieux.

Notre système solaire marche vers la constellation d'Hercule ; le soleil qui nous éclaire ira-t-il augmenter le nombre des étoiles de cette constellation, ou bien se précipitera-t-il sur quelqu'une d'entre elles? Le fait nous importe peu, il est vrai ; cependant on ne peut oublier que des milliers d'années, des millions même, sont bien peu de chose comparativement à l'infini ; mathématiquement parlant, ce temps limité, quelle que soit sa grandeur, est nul dans l'éternité. Ici nous croyons devoir nous arrêter ; l'intelligence humaine a des bornes trop resserrées pour que nous nous permettions d'aller plus loin.

CONCLUSION

L'étude de l'astronomie conduit à une conséquence philosophique remarquable : c'est que l'univers entier est régi par des lois immuables; tout est ordonné, enchaîné, dans une mutuelle dépendance; l'existence de la matière tangible, basée sur des rapports mathématiques, nous dévoile des connexions unissant les différentes parties du tout dans les fragments qu'il nous est donné de saisir.

Les premiers philosophes grecs savaient cela, comme nous le rappellerons encore, quoiqu'ils ne connussent que les premiers rudiments des sciences, tant cette proposition est naturelle, nécessairement vraie et évidente.

Mais cette permanence des lois présidant à l'évolution des mondes n'est pas particulière aux astres et à la matière informe qui engendre toujours de nouveaux corps; elle s'étend sur notre globe dans les divers règnes de son organisation; elle a lieu pour les planètes sans cesse épiées à l'aide d'instruments qui élargissent si amplement le champ d'exploration du plus subtil, du plus délicat de nos organes.

Comme une autre conséquence, forcément liée à celle-ci, les hommes, dans la constitution de la société à laquelle ils sont conviés, doivent repousser vigoureusement toutes les formes, toutes les maximes tendant à dévier la marche conduisant à notre destination, ou se montrant en opposition avec l'expression scientifique des vérités naturelles. De là aux fondements de la morale il n'y a qu'un pas; car il suffit, pour établir logiquement celle-ci, de suivre sévèrement les indications de la nature, de même que nous puisons à cette source pour fixer les principes des sciences.

L'impulsion donnée par les Grecs forma des philosophes essayant successivement toutes les hypothèses imaginables. Ils comprirent que la recherche des principes et de la cause première était le but vers lequel devaient converger toutes les connaissances. La fin de l'existence, l'origine et la raison de la création étaient les questions capitales, bien faites pour stimuler leur curiosité, comme elles excitent encore la nôtre. On conçoit que parmi tant d'essais infructueux, les systèmes les plus disparates, les théories les plus bizarres, durent naître et constater l'impuissance de notre esprit et la stérilité de nos moyens d'investigation dans ces spéculations scientifiques qui, malgré les sensibles progrès des temps modernes, n'ont pu faire avancer d'un pas la solution du problème philosophique vainement tenté par tant d'hommes de génie.

Ce qui ressort avec évidence des travaux des philosophes anciens, c'est un caractère d'universalité dans l'étude de toutes les sciences; ils puisaient partout les notions propres à chacune d'elles; et ce n'était pas trop pour eux, afin de mériter le titre d'amis de la sagesse, de s'astreindre à embrasser l'ensemble des connaissances humaines et à en élargir le cercle, toujours restreint, quand on veut mesurer la distance incalculable qui nous sépare de la vérité absolue, de cette source intarissable d'où découle toute existence, de cette raison de toutes choses, immuable dans ses principes, ses lois et son essence.

Mais ce caractère encyclopédique, assez facile aux anciens d'acquérir, devenait de moins en moins réalisable, avec le développement des sciences; si bien que, de nos jours, une pareille tâche serait à peu près chimérique. Nous avons maintenant des médecins, des physiciens, des mathématiciens, des astronomes, des naturalistes, etc.; et nous ne voyons pas de philosophes, dans l'acception ancienne de ce mot. Les philosophes d'aujourd'hui ont aussi leur spécialité; ils se livrent exclusivement à la métaphysique, à la psychologie; l'organisation intellectuelle de l'homme est leur problème. Les systèmes se sont succédé dans ce genre sans qu'on puisse dire quel est le plus rationnel, mais avec la certitude qu'aucun d'eux n'est véritable. Les uns sont partis d'un principe, les autres en ont admis plusieurs, sans pouvoir s'entendre sur les définitions, sur les idées primitives, sans lesquelles aucune science n'est abordable, aucune étude possible.

Par exemple, le *temps* ne peut pas être défini; nous n'en avons qu'une idée expérimentale, si on peut s'exprimer de la sorte. C'est un point de départ, sans lequel aucun principe n'a de signification. Le temps n'est pas uniforme, comme on le suppose dans toutes les formules de la mécanique; nous n'en jugeons que d'après les faits qui frappent immédiatement nos organes et dont la courte durée ne peut servir à en connaître l'essence. Encore voyons-nous, dans les petites dimensions de notre domaine, les faits les plus constants en apparence, être éloignés d'avoir une succession régulière. Le phénomène le plus propre à mesurer le temps est la rotation de la terre autour de son axe; mais si le soleil est emporté dans l'espace, comme tout le fait supposer, qui peut répondre de la constance d'un mouvement placé dans des circonstances différentes en suivant l'écoulement des siècles? Tout le monde a observé qu'un laps de temps quelconque, une heure par exemple, passait avec une rapidité très-variable, sa durée étant estimée relativement à nos sensations et à nos occupations. L'attente d'un plaisir nous semble longue, et celle d'une souffrance nous paraît courte.

Imaginez une nuit disputée par un clair de lune. Vous êtes dans un lieu isolé et aucun bruit ne vient frapper vos oreilles. Si vous aimez mieux, la nuit est noire mais tranquille, et vous n'apercevez un cours d'eau ou une forêt que confusément. Si vous plongez vos regards dans l'étendue de ce silence, si en même temps vous êtes dans cet état où la pensée est comme endormie dans le règne du calme, sans aucune transition d'une idée à une autre idée, ni d'un fait à un autre fait; alors, rien ne venant troubler cette plénitude inerte du sentiment de votre existence, le temps ne semble plus s'écouler pour vous, et l'uniformité subsistant dans votre esprit et dans votre organisme, ne vous permet d'avoir que la conscience du moment, sans chercher à lui assigner une durée. D'où il faut conclure que le temps est pour nous une succession d'impressions, et, si l'uniformité se manifestait d'une manière absolue, nous ne penserions pas même que le temps pût exister. Or le temps, étant inséparable des changements continuels qui nous affectent, n'est rien par lui-même, puisque si ces changements n'existaient pas, le temps n'existerait pas non plus. Nous avons donné à la *liaison* des perceptions le nom de *temps*, sans pour cela établir une forme particulière, indépendante des perceptions ou des faits eux-mêmes Voilà pourquoi nous ne pouvons pas dire ce que nous entendons par *le temps*, car nous voulons qu'il soit hors du sentiment des phénomènes, et il en est inséparable. Le *temps*, ainsi défini, présente cette propriété : il existe seulement dans le présent; une fois écoulé, il est nul, et l'avenir n'est pas en notre puissance. Les souvenirs ne diffèrent pas d'un présent imaginé analogue ou semblable à une suite d'états ayant affecté nos sens. Ce qui est arrivé est évidemment nul, et les impressions restantes ne prouvent rien contre cette nullité. Il en est de même pour les choses prévues par analogie ou par le raisonnement; cette prévoyance constitue simplement un état présent.

On construit pourtant des chronomètres et d'autres machines destinées à mesurer le temps d'une manière uniforme, et pas un de ces instruments n'est juste; quand bien même ils sont réglés sur la marche d'un astre, celle-ci étant soumise à des variations, ils ne peuvent atteindre le but qu'on se propose. L'uniformité du temps se conçoit, dit-on, et les erreurs des instruments s'évaluent. Cela est possible relativement; et, en vérité, cette uniformité n'existe pas, ces estimations ne sont qu'approchées, tout cela n'étant applicable qu'à un instant qui est au temps ce qu'un point est à l'espace. Néanmoins, l'homme prétend connaître le temps, et il pousse son assurance jusqu'à plonger sa pensée dans l'immensité sur laquelle il raisonne sans la comprendre.

En tenant un raisonnement analogue sur l'idée liée au mot *espace*, on verrait que cette idée est inhérente à l'existence des sensations matérielles, puisqu'un homme dont les sens seraient totalement inactifs, par suite de l'absence de toute matière, ne se douterait pas qu'il pût y avoir de l'espace.

Ainsi, la matière conduit à la notion de l'espace, et les changements de la matière ou ses transformations donnent l'idée du temps. Le temps et l'espace sont donc inséparables de la matière, ils ne sont pas des choses différentes ou indépendantes des idées qu'on se forme de celle-ci. La matière, voilà le principe de toute la nature tangible, par rapport à nous. Toutes nos pensées, tout ce que nous imaginons en dehors du monde matériel, sont l'inconnu. L'univers perceptible n'est que la matière subissant des transformations perpétuelles. . . . .

Le philosophe de bonne foi, après avoir erré de doute en doute, de système en système, finit par se reposer pour écouter sa conscience ; elle lui parle plus haut que jamais. Il consulte ses idées, rappelle ses impressions, se replie sur lui-même. Il cherche où la philosophie le conduit, où ses principes l'entraînent, et, à un moment donné, il hésite, croyant voir des prétentions illusoires à la place de ce qu'il prenait pour la vérité. Son entendement, devenu un dédale d'opinions entre-choquées, a usé son activité. C'est l'abeille ayant quitté les jardins pour entrer dans une chambre ; elle veut en sortir, voyant qu'elle s'est fourvoyée ; mais elle tombe étourdie, après avoir frappé les vitres de sa tête. Heureuse si la fenêtre s'ouvre et si elle a conservé assez de forces pour reprendre possession des parfums et des fleurs, Dans cet état, son orgueil étant mis de côté, le penseur se voit dans l'impossibilité de rien établir logiquement, son sentiment triomphe de sa raison faussée par des idées abstraites et embrouillées. Eh quoi !

le point, la ligne, le temps, l'espace, bases de toutes les connaissances, ne peuvent être fixés : pour les uns, ces termes représentent des objets déterminés ; pour les autres, ce sont des états, des propriétés, des modes manifestés par la matière, ou des façons de notre esprit pour la concevoir ; et l'on voudrait que tout fût établi positivement sur ces éléments douteux ! on voudrait que notre intelligence ne pût reculer en face de l'infini et de l'éternité !

Le sentiment nous mène donc à la vérité : il nous montre une harmonie générale, une intention éternelle qui est la volonté divine. Il finit par nous mettre en garde contre la vanité de l'esprit fort, contre cette philosophie réaliste expliquant tout par des transformations successives. Il nous pénètre de la réalité d'une intelligence sublime, cause de l'ordre admirable qui règne partout. Le sentiment nous empêche de donner à la matière cette faculté créatrice et prévoyante qui a si bien su disposer chaque chose pour toucher à son but, et toutes choses fonctionnant simultanément et avec un accord parfait pour concourir au résultat universel, c'est-à-dire au mouvement, aux changements progressifs, à l'animation, à la vie.

Ici nous nous rappelons une pensée bien vraie de Pope, philosophe et poëte : « Comment pouvons-nous avoir la prétention de connaître les véritables lois primordiales qui gouvernent le monde, quand il nous est impossible de pénétrer les dépendances qui unissent les différentes parties de l'univers ? » Nous occupons le premier rang sur la terre, il est vrai ; mais nous ignorons ce que nous sommes par rapport aux créations des autres sphères ; et puisque ce point essentiel à l'estimation de notre valeur réelle nous est inconnu, le parti le plus sage que nous aurions à prendre serait de nous résigner à accepter tranquillement la limite posée à notre courte vue. Mais nous voulons tout analyser, et nous éludons les grandes difficultés en donnant sur les choses les plus obscures des définitions non moins confuses.

Les philosophes apparaissent alors comme des ferrailleurs se battant par principes ; un coup fourré porté vigoureusement par une main inexpérimentée peut tuer un de ces invulnérables. De même, les plus fines arguties philosophiques ne sont pas à l'épreuve du simple bon sens. On peut réduire au silence avec des raisonnements serrés, mais on ne peut empêcher à des arguments imprévus et solides de réduire à néant les systèmes les mieux combinés.

Il est certain que la philosophie range la morale dans ses attributions, et croit se donner ainsi une importance réelle. Cependant, si chaque branche de la science a sa valeur intrinsèque, il ne faut pas l'exagérer, et il en est quelques-unes que l'on a beaucoup trop estimées ; il semble que leur possession soit réservée à un petit nombre d'esprits supérieurs. Parmi ces connaissances, se trouve, selon nous, la métaphysique. Nous avouons faire un grand cas de la saine philosophie, mais pourquoi trouve-t-on si peu de vrais philosophes? Tous prétendent avoir perfectionné la psychologie; chacun d'eux a son système des facultés de l'âme. Néanmoins, quelle distance sépare encore de la vérité Locke, Condillac et leurs successeurs! Nous craignons bien que tous les efforts tentés dans cette carrière soient vains; car, sur ces choses, les savants n'en savent guère plus que les simples d'esprit, lesquels n'y ont jamais songé. Il est impossible de comprendre nettement les idées rattachées aux expressions esprit, âme, en dehors du sentiment intérieur; elles traduisent des nuances matérielles plus ou moins obscures, et les plus fortes preuves que nous ayons de l'immatérialité de la pensée, sans toutefois la comprendre, se trouvent dans les notions simples dispensées à tous les hommes sans distinction.

Quant aux grandes découvertes dont on gratifie la philosophie moderne, nous avouons sincèrement ne pas les connaître; nous n'avons pas su les trouver, car nous avons souvent cherché sans succès. Quoi qu'il en soit, il est certain que la morale peut facilement se passer de ces nouvelles forces, puisqu'il y a longtemps qu'on possède les moyens de la constituer. Voici à cet égard l'opinion de Locke : « ... Je ne ferai pas difficulté de dire que je ne doute nullement qu'on puisse déduire, de propositions évidentes par elles-mêmes, les véritables mesures du juste et de l'injuste par des conséquences nécessaires, et aussi incontestables que celles qu'on emploie dans les mathématiques, si l'on veut s'appliquer à ces discussions de morale avec la même indifférence et avec autant d'attention qu'on s'attache à suivre des raisonnements mathématiques... Mais il ne faut pas espérer qu'on s'applique beaucoup à ces découvertes, tandis que le désir de l'estime, des richesses ou de la puissance portera les hommes à épouser les opinions autorisées par la mode, et à chercher ensuite des arguments, ou pour les faire passer pour bonnes, ou pour les fonder et couvrir leur difformité, rien n'étant si agréable à l'œil que la vérité l'est à l'esprit, rien n'étant si difforme, ni si incompatible avec l'entendement que le mensonge... »

Les conséquences scientifiques qui découlent de l'étude que nous avons faite, peuvent se formuler en quelques mots :

Tout est ordonné par poids et par mesure; l'extension des lois de notre système planétaire aux autres systèmes stellaires en est une preuve. Les lois éternelles, dont jusqu'ici nous n'avons saisi que l'ombre, sont une certitude de la continuité de la nature. Qu'elle subisse des bouleversements, des transformations qui nous semblent extraordinaires, cela doit être; mais, en réalité, tout marche, tourne et se modifie suivant ces lois immuables. Rien ne se transmute capricieusement, depuis le plus petit atome jusqu'à la masse céleste la plus considérable. Tout est coordonné pour la vie qui prend des formes infinies, parce que tout s'enchaîne, tout est en connexion intime : les moindres corps sont soumis aux influences générales, et possèdent les propriétés qui dérivent de la force créatrice. Tout se meut, tourbillonne, se compose et décompose pour prendre des aspects nouveaux, revenir aux premiers et en changer encore, en passant par toutes les transitions possibles, car c'est le rôle des lois ordonnatrices, aussi anciennes que le monde, inséparables de la matière, inhérentes à son existence.

TABLE DES MATIÈRES

INTRODUCTION.

CHAPITRE I.

CHAPITRE II.

CHAPITRE III.

CHAPITRE IV.

CHAPITRE V.

CHAPITRE VI.

CHAPITRE VII.

CHAPITRE VIII.

CHAPITRE IX.

CHAPITRE X.

CHAPITRE XI.

CHAPITRE XII.

FIN DE LA TABLE DES MATIÈRES.

Paris. — Imprimerie P.-A. Bourdier et Cie, rue Mazarine, 30.

— S. Vaillant. — Voyage de Linné à Paris. — Création de jardins botaniques. — Du Fay placé à la tête du Jardin du roi. — Les Jussieu. — La physiologie végetale — Buffon succède à Du Fay. — Emploi du microscope. — Publication de figures d'animaux. — Marie-Sybille, Mérian. — Travaux de Réaumur sur les insectes — Hérissant et Brisson. — La conchyliologie. — Les polypes et les infusoires. — Trembley. — L'anatomie et la physiologie humaines. — Méry, Duverney, et Littre. — Les ovistes et les spermatistes. — Petit et Helvetius. — La Peyronie et le siége de l'âme. — La paléontologie, Ant. de Jussieu et Sauvage de La Croix. — Systemes de cosmogonie de Maillet et Buffon. — Alliance des sciences et des lettres. — Mme du Châtelet et Voltaire. — Maupertuis. — Popularité de l'Académie des sciences. — Mairan succède à Fontenelle — Grandjean de Fouchy. — Condorcet. — Opposition de Buffon et de D'Alembert, leur caractère différent. — Daniel Bernoulli et Euler. — Les diverses publications de l'Académie, *La Connaissance des temps*. — Recueil de *machines de l'Académie*. — Vaucanson. — Visite de grands personnages. — La géométrie descriptive. — La statistique. — Progres de la mecanique — Montalembert et D'Arcy. — Perronet. — Monge. — La machine à vapeur. — Le marquis de Jouffroy. — Les instruments d'optique et d'horlogerie. — Leroy, Lepaute. — Voyages de Pingré, de Chappe d'Auteroche et de Legentil — Catalogues d'etoiles — Lalande. — D'Agelet et Messier. — La mécanique céleste. — D Alembert, Lagrange, Laplace. — Sylvain Bailly. — Pingré — Voyages autour du monde — Bougainville, Kerguelen, Borda. — La chaleur. — Systemes de Du Fay et de l'abbé Nollet. — Franklin. — Les deux électricités. — Les paratonnerres. — Application de l'electricité a la médecine. — La torpille. — Le magnétisme terrestre. — L'aiguille aimantee. — Hauy. — Rochon. — Decouverte des ballons — Montgolfier, Charles, Lemonnier. — Progrés de la chimie. — Rouelle et Macquer — Darcet — Lavoisier. — Chaptal. — Guyton de Morveau. — Intervention de l'Académie dans des questions d'industrie — Berthollet. — Fourcroy — Lassone et Sage — La métallurgie. Dietrich et Cl. Morand. — Werner. — Les volcans. — Dolomieu. — La cristallographie — La botanique descriptive. — Botanistes voyageurs. — Thouin. — Adanson. — Lamarck. — Les herborisations à la mode. — Progrés de l'agriculture. — Tillet et Tessier. — L'économie politique à l'Académie des sciences. — Quesnay et Turgot — Parmentier. — Progres de la zoologie — Rivalite de Réaumur et de Buffon. — Daubenton — Gueneau de Montbéliard et l'abbé Bexon. — Sonnini, et autres zoologistes. — Progres de l'art vétérinaire. Bourgelat. — Travaux sur l'osteologie. — Les anatomistes de l'Académie. — Progres de la physiologie. — Vicq-d'Azyr, Haller. — L'anthropologie. — Camper et Meckel. — Bordeu. — Bichat, Stahl — L'anatomie comparée — Naissance de la paleontologie. — Sur le magnétisme animal. — La panification — La réforme du cadastre. — Fondation d'un prix par M. de Montyon. — Membres de l'Academie aux Etats generaux et a l'Assemblée législative. — Nouveau systeme de poids et mesures. — Travaux de la mesure d'un arc du meridien. — Travaux de Delambre, Méchain et Borda. — Le télégraphe. — Les séances suspendues. — Dissolution de la Compagnie. — Lakanal fait rendre par la Convention un décret destine à conserver l'Académie des sciences. — Mort de Condorcet. Bailly, Lavoisier, etc. — Le 9 thermidor. — Fondation de l'Institut — Réorganisation de l'Institut en 1803. — Retablissement des anciennes Académies en 1816. — La nouvelle Académie des sciences. — L'ancienne science et la nouvelle, etc.

L'ANCIENNE ACADÉMIE

DES INSCRIPTIONS ET BELLES-LETTRES

1 vol. in-12 : 3 fr. 50 c.

Sommaire.

Caractère de cette Académie. — Elle est une académie des sciences historiques. — But que se proposait Louis XIV en fondant cette académie. — Elle est sortie de l'Académie française — Premières reunions. — Faveur de Colbert. — Charles Perrault. — Louvois prend part aux travaux de l'Academie. — L'Académie des médailles. — Pontchartzain, l'abbé Bignon. — Les nouveaux membres. — Composition de l'Académie royale des inscriptions et médailles. — Principaux membres honoraires : Mabillon, le pere Lachaise, etc. — Principaux associes : Fontenelle, Rollin, etc. — Nouveaux membres pensionnaires — Caractère des premiers travaux de l'Académie des inscriptions et médailles. — Sa dependance du pouvoir. — Continuation de l'histoire métallique de Louis XIV. — Le goût de l'érudition commence à se répandre. — Caractere des études sur l'antiquité au commencement du xviiie siècle. — Institution des membres veterans. — Associés etrangers. — Travaux archeologiques. — Premiers travaux sur la chronologie. — Louis XV à l'Académie. — L'etude de l'antiquite amene certaines questions philosophiques et religieuses. — Liberte d'opinions à l'Académie. — Sa tolérance — Nic Boindin. — Ecole de libres penseurs. — Travaux sur la philosophie des anciens — Alliance de l'erudition et des sciences. — Prejuges des philosophes du xviiie siecle a l'egard de l'erudition. — Freret — Louis Dupuy. — Ameilhon. — Premiers travaux sur l'histoire de la medecine et sur l'histoire naturelle des anciens. — De la supériorite des lettres sur les sciences; opinions de l'abbé Duresnel, de Freret, de l'abbe Gedoyn — Dangers de l'etude de l'antiquité. — Premieres etudes mythologiques dans l'Academie, leur critique. — L'abbé Banier. — Travaux de La Barre. — Etude de Freret sur la religion des Romains. — L'abbe Méngault. — Mairan. — Questions de mythologie mises au concours — Travaux de Sainte-Croix. — Etude du culte des anciens. — Travaux sur l'histoire de la magie. — L'abbé Foucher. — La Nauze. — Le président de Brosses. — Discussion sur les Pélasges. — Travaux de Gibert sur les premiers temps de la Grèce. — Excellence des travaux de Fréret sur l'ethonologie ancienne. — Discussions sur la date de la naissance du Christ. — Travaux de La Nauze sur la chronologie égyptienne. — La chronologie assyrienne — Recherches chronologiques : Larcher ; Bougainville. — L'épigraphie grecque : Barthélemy; Villoison. — Travaux sur l'histoire romaine. — Lévesque de Pouilly. — Travaux de Bouchaud, Bourdon de Sigrais. — Le Beau, Maizeroy. — La marine des anciens. — Leroy. — Épigraphie latine. — Geographie ancienne des Gaules — L'abbé Belley. — Etude des monuments en France : l'abbé Lebœuf. — L'ancienne Gaule : travaux de D'Anville. — La metrologie — Le stade. — Anquetil du Perron. — Étude de la religion des Gaulois. — Celtomanie. — Fréret. — Vertot. — L'abbe Dubos. — Foncemagne. — Travaux sur les Mérovingiens. — Travaux des Bénédictins. — Les *Historiens de France*, le *Gallia christiana*. — Travaux de Secousse, Bréquigny, Lancelot, Garnier, Dom Poirier, etc. — Le président Hénault. — Le père Lelong. — Études sur l'ancienne France : les mœurs, les institutions, les écrivains.— Rapports du français avec les langues germaniques. — Travaux de Tercier, de Lacurne-Sainte-Palaye. — Recherches sur l'histoire de l'imprimerie. — Étude de la numismatique : Belley, Barthélemy, Caylus, Montfaucon. — Pierres gravées. — Travaux sur la peinture antique : Winckelmann. — Voyage de Barthélemy en Italie. — Voyage en Grèce de Choiseul-Gouffier. — La musique des anciens. — Le théâtre grec. — Fausses couleurs sous lesquelles on présentait alors l'antiquité.— Faiblesse des traductions. — Étude des textes manuscrits : Dansse de Villoison. — — Études des langues orientales : Sylvestre de Sacy. — Le chinois : Fourmont; De Guignes; les missionnaires en Chine. — Travaux sur l'histoire orientale.— Les livres zends.— Anquetil du Perron et Sainte-Croix. — Les antiquités de la Phénicie. — Travaux de Barthélemy sur la langue égyptienne. — Ignorance des langues étrangères à cette époque. — Tableau de la vie intérieure de l'Academie des inscriptions. — Bibliothèques. — Lieux de réunion des érudits. — Falconnet.— L'Académie et Voltaire. — Burigny. — Bailly, représentant de la philosophie nouvelle dans les travaux d'érudition. — Influence des idées du dix-huitieme siècle : Dupuis ; Rabaut-Saint-Étienne ; Pastoret. — Séances publiques de l'Académie des inscriptions. — Questions politiques. — Instructions demandées à cette Académie. — Union des sciences politiques et historiques : Turgot; Raynal; Mably; Laverdy. — Les procès politiques. — L'Académie s'efface de plus en plus. — Influence et portrait de ses différents secrétaires perpétuels. — L'esprit anglais et l'esprit français. — L'érudition allemande et l'érudition française. — Suppression de l'Académie. — Sections de l'Institut qui remplacent l'ancienne Académie. — Hommes qui les composaient. — La nouvelle Académie des inscriptions et belles-letres, etc.

Paris. — Imprimerie P.-A. Bourdier et Cie, 30, rue Mazarine.

LIBRAIRIE ACADÉMIQUE

DIDIER ET CIE

PARIS

35, QUAI DES AUGUSTINS, 35

1864

OUVRAGES SOUS PRESSE

WHYTE MELVILLE, traduit par BERNARD DEROSNE. **Les Gladiateurs, ou Rome et Judée.** Roman antique 2 vol. in-8.

BUNSEN. Dieu dans l'Histoire, trad. par M. DIETSCH, avec une Introduction par M. HENRI MARTIN. 1 vol. in-8.

POIRSON. Histoire de Henri IV (*Ouvrage qui a remporté le prix Gobert à l'Académie française*). Nouvelle édition entièrement revue, T. III et suiv.

V COUSIN. La Jeunesse de Mazarin. 1 vol. in-8.

AMÉDÉE THIERRY. Tableau de l'Administration romaine sous l'Empire. 1 vol. in-8.

—— **Nouveaux récits de l'Histoire romaine.** 1 vol.

DAREMBERG Études sur l'Histoire de la Médecine. 1 vol.

PHILARÈTE CHASLES. Voyages d'un critique à travers la vie et les livres. 2 vol.

BOILLOT. Histoire de l'Astronomie au XIXe siècle. 1 vol. in-12.

LA MORVONNAIS. La Thébaïde, suivie d'autres poésies. 1 vol.

LEBRUN, de l'Académie française. **Œuvres poétiques et dramatiques.** 4 vol. in-12.

ÉDEL. DU MÉRIL. Histoire de la Comédie dans l'Antiquité. 1 vol.

J. J. AMPÈRE. Formation de la Langue française. Nouvelle édit. revue, 1 vol. in-8

ÉDOUARD FOURNIER. Molière au théâtre et chez lui. 1 vol.

ÉMILE SAISSET. Histoire du Scepticisme. 2 vol. in-8.

Le général CREULY et ALEX. BERTRAND. Commentaires de César :

Guerre des Gaules. Trad. et texte avec notes historiques et archéologiques, 2 vol. in-8.

C. FLAMMARION. Pluralité des Mondes habités. 1 vol.

PEZZANI. Pluralité des existences. 1 vol.

BAGUENAULT DE PUCHESSE. L'Immortalité. 1 vol.

Le Dr MARY. Christianisme et libre examen. Revue des principaux arguments des apologistes, etc. 2 vol.

E. et J. DE GONCOURT. La Société française pendant la Révolution et l Directoire. 2 vol.

Mme de *, née DE SÉGUR. Marie Leckzinska.** 1 vol.

LÉON LAGRANGE. Carle et Horace Vernet. 1 vol. in-8.

ARSÈNE HOUSSAYE. Léonard de Vinci. 1 vol.

AD. JOBEZ. La France sous Louis XV. Tome II et suiv.

J. F. BOISSONADE

Critique littéraire sous le 1er empire, avec une notice par M. Naudet, de l'Institut, et une étude de M. F. Colincamp, etc. 2 forts vol. in-8 avec portrait. 16 fr.

BONNECHOSE (ÉMILE DE)

Histoire d'Angleterre, depuis les temps les plus reculés jusqu'à l'époque de la Révolution française, avec un résumé chronologique des événements jusqu'à nos jours. (*Ouvrage couronné par l'Académie française*) 4 vol. in-8. . . . . . 28 fr.

BROGLIE (DUC DE)

Écrits et Discours. Philosophie, littérature, politique. 3 vol. in-8. . . 21 fr.

BROGLIE (A. DE)

L'Église et l'Empire romain au IVe siècle. — 2 Parties :

1re partie : Règne de Constantin. 3e édition revue et corrigée. 2 vol. in-8. 14 fr.

2e partie : Constance et Julien l'Apostat. 2e édit. 2 vol. in-8 . . . . . 14 fr.

Le prince de Broglie et dom Guéranger, par l'abbé Marty, in-8. . 1 fr.

CARNÉ (L. DE)

Les Fondateurs de l'Unité française. — Suger.—Saint Louis.—Du Guesclin.—Jeanne d'Arc.—Louis XI.—Henri IV — Richelieu.—Mazarin. 2 vol. in-8. 14 fr.

La Monarchie française au XVIIIe siècle. Études historiques sur les règnes de Louis XIV et de Louis XV. Nouv. édit. 1 vol. in-8. . . . . 7 fr.

L'Histoire du Gouvernement représentatif en France (Études sur), de 1789 à 1848. (*Ouvrage couronné par l'Académie française.*) 2 vol. in-8. . . . . . 14 fr.

CASELLI (Dr)

La Réalité ou Accord du spiritualisme avec les faits, etc. 1 vol. in-8. . . . 6 fr.

CASTLE (Dr)

La Phrénologie spiritualiste. Nouv. études de psychologie appliquée. 1 vol. in-8. . . . . 7 fr.

CHASSANG

Apollonius de Tyane, sa vie, ses voyages, ses prodiges, par Philostrate, et ses lettres; ouv. trad. du grec, avec notes, etc. 1 vol. in-8 . . . . 7 fr.

Histoire du Roman dans l'antiquité grecque et latine et de ses rapports avec l'histoire. (*Ouvrage couronné par l'Académie des inscriptions*). 1 vol. in-8. 7 fr.

CLÉMENT (PIERRE)

Enguerrand de Marigny, *Beaune de Semblançay, le Chevalier de Rohan*. Épisodes de l'histoire de France. 2e édition. 1 vol. in-8. . . . . 7 fr.

Jacques Cœur et Charles VII, ou la France au xve siècle, étude historique (*Ouvrage couronné par l'Académie française.*) 2 vol. in-8 avec fig. . . . . 12 fr.

COMBES (F.)

La princesse des Ursins. — Essai sur sa vie et son caractère politique. 1 vol. in-8. . . . . 7 fr.

COURDAVEAUX

Du Beau dans la Nature et dans l'Art. In-8. . . . . 3 fr. 75

Entretiens d'Epictète, recueillis par Arrien, trad. nouvelle et complète. 1 vol. in-8. . . . . 7 fr.

COUSIN (V.)

La Société française au XVIIe siècle, d'après le *Grand Cyrus*, roman de mademoiselle de Scudéry. 2 beaux vol. in-8. . . . . 14 fr.

— **Madame de Chevreuse**. 2e édit. 1 vol. in-8, orné d'un joli portrait. . 7 fr.

— **Madame de Hautefort**. 1 vol. in-8, avec un joli portrait. . . . . . . 7 fr.

— **Jacqueline Pascal**. 4e édition 1 vol. in-8, *fac-simile*.. . . . . 7 fr.

— **La Jeunesse de madame de Longueville.** 4e édition, revue et augmentée. 1 vol. in-8, 2 portraits. 7 fr.

— **Madame de Longueville pendant la Fronde** (1651-1653). 1 vol. in-8. 7 fr.

COUSIN (V.) (*suite*)

— **Madame de Sablé.** 2ᵉ édition. 1 vol. in-8. . . . . 7 fr.
Études littéraires. 2 vol. in-8 qui se vendent séparément :
— **Études sur Pascal** 1 vol. in-8.. . . . . 7 fr.
— **Fragments et Souvenirs littéraires.** 1 vol. in-8. . . . . 7 fr.
Premiers Essais de Philosophie Nouv. édit 1 vol. in-8. . . . . 6 fr.
Introduction à l'Histoire de la Philosophie. Nouv. édition .1 vol. in-8. . 6 fr.
Histoire générale de la Philosophie depuis les temps les plus anciens jusqu'à la fin du dix-huitième siècle 1 vol. in-8.. . . . . 7 fr.
Philosophie de Locke. Nouvelle édition entièrement revue. 1 vol. in-8. 6 fr.
Du Vrai, du Beau et du Bien, 10ᵉ édition augmentée d'un appendice sur l'art français, etc. 1 beau vol. in-8 avec un portrait de M. Cousin. . . . . . 7 fr.

DANTE

La Divine Comédie, traduct de F. Lamennais, avec introduction, notes et le texte italien, publ. par M. E. D. Forgues. 2 vol. in-8. . . . . 14 fr.

DE BROSSES

Le Président de Brosses en Italie. Lettres familières écrites d'Italie en 1739 et 1740, par Ch de Brosses. 2ᵉ édition revue sur les manuscrits, et accomp. d'une Étude par M. R. Colomb. 2 vol. in-8.. . . . . 12 fr,

DELÉCLUZE (E. J.)

Louis David. Son école et son temps. Souvenirs. 1 vol. in-8.. . . . . . . 7 fr.

DELORME (S.)

Les Hommes d'Homère. Essai sur les mœurs de la Grèce aux temps héroïques. 1 vol. in-8. . . . . 7 fr.

DELTOUR (F.)

Les Ennemis de Racine au xviiᵉ siècle. (*Ouvrage couronné par l'Académie française.*) 1 vol. in-8. . . . . 5 fr.

DESJARDINS (ERNEST)

Le grand Corneille historien. 1 vol. in-8 . . . . 5 fr.
Alésia (7ᵉ campagne de Jules César). Résumé du débat, etc., suivi de notes inédites de Napoléon Iᵉʳ sur les Commentaires de Jules César. In-8, avec *fac-simile*. 3 fr.

CH. DESMAZE

Le Châtelet de Paris, son organisation, ses priviléges, etc. 1 vol. in-8. . 7 fr.

DREYSS (CH.)

Mémoires de Louis XIV pour l'instruction du dauphin. 1ʳᵉ édit. complète, avec une étude sur la composition des Mémoires et des notes. 2 vol. in-8. . 14 fr.

DROMEL

La loi des Révolutions. 1 vol. in-8.. . . . . 7 fr.

DUBOIS D'AMIENS (FRÉD.)

Éloges prononcés à l'Académie de Médecine. 2 vol. in-8. . . . . 14 fr.

DUBOIS GUCHAN

Tacite et son siècle, ou la société romaine impériale, d'Auguste aux Antonins, dans ses rapports avec la société moderne. 2 beaux volumes in-8. . . . . 15 fr.

DU CELLIER

Histoire des Classes laborieuses en France, depuis la conquête de la Gaule par Jules César jusqu'à nos jours. 1 vol. in-8. . . . . 7 fr.

EICHHOFF (F. G.)

Tableau de la Littérature du Nord, au moyen age, en Allemagne, en Angleterre, en Scandinavie et en Slavonie. Nouv. édit. revue et augmentée. 1 vol. in-8. 6 fr.

FALLOUX (Cte DE)

Correspondance du P. Lacordaire avec Madame Swetchine, publiée par M. DE FALLOUX. 1 vol. in-8 . . . . 7 fr. 50

Madame Swetchine. Journal de sa conversion, méditations et prières publiées par M. DE FALLOUX 1 vol in-8. . . . . 7 fr. 50

Madame Swetchine. Sa vie et ses pensées, publiées par M. de Falloux. 4e édit. 2 vol. in-8. . . . . 15 fr.

Lettres de madame Swetchine, publiées par M. DE FALLOUX 2 vol. in-8. 15 fr.

FEILLET

La Misère au temps de la Fronde et saint Vincent de Paul, ou un chapitre de l'histoire du paupérisme. 2e édit. revue. 1 vol. in-8.. . . . . 7 fr.

FERRARI (J.)

Histoire des Révolutions d'Italie, ou Guelfes et Gibelins. 4 vol. in-8. . 28 fr.

FEUGÈRE (LÉON)

Caractères et Portraits littéraires du XVIe siècle, 2 vol. in-8.. . . . 14 fr.

Les Femmes poëtes au XVIe siècle, étude suivie de notices sur mademoiselle de Gournay, d'Urfé, Montluc, etc. 1 vol. in-8. . . . . 7 fr.

GEFFROY (A.)

Lettres inédites de Mme des Ursins, avec une introd. et des notes. 1 v. in-8 7 fr.

GERMOND DE LAVIGNE

Le Don Quichotte de FERNANDEZ AVELLANEDA, traduit de l'espagnol et annoté. 1 beau vol. in-8. . . . . 6 fr.

GÉRUZEZ (E.)

Histoire de la Littérature française depuis ses origines jusqu'à la Révolution. (*Ouvrage couronné par l'Académie française. Prix Gobert.*) 3e édit. 2 v. in-8. 14 fr.

SAINT-MARC GIRARDIN

Tableau de la Littérature française au XVIe siècle, suivi d'études sur la littérature du moyen âge et de la Renaissance. 1 vol. in-8. . . . . 7 fr.

Lettres inédites de Voltaire, publ. par MM. de CAYROL et FRANÇOIS, avec introduction, par M. SAINT-MARC GIRARDIN. 2e édit. augm. 2 vol. in-8.. . . . . 14 fr.

GODEFROY (F.)

Lexique comparé de la langue de Corneille et de la langue du XVIIe siècle en général. (*Ouvrage couronné par l'Académie française.*) 2 vol. in-8. . . . . 15 fr.

GUADET

Les Girondins, leur vie politique et privée, leur proscription, leur mort. 2 vol. in-8. . . . . 12 fr.

GUÉRIN (MAURICE ET EUGÉNIE DE)

Journal, lettres et fragments, publiés par M. TREBUTIEN, avec une étude par M. SAINTE-BEUVE. 2 volumes in-8.. . . . . 14 fr.

GUIZOT

Sir Robert Peel, étude d'histoire contemporaine, accompagnée de fragments *inédits* des Mémoires de Robert Peel. Nouvelle édition 1 vol. in-8.. . . . . 7 fr.

Histoire de la Révolution d'Angleterre, depuis l'avénement de Charles Ier jusqu'à la mort de R. Cromwell (1625-1660). 6 vol. in-8, en 3 parties. . . 42 fr.

— **Histoire de Charles Ier,** depuis son avénement jusqu'à sa mort (1625-1649) précédée d'un *Discours sur la Révolution d'Angleterre*. 8e édit. 2 vol. in-8. 14 fr.

— **Histoire de la République d'Angleterre et de Cromwell** (1649-1658). 2e édit. 2 vol. in-8. . . . . 14 fr.

— **Histoire du protectorat de Richard Cromwell,** et du *Rétablissement des Stuarts* (1659-1660). 2e edit. 2 vol. in-8. . . . . 14 frs

GUIZOT (*suite*)

Études sur l'Histoire de la Révolution d'Angleterre, 2 vol. in-8 :
— **Monk. Chute de la République**. 5ᵉ édit. 1 vol. in-8, portrait. . . . . 6 fr.
— **Portraits politiques** des hommes des divers partis. *Parlementaires, Cavaliers, Républicains, Niveleurs.* Etudes historiques. Nouv. édit. 1 vol. in-8.. 6 fr.
Essais sur l'Histoire de France. 10ᵉ édit. revue et corrigée. 1 vol. in-8. 6 fr.
Histoire des origines du gouvernement représentatif et des institutions politiques de l'Europe, etc. jusqu'au XIVᵉ siècle. (*Cours d'Histoire moderne de* 1820 à 1822.) Nouv. édit. 2 vol. in-8. . . . . 10 fr.
Histoire de la civilisation en Europe et en France, depuis la chute de l'empire romain jusqu'à la Révolution française. Nouv édition. 5 vol. in-8. 30 fr.
Discours académiques, suivis des discours prononcés pour la distribution des prix au Concours général et devant diverses sociétés, etc 1 vol. in-8. . . 6 fr.
Corneille et son temps. Etude littéraire : 1° *Etat de la Poésie en France avant Corneille;* — 2° *La vie et les œuvres de Corneille;* — 3° *Chapelain, Rotrou* et *Scarron,* etc. 1 vol. in-8. . . . . 5 fr.
Méditations et études morales. Nouv. édit 1 vol. in-8. . . . . 6 fr.
Études sur les beaux-arts en général. 3ᵉ édit. 1 vol. in-8. . . . . . . 6 fr.
Abailard et Héloïse, essai historique par M. et Mᵐᵉ GUIZOT, suivi des *Lettres d'Abailard et d'Héloïse,* traduites par M. Oddoul. Nouv. édit. 1 vol. in-8. 6 fr.
Grégoire de Tours et Frédégaire. — HISTOIRE DES FRANCS ET CHRONIQUE, trad. Nouv. édit. revue et augmentée de la *Géographie de Gregoire de Tours et de Frédégaire,* par M. ALFRED JACOBS. 2 vol in-8, avec une carte spéciale. . 14 fr.
Cet ouvrage est autorisé par décision ministérielle pour les Écoles publiques.
Œuvres complètes de W Shakspeare, traduction nouvelle de M. GUIZOT, avec notices et notes 8 vol. in-8. . . . . 40 fr.
Histoire de Washington *et de la fondation de la république des États-Unis,* par M. C DE WITT, avec une Introduction par M. GUIZOT. 3ᵉ edition, revue et augmentée. 1 vol. in-8, avec portraits et carte.. . . . . 7 fr.
Correspondance et Écrits de Washington, traduits de l'anglais et mis en ordre par M. GUIZOT. 4 vol. in-8.. 12 fr.
De la Démocratie en France 1 vol. in-8 de 164 pages. . . . . . . 2 fr. 50
Shakspeare et son temps. Étude littéraire, 1 vol. in-8. . . . . 5 fr.
Dictionnaire universel des synonymes de la Langue française, contenant les synonymes de GIRARD, BEAUZÉE, ROUBAUD, D'ALEMBERT, etc., augmenté d'un grand nombre de nouveaux synonymes, par M. GUIZOT. 6ᵉ édit. 1 vol. gr. in-8. 15 fr.
L'introduction de cet ouvrage est autorisée dans les Établissements d'instruction publique.

GUIZOT (GUILLAUME)

Ménandre. Étude historique et littéraire sur la Comédie et la Société grecques. (*Ouvrage couronné par l'Académie française.*) 1 vol. in-8, avec portrait. . . 6 fr.

HERDER

Histoire de la poésie des Hébreux, trad. de l'allemand par Mᵐᵉ DE CARLOWITZ. (*Ouvrage couronné par l'Académie française.*) 1 vol. in-8.. . . . . 6 fr.

HOUSSAYE (ARSÈNE)

Les Charmettes. — *J. J. Rousseau et Madame de Warens.* 1 beau volume avec portrait et grav. . . . . 7 fr.

JACQUINET

Des Prédicateurs au XVIIᵉ siècle avant Bossuet. 1 vol. in-8. . . . . 6 fr.

J. JANIN

La Poésie et l'Éloquence à Rome au temps des Césars. 1 vol. in-8. 7 fr.

JOBEZ

La France sous Louis XV (1715-1774). Tome Iᵉʳ. In-8. . . . . 6 fr.

JOUBERT

Pensées, Essais et Maximes, suivis de sa Correspondance, avec une Notice, par M. P. DE RAYNAL. 2 vol. in-8.. . . . . 12 fr.

LÉON LAGRANGE

Joseph Vernet et la peinture au XVIIIe siècle, avec grand nombre de documents inédits. 1 volume in-8. . . . . 7 fr.

MARY LAFON

Le Maréchal de Richelieu et madame de Saint-Vincent. 1 vol. in-8. . . 6 fr.

LA HARPE

Lycée ou Cours de Littérature. 18 vol. in-8.. . . . . 24 fr.

LAMENNAIS

Dante. La Divine Comédie, trad. accompagnée d'une introduction et de notes, avec le texte italien, publ. par M. E. D. Forgues 2 vol. in-8. . . . . . . 14 fr.

Correspondance inédite, publiée par M. Forgues. 2 vol. in-8. . . . . . 14 fr.

LAPRADE (V. DE)

Questions d'art et de morale. 1 vol. in-8. . . . . 7 fr.

LE COULTEUX DE CANTELEU

Les Sectes et les Sociétés secrètes politiques et religieuses. 1 v. in-8. 5 fr.

LE DIEU (L'ABBÉ)

Mémoires et journal de l'abbé Le Dieu, sur la vie et les ouvrages de Bossuet, publiés sur les manuscrits autographes. 4 vol. in-8.. . . . . 24 fr.

LÉLUT

Physiologie de la pensée. Recherche critique des rapports du corps à l'esprit. 2 vol. in-8. . . . . 14 fr.

LEMOINE (ALB.)

L'aliéné devant la philosophie, la morale et la société. 1 vol. in-8. . . 7 fr.

LITTRÉ

Histoire de la langue française. Études sur les origines, l'étymologie, la grammaire, etc. Nouv. édit. 2 vol. in-8.. . . . . 14 fr.

LIVET (CH.)

Précieux et Précieuses. Caractères et mœurs du XVIIe siècle. 1 vol. in-8. 7 fr.

La Grammaire française et les Grammairiens du XVIe siècle. (*Mention très-honorable de l'Académie des inscriptions.*) 1 fort vol. in-8.. . . . . 7 fr. 50

LOVE

Le Spiritualisme rationnel, à propos des divers moyens d'arriver à la connaissance, etc. 1 vol. in-8. . . . . 7 fr.

MARTHA BECKER

Le général Desaix. Étude historique. 1 vol. in-8, avec portrait. . . . 6 fr.

MATTER

Swedenborg. Sa vie, ses écrits, sa doctrine. 1 vol. in-8.. . . . . 7 fr.

Saint-Martin, *Le Philosophe inconnu,* sa vie, ses écrits; son maître Martinez et leurs groupes. 1 vol. in-8. . . . . 7 fr.

MAURY (ALF.)

Les Académies d'autrefois, 2 parties :

— *L'ancienne Académie des Sciences* 1 volume in-8. . . . . 7 fr.

— *L'ancienne Académie des Inscriptions et belles-lettres.* 1 volume in-8 . . 7 fr.

Croyances et légendes de l'antiquité. 1 vol. in-8. . . . . 7 fr.

Le Sommeil et les rêves. Études psychologiques. 1 vol. in-8. . . . . . 7 fr.

MERCIER DE LACOMBE (CH.)

Henri IV et sa politique. (*Ouvrage couronné par l'Académie française.* 2e prix Gobert.) 1 vol. in-8. . . . . 7 fr.

MERRUAU (P.)

L'Égypte contemporaine. 1840 à 1857. De Méhémet-Ali à Saïd-Pacha; avec une lettre de M. F. de Lesseps. 1 vol. in-8. . . . . 6 fr.

MIGNET

Éloges historiques : *Jouffroy, de Gerando, Laromiguière, Lakanal, Schelling, Portalis, Hallam, Macaulay.* 1 vol. in-8. . . . . 6 fr

Portraits et notices HISTORIQUES ET LITTÉRAIRES : *Sieyes, Rœderer, Livingston, Talleyrand, Broussais, Merlin D. de Tracy, Daunou, Siméon, Sismondi, Comte, Ancillon, Bignon, Rossi, Droz, Cabanis, Franklin,* etc. Nouv. édit. 2 v. in-8. 10 fr.

Histoire de Marie Stuart Nouv. édit. 2 vol. in-8 avec portrait. . . . . 12 fr

Charles-Quint, SON ABDICATION, SON SÉJOUR ET SA MORT AU MONASTÈRE DE YUSTE, 5e édit., revue et corrigée. 1 beau vol. in-8. . . . . 6 fr.

Histoire de la Révolution française depuis 1789 jusqu'en 1814. 8e édit. 2 vol in-8. . . . . 12 fr.

MOLAND (LOUIS)

Origines littéraires de la France. Roman, Légende, Prédication, Poétique, etc. 1 vol. in-8. . . . . 7 fr.

MONNIER (F.)

Le Chancelier d'Aguesseau, sa conduite et ses idées politiques, etc., avec des documents inédits et des ouvrages nouveaux du Chancelier. (*Ouvrage couronné par l'Académie française.*) 2e édition, augmentée. 1 vol. in-8. . . . . 7 fr.

MONTALEMBERT (COMTE DE)

L'Église libre dans l'État libre. Discours prononcé au congrès de Malines. 1 v in-8. . . . . 2 fr. 50

MORET (ERNEST)

Quinze ans du règne de Louis XIV 1700-1715. (*Ouvrage couronné par l'Académie française,* 2e prix Gobert.) 3 vol. in-8. . . . . 15 fr.

NOUVION (V. DE)

Histoire du règne de Louis-Philippe Ier, Roi des Français (1830-1840). 4 vol. in-8. . . . . 24 fr.

PELLISSON ET D'OLIVET

Histoire de l'Académie française. Nouv. édit. avec une introduction, des notes et éclaircissements, par M. CH. LIVET. 2 gros vol. in-8. . . . . . . 14 fr.

POIRSON (A.)

Histoire du règne de Henri IV. (*Ouvrage qui a obtenu deux fois le grand prix Gobert, de l'Académie française.*) Seconde édition, considérablement augmentée, 4 vol. in-8. Les tomes I et II en vente. — Prix du vol. . . . . 7 fr.

POUJADE (EUG.)

Chrétiens et Turcs, scènes et souvenirs de la vie politique, militaire et religieuse en Orient. 1 fort vol. in-8. . . . . 7 fr.

RAYNAUD (MAURICE)

Les Médecins au temps de Molière. Mœurs, Institutions, Doctr. 1 v. in-8. 7 fr.

RÉMUSAT (CH. DE)

Bacon. Sa vie, son temps et sa philosophie 1 vol. in-8. . . . . 7 fr.

Saint Anselme de Cantorbéry. Tableau de la vie des couvents et de la lutte des deux pouvoirs au XIe siècle. 1 fort vol. in-8. . . . . 7 fr.

Abélard : Sa vie, sa philosophie et sa théologie. 2 vol in-8. . . . . 14 fr.

L'Angleterre au XVIIIe siècle : Études et portraits 2 vol. in-8. . . . 14 fr.

Channing : Sa vie et ses œuvres, avec préface de M. DE RÉMUSAT. 1 vol. in-8. 7 fr.

RONDELET (ANT.)

Du Spiritualisme en économie politique. (*Ouvrage couronné par l'Académie des sciences morales.*) 1 vol. in-8. 6 fr.

ROUX (AMÉDÉE)

Montausier, sa vie et son temps. 1 vol. in-8. . . . . 6 fr.

ROUSSET (CAMILLE)

Histoire de Louvois et de son administration politique et militaire jusqu'à la paix de Nimègue. (*Ouvrage couronné par l'Académie française.* 1er prix Gobert.) 2 vol. in-8. 3e édit.. . . . . 14 fr.

Histoire de Louvois et de son administration depuis la paix de Nimègue jusqu'à sa mort. 2 vol in-8. . . . . 14 fr.

SACY (S. DE)

Variétés littéraires, morales et historiques 2e édit. 2 vol. in-8.. . . . . 14 fr.

J. BARTHÉLEMY SAINT-HILAIRE

Le Bouddha et sa religion. Nouv. édition, corr. et augm. 1 vol. in-8.. . 7 fr.

SAISSET (E.)

Précurseurs et Disciples de Descartes Études d'histoire et de philosophie. 1 vol. in-8.. . . . . 7 fr.

SALVANDY (N. DE)

Histoire de Sobieski et de la Pologne 2 vol. in-8. Nouv. édit. . . . . . 14 fr.

Don Alonso, ou l'Espagne, histoire contemporaine. Nouv édit 2 vol. in-8. 14 fr.

La Révolution de 1830 et le *Parti révolutionnaire*, ou Vingt mois et leurs résultats. Nouv. édit. 1 vol in-8. 1855. . . . . 5 fr.

Discours de MM. Berryer et de Salvandy à l'Académie française. In-8. 1 fr.

Discours de MM. de Sacy et de Salvandy à l'Académie française. In-8. 1 fr.

SAULCY (F. DE)

Histoire de l'Art judaïque, d'après les textes sacrés et profanes. 1 vol. in-8. 7 fr.

Les campagnes de Jules César dans les Gaules. Etudes d'archéologie militaire. 1re partie. 1 vol. in-8, fig. 7 fr.

SCHILLER

Œuvres dramatiques, trad. de M. DE BARANTE. Nouv. édit entièrement revue, accompagnée d'une étude, de notices et de notes. 3 vol. in-8 . . . . . 15 fr.

SCHNITZLER

Rostoptchine et Kutusof. *La Russie en* 1812. Tableau de mœurs et essai de critique historique. 1 vol. in-8.. 7 fr.

SCLOPIS (F.)

Histoire de la Législation italienne, trad. par M. CH SCLOPIS, 2 v. in-8.. 14 fr.

SHAKSPEARE

Œuvres complètes, trad. de M. GUIZOT. Nouv. édit. revue, accomp. d'une étude sur Shakspeare, de notices, de notes 8 vol. in-8. . . . . 40 fr.

SOREL

Le Couvent des Carmes et le Séminaire Saint-Sulpice pendant la terreur. 1 vol. in-8 avec pl. . . . . 7 fr.

THIERRY (AMÉDÉE)

Tableau de l'Empire romain, depuis la fondation de Rome jusqu'à la fin du gouvernement impérial en Occident. 1 vol. in-8.. . . . . 7 fr.

Histoire d'Attila, de ses fils et de ses successeurs en Europe. 2 vol. in-8. 14 fr.

Récits de l'Histoire romaine au ve siècle. 1 vol. in-8.. . . . . 7 fr.

TISSOT

Turgot. Sa vie, son administration, ses ouvrages. (*Ouvrage couronné par l'Académie des sciences morales.*) 1 vol. in-8.. . . . . 7 fr.

VILLEMAIN

Souvenirs contemporains d'Histoire et de Littérature. Première partie : M. de Narbonne, etc 7ᵉ édit 1 vol. in-8. 7 fr.

Souvenirs contemporains d'Histoire et de Littérature. Deuxième partie · Les Cent-Jours. 1 vol. in-8.. Nouv édit.. . . . . 7 fr.

La République de Cicéron, traduite avec une introduction et des suppléments historiques. 1 vol. in-8.. . . . . 7 fr.

Choix d'Études sur la littérature contemporaine : *Rapports académiques*, Études sur *Chateaubriand, A. de Broglie, Nettement*, etc. 1 vol. in-8. . . . . 6 fr.

Cours de Littérature française, comprenant : *Le Tableau de la Littérature au XVIIIᵉ siecle* et le *Tableau de la Littérature au moyen âge*. Nouv. édit. 6 vol. in-8. . . . . 36 fr.

— **Tableau de la Littérature** au xviiiᵉ siècle. 4 vol. in-8. . . . . 24 fr.

— **Tableau de la Littérature** au moyen âge. 2 vol. in-8.. . . . . 12 fr.

Tableau de l'éloquence chrétienne au ivᵉ siècle, etc. Nouv. édit. 1 fort vol. in-8.. . . . . 6 fr.

Discours et mélanges littéraires : *Éloges de Montaigne et de Montesquieu. — Sur Fénelon et sur Pascal. — Rapports et discours académiques.* Nouv. édit 1 vol. in-8.. . . . . 6 fr.

Études de Littérature ancienne et étrangère : *Études sur Hérodote, Lucrece, Lucain, Cicéron, Tibere et Plutarque — De la corruption des lettres romaines. — Essai sur les romans grecs. — Shakspeare; Milton; Byron*, etc. Nouv. édit. 1 vol. in-8.. . . . . 6 fr.

Études d'Histoire moderne : *Discours sur l'état de l'Europe au XVᵉ siecle. — Lascaris. — Essai historique sur les Grecs. — Vie de l'Hôpital.* 1 vol. in-8. 6 fr.

VILLEMARQUÉ (H. DE LA)

La Légende celtique et la poésie des cloîtres. 1 vol. in-8. . . . . 7 fr.

Les Bardes bretons. Poëme du viᵉ siècle, traduits pour la première fois en français avec le texte en regard, revus sur les manuscrits et accompagnés d'un fac-simile. Nouv. édit. 1 vol. in-8. . . . . 7 fr.

Les Romans de la Table ronde et les contes des anciens Bretons. Nouv. édit. 1 vol. in-8.. . . . . 7 fr.

Myrdhinn ou l'enchanteur Merlin. Son histoire, ses œuvres, son influence. 1 vol. in-8.. . . . . 7 fr.

VOLTAIRE

Lettres inédites de Voltaire, publiées par MM de Cayrol et François, avec une Introduction par M. Saint-Marc Girardin 2ᵉ édit. augmentée. 2 vol. in-8. 14 fr.

Voltaire à Ferney. Étude suivie de sa Correspondance inédite avec la duchesse de Saxe-Gotha, de nouvelles lettres et de Notes historiques inédites, publiées par MM. Evariste Bavoux et A. François. 1 vol. in-8. 1861. . . . . 7 fr.

Voltaire et le président de Brosses Correspondance inédite, suivie d'un supplément à la correspondance de **Voltaire** avec le roi de Prusse et d'autres personnages, publiée avec notes, par M. Th. Foisset. 1 vol. in-8.. . . . . 5 fr.

WITT (CORNELIS DE)

Études sur l'histoire des États-Unis d'Amérique. 2 volumes :

— **Thomas Jefferson** Étude historique sur la démocratie américaine. 2ᵉ édit. 1 vol. in-8, orné d'un portrait. 7 fr.

— **Histoire de Washington** *et de la fondation de la République des États-Unis*, avec une Étude par M. Guizot, 3ᵉ édit. 1 vol. in-8, orné de portraits et d'une carte.. . . . . 7 fr.

ZELLER

Les Empereurs romains. Caractères et portraits historiques. 1 vol. in-8. 7 fr

ÉDITIONS IN-12

ALAUX

La Raison.—Essai sur l'avenir de la philosophie. 1 vol. in-12 . . . . 3 fr. 50

AMPÈRE (J J.)

Littérature et Voyages. Nouv. édit. 1 vol. in-12. . . . . 3 fr. 50
Heures de poésie. Nouvelle édition. 1 vol in-12. . . . . 3 fr. 50
La Grèce, Rome et Dante, études littéraires. 3ᵉ édit 1 vol. in-12.. . 3 fr. 50

BABOU

Les Amoureux de Mᵐᵉ de Sévigné, etc. 2ᵉ édition. 1 vol. in-12. . . 3 fr. 50

BARANTE

Histoire des Ducs de Bourgogne de la maison de Valois Nouv. édit., illustrée de vignettes 8 vol. in-12.. . . . . 24 fr.
Tableau littéraire du XVIIIᵉ siècle. Nouv. édit. 1 vol in-12. . . . . . 3 fr. 50
Royer-Collard (Vie politique de M.). — Ses discours et ses écrits. Nouv. édit. 2 vol in-12 . . . . 7 fr.
Études historiques et biographiques. Nouv. édit. 2 vol. in-12. . . . . 7 fr.
Études littéraires et historiques Nouv édit. 2 vol. in-12.. . . . . . . 7 fr.
Histoire de Jeanne d'Arc. *Édition populaire.* 1 vol. in-12. . . . . . . 1 fr. 25

H. BAUDRILLART

Publicistes modernes. *Young, de Maistre, M. de Biran, Smith, L. Blanc, Proudhon, Rossi, Stuart-Mill,* etc. 2ᵉ édition. 1 vol. in-12.. . . . . 3 fr. 50

BAUTAIN (L'ABBÉ)

Philosophie des lois au point de vue chrétien. 3ᵉ édit 1 vol. in-12.. . 3 fr. 50
La Conscience, ou la Règle des actions humaines. 1 vol. in-12. . . . 3 fr. 50
L'Esprit humain et ses facultés, ou *Psychologie expérimentale.* 2 vol. in-12. 7 fr.

BERSOT (ERN.)

Essais de philosophie et de morale. 2ᵉ édit. 2 vol. in-12.. . . . . . . 7 fr.

BERTAULD

La Liberté civile. Nouvelles études sur les publicistes contemporains. 2ᵉ édit. 1 vol. in-12. . . . . 3 fr 50

BONHOMME (H.)

Madame de Maintenon et sa famille. Lettres et documents inédits, avec notes, etc. 1 vol. in-12. . . . . 3 fr.

BOUCHITTÉ

Le Poussin. Sa vie, son œuvre 2ᵉ édit (*Ouvrage couronné par l'Académie française.*) 1 vol. in-12. . . . . 3 fr. 50

BURGGRAEVE

Le Livre de tout le monde sur la santé. Notions de physiologie et d'hygiène. 1 vol. in-12. . . . . 3 fr. 50

CAILLET (J.)

L'Administration en France sous le ministère du cardinal de Richelieu. 2ᵉ édit, refondue. (*Ouv. couronné par l'Acad. franç.* 2ᵉ prix Gobert.) 2 vol. in-12 . 7 fr.

CASS-ROBINE

Odes d'Horace. Nouvelle traduction avec texte et notes. 1 vol. in-12. . 3 fr. 50

CASTLE

Phrénologie spiritualiste. 2e édition. 1 vol. in-12. . . . . 3 fr. 50

CHASSANG

Apollonius de Tyane. Sa vie, ses voyages, ses prodiges par Philostrate et ses lettres, trad. du grec, avec notes, etc 2e édit. 1 vol. in-12. . . . . . 3 fr. 50

Histoire du Roman dans l'antiquité grecque et latine. (*Ouvrage couronné par l'Académie des Inscriptions.*) Nouv édit. 1 vol in-12. . . . . 3 fr. 50

CHESNEAU (ERNEST)

Les Chefs d'École. — La Peinture au dix-neuvième siècle. 1 vol.. . . . 3 fr. 50

L'Art et les artistes modernes en France et en Angleterre 1 vol. in-12. 3 fr. 50

CLÉMENT (PIERRE)

Portraits historiques. *Suger, Sully, Novion, Grignan, d'Argenson, Law, Paris. M. d'Arnouville, Terray*, etc. 2e édit. 1 vol. in-12. . . . . 3 fr. 50

Enguerrand de Marigny, *Beaune de Semblançay, le Chevalier de Rohan.* Episodes de l'histoire de France. 2e édit. 1 vol. in-12.. . . . . 3 fr. 50

CLÉMENT DE RIS

Critiques d'art et de littérature. 1 vol. in-12. . . . . 3 fr. 50

COGNAT (L'ABBÉ)

Traditionalisme et rationalisme. Quelques pièces pour servir à l'histoire des controverses de ce temps. Nouvelle édition. 1 vol. in-12. . . . . . . 3 fr. 50

COUSIN (V.)

La Jeunesse de madame de Longueville 5e édition. 1 vol. in-12. 3 fr. 50

Jacqueline Pascal. Premières études, etc. 5e édit. 1 vol. in-12. . . . 3 fr. 50

Madame de Chevreuse 3e édition. 1 vol. in-12.. . . . . 3 fr. 50

Premiers essais de philosophie. (Cours de 1815.) Nouv. édit. 1 v. in-12. 3 fr. 50

Introduction à l'histoire de la Philosophie.(Cours de 1828.) 1 v. in-12. 3 fr. 50

Histoire générale de la Philosophie, depuis les temps les plus anciens jusqu'à la fin du XVIIIe siècle. Nouvelle édition, 1 vol in-12 (*sous presse*). 3 fr. 50

Philosophie de Locke (Cours de 1830) Nouv. édit. 1 vol. in-12. . . 3 fr. 50

Du Vrai, du Beau et du Bien, 9e édition augmentée d'un Appendice sur l'art français, etc. 1 vol in-12. . . . . 3 fr. 50

Fragments philosophiques. 4 vol. in-12.. . . . . 14 fr.

— **Fragments de Philosophie ancienne**. *Xénophane. — Zénon d'Elée. — Socrate. — Platon — Eunape. — Proclus. — Olympiodore.* 1 vol. in-12 3 fr. 50

— **Fragments de Philosophie du moyen âge** : *Abélard. — Guillaume de Champeaux. — Bernard de Chartres. — Saint Anselme*, etc. . . . . 3 fr. 50

— **Fragments de Philosophie moderne** : *Descartes. — Malebranche. — Spinoza. — Leibniz et l'abbé Nicaise — Le P. André.* 1 vol. in-12. . . . 3 fr. 50

— **Fragments de Philosophie contemporaine** : *D. Stewart. — Buhle. — Tennemann. — Laromiguière — De Gerando. — M. de Biran.* 1 vol. in-12. 3 fr. 50

Des Principes de la Révolution française et *du Gouvernement représentatif*, suivis des *Discours politiques*. Nouv. édit. 1 vol. in-12. . . . . 3 fr. 50

DE BROSSES (CH.)

Le Président de Brosses en Italie. Lettres familières écrites en 1739 et 1740, etc. 2e édition *authentique*, la seule revue sur les manuscrits, avec une étude par M. R. Colomb. 2 vol. in-12. . . . . 7 fr.

DELAVIGNE (CASIMIR)

Œuvres complètes : *Théâtre et poésies*. 4 vol. in-12. . . . . 14 fr.

DELÉCLUZE (E. J.)

Louis David. Son école et son temps. Souvenirs. Nouv. éd. 1 vol. in-12. 3 fr. 50

DESJARDINS (E.)

Le Grand Corneille historien. Nouv. édit. 1 vol. in-12. . . . . . . 3 fr. 50

FALLOUX (Cte DE)

Madame Swetchine. *Méditations et prières*, 2e édition. 1 vol. in-12. . 3 fr. 50
Madame Swetchine. *Sa vie et ses œuvres*, nouv. édit. 2 vol. in-12. . . . 7 fr.
Madame Swetchine. *Lettres*, nouv. édit. 2 vol. in-12 . . . . 7 fr.
Histoire de saint Pie V, Pape. 3e édit. 2 vol. in-12. . . . . 7 fr.
Louis XVI, 4e édit. 1 vol. in-12. . . . . 3 fr. 50

FEILLET

La Misère au temps de la Fronde et saint Vincent de Paul, ou Un Chapitre de l'histoire du paupérisme. Nouv. édit. 1 vol. in-12. . . . . 3 fr. 50

FÉNELON

Aventures de Télémaque, et d'Aristonoüs, précédées d'une étude par M. Villemain. Nouv. édit., ornée de 24 vignettes. 1 vol. in-12. . . . . 3 fr.

FEUGÈRE (LÉON)

Caractères et Portraits littéraires du XVIe siècle 2 vol. in-12. . . . 7 fr.
Les Femmes poëtes du XVIe siècle, étude suivie de notices sur mademoiselle de Gournay, d'Urfé, Montluc, etc 1 vol. in-12 . . . . 3 fr. 50

FLEURY (ED.)

Saint-Just et la Terreur. Études sur la Révolution. 2 vol. in-12. . . . 6 fr.

FOURNEL (VICTOR)

La Littérature indépendante et les Ecrivains oubliés. Essais de critique et d'érudition sur le XVIIe siècle. 1 vol. in-12. . . . . 3 fr. 50

GALITZIN (LE PRINCE AUG.)

La Russie au XVIIIe siècle Mémoires inédits sur Pierre le Grand, Catherine Ire et Pierre III. 2e édition. 1 vol. in-12. . . . . 3 fr. 50

GERMOND DE LAVIGNE

Le Don Quichotte de F. Avellaneda. Trad. avec notes. 1 vol. in-12. 3 fr. 50

GÉRUZEZ

Histoire de la Littérature française depuis ses origines jusqu'à la Révolution. (*Ouv. cour. par l'Académie française, 1er prix Gobert.*) Nouv. éd. 2 vol. in-12. 7 fr.

SAINT-MARC GIRARDIN

a Syrie en 1861. Condition des Chrétiens en Orient. 1 vol. in-12. . 3 fr. 50
Tableau de la littérature au XVIe siècle. 2e édit. 1 vol. in-12. . . 3 fr. 50

GRUN

Pensées des divers âges de la vie. 1 vol. in-12. . . . . 3 fr. 50

GUADET

Les Girondins. Leur vie privée, leur vie publique, leur proscription et leur mort. 2e édit. 2 vol. in-12. . . . . 7 fr.

EUGÉNIE DE GUÉRIN

Journal et Fragments publiés par M. Trebutien. (*Ouvrage couronné par l'Académie française.*) 10e édition. 1 vol in-12. . . . . 3 fr. 50
Étude sur Eugénie de Guérin par Aug. Nicolas, broch. in-12. . . . . 60 c.

MAURICE DE GUÉRIN

Journal, Lettres et Fragments publiés par M. TREBUTIEN, avec une étude par M. SAINTE-BEUVE. 7e édition. 1 vol in-12. . . . . 3 fr. 50

GUIZOT

Histoire de la Révolution d'Angleterre, depuis l'avénement de Charles Ier jusqu'au rétablissement des Stuarts (1625-1660). 6 vol. in-12, en trois parties 21 fr.

— **Histoire de Charles Ier**, depuis son avénement jusqu'à sa mort (1625-1649), précédée d'un *Discours sur la Révolution d'Angleterre* 7e édit. 2 vol. in-12. 7 fr.

— **Histoire de la République d'Angleterre et de Cromwell** (1649-1658). Nouvelle édition 2 vol. in-12 . . . . 7 fr.

— **Histoire du protectorat de Richard Cromwell** et du **rétablissement des Stuarts** (1659-1660). 2 vol in-12. . . . . 7 fr.

Monk. Chute de la République, etc. Etude historique. Nouvelle édition. 1 vol. in-12. . . . . 3 fr. 50

Portraits politiques des hommes des divers partis : *Parlementaires, Cavaliers, Républicains, Niveleurs;* études historiques. 1 vol. in-12. . . . . 3 fr. 50

Sir Robert Peel. Etude d'histoire contemporaine, augmentée de documents inédits. 1 vol. in-12. . . . . 3 fr. 50

Essais sur l'Histoire de France, etc. Nouv. édit. 1 vol. in-12. . . 3 fr. 50

Histoire de la civilisation en Europe et en France, depuis la chute de l'Empire romain, etc. 7e édit 5 vol. in-12. . . . . 17 fr. 50

Histoire de la civilisation en Europe, depuis la chute de l'Empire romain jusqu'à la Révolution française. 7e édit. 1 vol. in-12. . . . . 3 fr. 50

Histoire des origines du Gouvernement représentatif *et des Institutions politiques de l'Europe,* Nouvelle édit. 2 vol. in-12. . . . . 7 fr.

Corneille et son temps. Etude littéraire suivie d'un *Essai sur Chapelain, Rotrou et Scarron,* etc. Nouv. édit. 1 vol in-12. . . . . 3 fr. 50

Méditations et Études morales Nouv. édit. 1 vol. in-12. . . . . . 3 fr. 50

Études sur les Beaux-Arts en général. Nouv. édit. 1 vol. in 12. . . 3 fr. 50

Discours académiques, suivis des *Discours prononcés au Concours général de l'Université et devant diverses Sociétés religieuses,* etc. 1 vol. in-12. . 3 fr. 50

Abailard et Héloïse. Essai historique par M. et Mme GUIZOT, suivi des *Lettres d'Abailard et d'Héloïse,* trad. par M. Oddoul. Nouv. édit. 1 vol. in-12.. 3 fr. 50

Histoire de Washington *et de la fondation de la république des États-Unis,* par M C DE WITT, avec une Introduction par M. GUIZOT. Nouv. édit. 1 vol in-12, avec carte. . . . . 3 fr. 50

Grégoire de Tours et Frédégaire. — HISTOIRE DES FRANCS ET CHRONIQUE, trad. Nouv. édit. revue et augmentée de la *Géographie de Gregoire de Tours et de Frédégaire,* par M. ALFRED JACOBS 2 vol in-12. . . . . 7 fr.

Cet ouvrage est autorisé pour les Écoles publiques par décision de Son Exc. le ministre de de l'Instruction publique.

GUIZOT (GUILLAUME)

Ménandre. Étude historique et littéraire sur la Comédie et la Société grecques. (*Ouvrage couronné par l'Académie française.*) 1 vol. in-12 avec portrait.. 3 fr. 50

HOUSSAYE (ARSÈNE)

Les Charmettes. — *J. J. Rousseau et madame de Warens.* Nouvelle édition 1 vol. in-12, portrait. . . . . 3 fr. 50

JACOBS (ALFRED)

L'Afrique nouvelle. — Récents voyages.— État moral, intellectuel et social dans le continent noir. 1 vol. in-12 avec Carte. . . . . 3 fr. 50

JOUBERT

Pensées, précédées de sa Correspondance, d'une notice par M. P. DE RAYNAL, et de jugements littéraires par MM. SAINTE-BEUVE, SAINT-MARC GIRARDIN, DE SACY, GÉRUZEZ et POITOU. Nouv. édit. 2 vol. in-12. . . . . 7 fr.

JULIEN (STANISLAS)

Yu-kiao-li. — *Les deux Cousines*, roman chinois. 2 vol. in-12. . . . . 7 fr.
Les Deux Jeunes Filles lettrées Roman traduit du chinois. 2 vol. in-12. 7 fr.

LAGRANGE (J.)

Joseph Vernet et la peinture au XVIII° siècle. 2° édit. 2 vol. in-12. . . 3 fr. 50

LAMENNAIS

Dante. *La Divine Comédie.* Trad avec une introd. et des notes. Nouvelle édition. 2 vol. in-12. . . . . 7 fr.
Correspondance inédite de Lamennais, publiée par M. Forgues. Nouvelle édition. 2 vol. in-12. . . . . 7 fr.

LANNAU-ROLLAND

Michel-Ange et Vittoria Colonna. Étude suivie de la traduct. complète des poésies de Michel-Ange. Nouv. édit. 1 vol. in-12.. . . . . 3 fr. 50

LAJOLAIS (Mlle DE)

Éducation des Femmes. (*Ouvrage couronné par l'Académie française*) 2° édit. 1 vol. in-12 . . . . 3 fr.

LA TOUR-DU-PIN (Mme DE)

Les Ancres brisées. Nouvelles. 1 vol. in-12. . . . . 3 fr.

LAPRADE (VICTOR DE)

Questions d'Art et de Morale. Nouv. édit. 1 vol. in-12. . . . . 3 fr. 50

LÉLUT

Physiologie de la pensée. Recherche critique des rapports du corps à l'esprit. Nouv. édit. 2 vol. in-12. . . . . 7 fr.

LEMOINE (ALBERT)

L'Ame et le Corps. Études de philosophie morale et natur. 1 vol. in-12. 3 fr. 50

J. LEVALLOIS

Critique militante. Études de philosophie littéraire. 1 vol. in-12 . . . 3 fr. 50

LITTRÉ

Histoire de la Langue française, études sur les origines, l'étymologie, la grammaire, les dialectes, la versification et les lettres au moyen âge. Nouvelle édition 2 vol. in-12. . . . . 7 fr.

LIVET (CH. L.)

Précieux et Précieuses. Caractères et mœurs du XVII° siècle. 2° édition. 1 vol. in-12. . . . . 3 fr. 50

MATTER

Saint-Martin, le philosophe inconnu, etc. 2° édition. 1 vol. in-12. . . 3 fr. 50
Swedenborg, sa vie, sa doctrine, etc. 2° edition. 1 vol. in-12.. . . . 3 fr. 50

MATHIEU

Histoire des Miraculés et des Convulsionnaires de St-Médard, avec Notices sur le diacre Paris, Carré de Montgeron et le Jansénisme. 1 v. in-12. 3 fr. 50

MAURY (ALFRED)

Croyances et légendes de l'antiquité. 2° édition. 1 vol. in-12. . . 3 fr. 50
La Magie et l'Astrologie dans l'antiquité et au moyen âge. 3° édition. 1 vol. in-12. . . . . 3 fr. 50
Le Sommeil et les Rêves. Études psychologiques sur ces phénomènes et les divers états qui s'y rattachent, etc. 2° édit. 1 vol. in-12. . . . . 3 fr. 50

MERCIER DE LACOMBE (CH.)

Henri IV et sa politique. (*Ouvrage couronné par l'Académie française*, 2° *prix Gobert*) Nouv. édit 1 vol in-12 . . . . 3 fr. 50

MERLET (G.)

Portraits d'hier et d'aujourd'hui. 1 vol. in-12. . . . . 3 fr. 50

Les Réalistes et les Fantaisistes dans la littérature. 1 vol. in-12. 3 fr. 50

MIGNET

Éloges historiques, faisant suite aux *Portraits et Notices* Nouvelle édition. 1 vol. in-12. . . . . 3 fr. 50

Charles-Quint, SON ABDICATION, SON SÉJOUR ET SA MORT AU MONASTÈRE DE YUSTE. 5e édit. 1 vol. in-12. . . . . 3 fr. 50

Histoire de la Révolution française depuis 1789 jusqu'à 1814 8e édit 2 vol. in-12 . . . . 7 fr.

MOLAND (LOUIS)

Origines littéraires de la France. — Légende. — Roman. — Prédication. — Théâtre, etc. 2e edit. 1 vol. in-12. . . . . 3 fr. 50

MONTALEMBERT

De l'Avenir politique de l'Angleterre. 6e édit. augmentée. 1 vol. in-12. 3 fr. 50

MONTARAN (Mme DE)

Passiflores. Poésies. 1 vol. in-12.. . . . . 3 fr. 50

MOUY (CH. DE)

Don Carlos et Philippe II. (*Ouvrage couronné par l'Académie française.*) 1 vol. in-12.. . . . . 3 fr. 50

NIGHTINGALE (MISS)

Des soins à donner aux malades, etc. Traduit de l'anglais et précédé d'une lettre de M. GUIZOT et d'une introduction par le Dr DAREMBERG. 1 vol. in-12.. 3 fr.

NOURRISSON (F.)

Portraits et Études. Histoire et Philosophie. Nouv. édit. 1 vol. in-12 . 3 fr. 50

Tableau des progrès de la pensée humaine, depuis Thalès jusqu'à Leibniz. 1 vol. in-12. . . . . 3 fr. 50

Le cardinal de Bérulle. Sa vie, son temps, ses écrits. 1 vol in-12.. . . . 3 fr.

D'ORTIGUE (J.)

La Musique à l'Église. Philosophie, littérat., critique music. 1 v. in 12. 3 fr. 50

PAGANEL

Histoire de Scanderbeg ou *Turks et Chrétiens au XVe siecle.* Nouv. édit 1 vol. in-12 . . . . 3 fr. 50

PENQUER (Mme)

Les Chants du foyer. Poésies. 2e édition. 1 vol in-12. . . . . 3 fr. 50

PUYMAIGRE (TH. DE)

Les vieux Auteurs castillans. 2 vol. in-12.. . . . . 7 fr.

RAYNAUD (M.)

Les Médecins au temps de Molière. — Mœurs. — Institutions. — Doctrines. Nouvelle édition. 1 vol. in-12. . . . . 3 fr. 50

RÉMUSAT (CH. DE)

Bacon. Sa vie, son temps et sa philosophie. 1 vol. in-12.. . . . . 3 fr. 50

L'Angleterre au XVIIIe siècle. Etudes et Portraits pour servir à l'histoire politique de l'Angleterre. 2 vol. in-12. . . . . 7 fr.

Critiques et Études littéraires. Nouv. édit. 2 vol. in-12. . . . . 7 fr.

* * *

Channing. Sa vie et ses œuvres, préface de M. DE RÉMUSAT. 1 vol. in-12. 3 fr. 50

La Vie de village en Angleterre, ou Souvenirs d'un exilé. 1 v. in-12. 3 fr. 50

RONDELET (ANT.)

La Morale de la Richesse. 1 vol. in-12. . . . . 3 fr. 50

Du Spiritualisme en économie politique. (*Ouvrage couronné par l'Académie des sciences morales.*) 2e édit. 1 vol. in-12. . . . . 3 fr. 50

Mémoires d'Antoine ou notions populaires de morale et d'économie politique. (*Ouvrage couronné par l'Académie française.*) Nouvelle édition. 1 vol. in-12. 2 fr.

ROSELLY DE LORGUES

Christophe Colomb. Hist. de sa vie et de ses voyages. 2e éd. 2 vol. in-12. 7 fr.

ROUSSET (C.)

Histoire de Louvois, etc. (*Ouvrage couronné par l'Académie française, 1er prix Gobert.*) 2e édition. 4 vol. in-12. . . . . 14 fr.

ROMAIN CORNUT

Les Confessions de madame de la Vallière, écrites par elle-même et corrigées par BOSSUET, avec un commentaire historique et littéraire et le texte primitif des *Réflexions sur la Miséricorde de Dieu*. 2e édit. 1 vol. in-12. . . . . 3 fr. 50

SAISSET

Précurseurs et disciples de Descartes. 2e édition. 1 vol. in-12. . . 3 fr. 50

SACY (S. DE)

Variétés littéraires, morales et historiques. Nouv. édit. 2 vol. in-12. . . . 7 fr.

SAINTE-AULAIRE (Mme DE)

La Chanson d'Antioche, composée par RICHARD LE PÈLERIN, etc. trad. 1 vol. in-12. . . . . 3 fr. 50

SAINT-HILAIRE (BARTH.)

Le Bouddha et sa religion. Nouv. édit. augmentée. 1 vol. in-12. . . . 3 fr. 50

SALVANDY

Don Alonso, ou l'Espagne. Histoire contemporaine. Nouv. édit. 2 vol. in-12. 7 fr.

SCHNITZLER

La Russie en 1812. - *Rostoptchine et Kutusof*. Nouv édit. 1 vol. in-12. 3 fr. 50

SÉGUR

Histoire universelle. Ouv. adopté par l'Université. 8e édit. 6 vol. in-12. 18 fr.

— **Histoire ancienne** Nouv. édit. 2 vol. in-12. . . . . 6 fr.

— **Histoire romaine**. Nouv. édit. 2 vol in-12. . . . . 6 fr.

— **Histoire du Bas-Empire**. Nouv. édit. 2 vol. in-12. . . . . 6 fr.

Galerie morale, avec une notice par M. SAINTE-BEUVE. 1 vol. in-12. . . . 3 fr.

TASSE (LE)

Jérusalem délivrée. Traduit du P. LEBRUN. Nouv. édit. illustrée de 20 jolies vignettes. 1 vol. in-12. . . . . 3 fr.

TASTU (Mme A.)

Poésies complètes. — Nouvelle et très-jolie édition *illustrée* de vignettes de JOHANNOT. 1 fort vol. in-12. . . . . 3 fr. 50

THIERRY (AMÉDÉE)

Tableau de l'Empire romain, depuis la fondation de Rome, etc. Nouv. édit. 1 vol. in-12 . . . . 3 fr 50

Récits de l'Histoire romaine au Vᵉ siècle. Derniers temps de l'empire d'Occident. Nouv edit. 1 vol. in-12. . . . . 3 fr 50

Histoire des Gaulois depuis les temps les plus reculés jusqu'à l'entière domination romaine. Nouv. édit. 2 vol. in-12. . . . . 7 fr.

VILLEMAIN

La République de Cicéron, traduite et accompagnée d'une introduction et de suppléments historiques. 1 vol. in-12.. . . . . 3 fr. 50

Choix d'Études sur la littérature contemporaine : *Rapports académiques. Études sur Chateaubriand, A. de Broglie, Nettement*, etc. 1 vol. in-12. . . . . . 3 fr. 50

Cours de Littérature française, comprenant : le *Tableau de la Littérature au XVIIIᵉ siecle* et le *Tableau de la Littérature au moyen âge* Nouvelle édition. 6 vol. in-12. . . . . 21 fr.

— **Tableau de la Littérature au XVIIIᵉ siècle**. 4 vol. in-12. . . . . 14 fr.

— **Tableau de la Littérature au moyen âge**. 2 vol. in-12. . . . . . . 7 fr.

Tableau de l'Éloquence chrétienne au ivᵉ siècle, etc. Nouvelle édition. 1 fort vol. in-12. . . . . 3 fr. 50

Discours et Mélanges littéraires : *Éloges de Montaigne et de Montesquieu. — Notices sur Fénelon et sur Pascal. — Discours sur la critique. — Rapports et Discours académiques.* Nouv. édit 1 vol. in-12. . . . . 3 fr. 50

Études de Littérature ancienne et étrangère : *Sur Hérodote. — Etudes sur Lucrece, Lucain, Ciceron*, etc. — *De la corruption des lettres romaines. — Essai sur les romans grecs. — Shakspeare; Milton; Byron*, etc. Nouvelle édition. 1 vol. in-12. . . . . 3 fr. 50

Études d'Histoire moderne : *Discours sur l'état de l'Europe au XVᵉ siecle. — Lascaris. — Essai historique sur les Grecs — Vie de L'Hôpital.* Nouv. édit. 1 vol. in-12. . . . . 3 fr. 50

Souvenirs contemporains d'Histoire et de Littérature. 2 vol. in-12. . 7 fr. »

— Première partie : **M. de Narbonne**, etc Nouv édit. 1 vol. in-12.. . 3 fr. 50

— Deuxième partie : **Les Cent-Jours**. Nouv. édit. 1 vol. in-12. . . . . 3 fr. 50

VILLEMARQUÉ (H. DE LA)

La Légende celtique et la Poésie des Cloîtres. Nouv. édit. 1 vol. in-12. 3 fr. 50

L'Enchanteur Merlin (Myrdhinn). Son histoire, ses œuvres, son influence. Nouv. édit. 1 vol. in-12.. . . . . 3 fr. 50

Les Romans de la Table ronde et les contes des anciens Bretons Nouv. édit. 1 vol. in-12. . . . . 3 fr. 50

WITT (C. DE)

Études sur l'histoire des États-Unis d'Amérique. 2 vol. in-12.. . . 7 fr.

— **Histoire de Washington** *et de la fondation de la République des États-Unis*, par M. Cornelis de Witt, avec une étude par M. Guizot. Nouv. édit. 1 vol. in-12 avec carte. . . . . 3 fr. 50

— **Thomas Jefferson**. *Étude sur la démocratie américaine*. Nouvelle édition. 1 vol. in-12. . . . . 3 fr. 50

ZELLER

Les Empereurs romains. Caractères et portraits historiques. 2ᵉ édition, 1 vol. in-12.. . . . . 3 fr. 50

OUVRAGES ILLUSTRÉS GRAND IN-8

Mme TASTU

Éducation maternelle. *Simples leçons d'une mère à ses enfants,* sur la lecture, l'écriture, l'arithmétique, la grammaire, la mémoire, la géographie, l'histoire sainte, etc. Nouvelle édition, imprimée avec luxe, illustrée de 500 jolies vignettes et cartes coloriées. 1 vol. grand in-8, papier jésus glacé. . . . . 15 fr.

FÉNELON

Les Aventures de Télémaque et les Aventures d'Aristonoüs. Édition illustrée par Tony Johannot, Baron, C. Nanteuil, etc., accompagnée d'Études, par MM. Villemain, S. de Sacy, de l'Académie française, et J. Janin, et suivie d'un *Vocabulaire historique et géographique.* 1 beau vol. grand in-8, illustré de plus de 200 belles vignettes. . . . . 10 fr.

MICHELANT

Faits mémorables de l'Histoire de France, recueillis d'après nos meilleurs historiens, et accompagnés d'une introduction par M. de Ségur. 1 beau vol. grand in-8, illustré de 128 très-belles vignettes de V. Adam. . . . . . . 12 fr.

B. DELESSERT ET DE GERANDO

Les Bons Exemples Nouvelle Morale en action illustrée. 1 beau vol. grand in-8, illustré de 120 belles vignettes de Jules David . . . . 10 fr.

Traits de dévouement et de charité, belles actions, biographies de la vertu chrétienne telles que saint Vincent de Paul, Howard, sœur Rosalie, Mme Fry, etc , etc , racontés par MM Villemain, de Barante, de Tocqueville, de Noailles, de Salvandy, etc. (*Rapports des prix Montyon*) extraits des Recueils officiels, des Annales de la charité, de la Morale en action et autres livres arrangés et colligés par et sous la direction de MM. B. Delessert et de Gerando.

MICHEL MASSON

Les Enfants célèbres. Histoire des enfants qui se sont immortalisés par le malheur, la piété, le courage, le génie et les talents. Nouvelle édition. 1 beau vol. grand in-8, illustré de très-jolies lithographies et de vignettes sur bois. 9 fr.

Mme GUIZOT

L'Amie des Enfants. Petit Cours de morale en action, comprenant tous les Contes de Mme Guizot. Nouvelle édition, enrichie de *Moralités* en vers, par Mme Élise Moreau. 1 fort vol. grand in-8, illustré de belles lithographies. 10 fr.

L'Écolier, ou Raoul et Victor. (*Ouvrage couronné par l'Académie française.*) Nouvelle édition. 1 joli vol. grand in-8, illustré de belles lithographies. 9 fr.

PITRE-CHEVALIER

La Bretagne ancienne depuis son origine jusqu'à sa réunion à la France. Nouvelle édition. 1 beau vol. grand in-8, illustré par MM. A. Leleux, Penguilly et T. Johannot, de plus de 200 belles vignettes sur bois, gravures sur acier, types et cartes coloriés. . . . . 15 fr.

La Bretagne moderne depuis sa réunion à la France jusqu'à nos jours. *Histoire des États et des Parlements, de la Révolution dans l'Ouest, des guerres de la Vendée,* etc., illustrée par MM. Leleux, Penguilly et T. Johannot. 1 beau vol. grand in-8, orné de plus de 200 vignettes sur bois, gravures sur acier, types et cartes coloriés.. . . . . 15 fr.

La Suisse illustrée. Description et histoire de ses vingt-deux cantons, par MM. de Chateauvieux, Dubochet, Franscini, Monnard, Meyer de Knonau, de Ruttimann, Schnell, Strohmeier, de Tscharner, Henry Zschokke, Busoni, etc.; *illustrée* de 32 jolies vues gravées sur acier et carte. 1 vol. grand in-8 jésus. Nouvelle édition. . . . . 10 fr.

— Le même ouvrage, en 2 vol. grand in-8, *illustrés* de 90 jolies vues gravées sur acier, costumes coloriés et cartes. . . . . 20 fr.

BERQUIN

L'Ami des Enfants Nouvelle édition complète, 1 vol. grand in-8, illustré de jolies lithographies et de vignettes. 9 fr.

N. B. On a fait de ce livre, depuis quelque temps, différentes éditions abrégées ou tronquées, avec lesquelles nous prions de ne pas confondre notre jolie édition, exempte de suppression et de mutilation.

BERQUIN

Œuvres complètes, renfermant l'*Ami des Enfants et des Adolescents*, le *Livre de famille, Sandford et Merton*, etc. 4 vol. in-8, format anglais, illustrés de 200 vignettes. . . . . 12 fr.

Chaque partie se vend séparément

L'Ami des Enfants et des Adolescents. 2 vol. in-8, avec 100 fig.. . . 6 fr.

Le Livre de Famille. 1 vol in-8 avec 50 vignettes,. . . . . 5 fr.

Sandford et Merton. 1 vol. in-8, avec 50 vignettes. . . . . 5 fr.

Mme ÉLISE MOREAU

Une Vocation, ou le Jeune Missionnaire. Ouvrage à l'usage de la jeunesse. 1 vol. in-8, orné de jolies lithographies.. . . . . 6 fr.

BUFFON

Le Petit Buffon illustré. Histoire naturelle des *Quadrupèdes*, des *Oiseaux*, des *Insectes* et des *Poissons;* extraite de Buffon, Lacépède, Olivier, etc., par le bibliophile Jacob. 4 volumes grand in-32, ornés de 325 figures gravées sur acier. . . . . 6 fr.

— Le même, avec les 325 figures coloriées avec soin . . . . 10 fr.

ED. AUDOUIT

Herbier des Demoiselles. Traité de la Botanique présenté sous une forme nouvelle et spéciale, contenant la description des plantes et les classifications, l'exposé des plantes les plus utiles; leur usage dans les arts et l'économie domestique et les souvenirs historiques qui y sont attachés; les règles pour herboriser; la disposition d'un herbier; etc, etc 1 vol in-8 anglais, *illustré* de 320 jolies vignettes coloriées. . . . . 7 fr.

Atlas de l'Herbier des Demoiselles, dessiné par Belaife, gravé et colorié avec soin. Joli album de 106 pl. in-4, renfermant plus de 350 sujets. . . . . 8 fr.

Mme AMABLE TASTU

Le premier Livre de l'Enfance, lecture et écriture. *Simples leçons d'une Mère à ses enfants*. 1 vol de 80 pages, grand in-8, illustré de plus de 100 vignettes, papier vélin glacé, cartonné avec la couverture. . . . . 2 fr.

OUVRAGES DE M. ALLAN KARDEC

Qu'est-ce que le Spiritisme? Introduction à la connaissance du monde invisible ou des Esprits. 3e édition, augmentée. 1 vol. in-12 . . . . 75 c.

Le Spiritisme à sa plus simple expression. Exposé sommaire de l'Enseignement des Esprits et de leurs manifestations In-12. . . . . 15 c.

Le Livre des Esprits, contenant : les principes de la doctrine spirite sur l'immortalité de l'âme, la nature des Esprits et leurs rapports avec les hommes; les lois morales; la vie présente, la vie future et l'avenir de l'humanité, selon l'enseignement donné par les Esprits 10e édition, 1 fort vol. in-12.. . . . 3 fr. 50

Le Livre des Médiums, ou Guide des Médiums et des Évocateurs, contenant : l'enseignement spécial des Esprits sur la théorie de tous les genres de manifestations, les moyens de communiquer avec le monde invisible, etc. 6e édition. 1 fort vol. in-12.. . . . . 3 fr. 50

Imitation de l'Évangile selon le spiritisme. 1 vol in-12 . . . . 3 fr. 50

BIBLIOTHÈQUE D'ÉDUCATION MORALE

Première série à 3 fr. le vol. broché

Mme LA PRINCESSE DE BROGLIE

Les Vertus chrétiennes. — Les Vertus théologales et les Commandements de Dieu. Ouvrage approuvé par Mgr l'Archevêque de Paris. 2 vol. in-12, illustrés de lithographies et de vignettes.

Mme DE WITT, NÉE GUIZOT

Une famille à Paris. Scènes de la Vie des jeunes filles. 1 vol. in-12, orné de lithographies et vignettes.

Promenades d'une Mère ou les douze mois. 1 vol. in-12, orné de lithographies et de vignettes

Les Petits Enfants, contes. 1 vol. in-12, orné de lithographies et de vign.

Contes d'une Mère à ses Enfants. 1 vol. in-12, orné de lithographies et de vignettes.

Une Famille à la Campagne. 1 vol. in-12, orné de lithographies et de vignettes.

Hélène et ses amies, histoire pour les jeunes filles; traduit de l'anglais. 1 vol. in-12, orné de lithographies

Mlle ULLIAC-TRÉMADEURE

André ou LA PIERRE DE TOUCHE (*Ouvrage couronné*). Nouv. édit. 1 joli vol. in-12, illustré de lithographies.

Contes de ma mère l'Oie. Nouv. édit. 1 joli vol. in-12, illustré de lithographies

Scènes du monde réel. Nouvelles à l'usage des jeunes filles. 1 joli vol. in-12, orné de 4 lithographies.

Émilie, ou la JEUNE FILLE AUTEUR, ouvrage pour les jeunes personnes. 3e édition. 1 vol. in-12, orné de 4 jolies vignettes..

MICHEL MASSON

Les Enfants célèbres, histoire des enfants qui se sont immortalisés par le malheur, la piété, le courage, le génie, etc. Nouvelle édition. 1 vol. in-12, orné de lithographies et vignettes.

Mme GUILLON-VIARDOT

Cinq Années de la Vie des Jeunes Filles. (*L'entrée dans le monde.*) 1 joli vol. in-12.

Mme A. TASTU

Lettres choisies de madame de Sévigné, avec son éloge. (*Couronné par l'Académie française.*) 1 vol. in-12.

Mme DE GENLIS

Les Veillées du Château, ou LEÇONS DE MORALE, à l'usage des enfants. Nouvelle édition. 2 vol. in-12 avec vignettes.

Théâtre d'Éducation. Nouvelle édition, 2 vol. in-12, 8 vignettes.

Les Petits Emigrés. Nouvelle édition. 1 vol. in-12, 4 vignettes.

Deuxième série à 2 fr. 50 c. le vol. broché.

Mme GUIZOT

L'Écolier, ou Raoul et Victor. (*Ouvrage couronné par l'Académie française.* 12e édition 2 vol. in-12, 8 vignettes.

Une Famille, par Mme Guizot, ouvrage continué par Mme A. Tastu. 7e édition. 2 vol. in-12, 8 vignettes.

Les Enfants. Contes pour la jeunesse 10e édition. 2 vol. in-12, 8 vignettes.

Nouveaux Contes pour la jeunesse, 9e édition. 2 vol. in-12, 8 vignettes.

Récréations morales. Contes pour la jeunesse. 10e édit. 1 vol. in-12, 4 vign.

Lettres de Famille sur l'éducation. (*Ouvrage couronné par l'Académie française.*) 5e édition. 2 vol. in-12. . . . . 6 fr.

Mme F. RICHOMME

Julien et Alphonse, ou le Nouveau Mentor. (*Ouvrage couronné par l'Académie française.*) 1 vol. in-12, 6 lithographies.

ERNEST FOUINET

Souvenirs de Voyages en Suisse, en Grèce, en Espagne, etc , ou Récits capitaine Kernoel, destinés à la jeunesse. 1 vol. in-12 avec 6 lithographies.

Mlle C. DELEYRE

Contes pour les enfants de 5 à 7 ans. Nouv. édit. revue par Mme F. Richomme. 1 vol. in-12, avec jolies lithographies.

Contes pour les enfants de 7 à 10 ans. Nouv. édit. revue par Mme F. Richomme. 1 vol. in-12, avec jolies lithographies.

Mlle ULLIAC-TRÉMADEURE

Les Jeunes Naturalistes. Entretiens familiers sur les *animaux*, les *végétaux* et les *minéraux*. 5e édition. 2 vol in-12, ornés de 32 vignettes.

Claude, ou le Gagne-Petit (*Ouvrage couronné par l'Académie française.*) 2e édition. 1 vol in-12, 4 vignettes.

Étienne et Valentin, ou Mensonge et Probité. (*Ouvrage couronné*) 3e édition. 1 vol in-12 4 vignettes.

Contes aux jeunes Naturalistes sur les animaux domestiques. 5e édition. 1 vol. in-12, 4 vignettes.

Mme A. TASTU

Les Enfants de la vallée d'Andlau, notions familières sur la religion, les merveilles de la nature, etc., par Mmes Voiart et A Tastu 2 vol in-12, 8 vignettes.

Lectures pour les Jeunes Filles. Modèles de littérature en *prose* et en *vers*, extraits des Écrivains modernes. 2 vol in-12, 8 portraits.

Album poétique des jeunes Personnes, ou Choix de poésies, extrait des meilleurs auteurs. 1 vol. in-12, 4 portraits.

Mme DELAFAYE-BRÉHIER

Les Petits Béarnais. Leçons de morale. 12e édition. 2 vol. in-12, 8 vign.

Les Enfants de la Providence, ou Aventures de trois Orphelins. 6e édition, revue par Mme F. Richomme. 2 vol. in-12, 8 vignettes.

Le Collége incendié, ou les Écoliers en voyage. 6e édit. 1 vol. in-12, 4 vign.

Mme L. BERNARD

Les Mythologies racontées à la jeunesse. 5e édition. 1 vol. in-12, orné de gravures d'après l'antique.

BERQUIN

L'Ami des Enfants. Édition complète. 2 vol. in-12, 32 figures.

Mme ÉL. MOREAU GAGNE

Voyages et aventures d'un jeune missionnaire en Océanie, etc. 1 vol. in-12, 4 lithographies.

OUVRAGES DE NAPOLÉON LANDAIS

ET DE SES COLLABORATEURS

Grand Dictionnaire général des Dictionnaires français, résumé de tous les dictionnaires, par N. LANDAIS, 14ᵉ édition, revue et augmentée d'un *Complément* de 1200 pages. 3 vol. réunis en 2 vol. grand in-4 de 3000 pages. . . . . . 40 fr.

Ce dictionnaire contient la nomenclature exacte des mots *usuels et académiques archaïques et néologiques, artistiques, géographiques, historiques, industriels scientifiques*, etc. *la conjugaison de tous les verbes irréguliers la prononciation figurée des mots, les étymologies savantes, la solution de toutes les questions grammaticales* etc.

Complément du Grand Dictionnaire de Napoléon Landais pour les onze premieres éditions, par une société de savants sous la direction de MM. D. CHÉSUROLLES et L. BARRÉ. 1 fort vol. in-4 de près de 1200 pages à 3 colonnes.. . 15 fr.

Grammaire générale des Grammaires françaises, présentant la solution de toutes les questions grammaticales, par N. LANDAIS. 6ᵉ édit. 1 vol. in-4 . 9 fr.

Petit Dictionnaire des Dictionnaires français, par N. LANDAIS. Ouvrage *entièrement refondu*, et offrant, sur un nouveau plan, la nomenclature complète, la prononciation nécessaire, la définition claire et précise et l'*étymologie* vraie de tous les mots du vocabulaire usuel et littéraire, et de tous les termes scientifiques, artistiques et industriels de la langue française, par M. CHÉSUROLLES. 1 très-joli vol in-32 de 600 pages.. . . . . 1 fr. 50

Dictionnaire des Rimes françaises, disposé dans un ordre nouveau d'après la distinction des rimes en *suffisantes, riches* et *surabondantes*, etc., précédé d'un *Traité de Versification*, etc., par N. LANDAIS et L. BARRÉ. 1 vol. in-32. . 1 fr. 50

Petit Dictionnaire biographique des personnages célèbres de tous les temps et de tous les pays, *extrait du Dictionnaire de Napoléon Landais*, par M. D. CHÉSUROLLES. 1 fort vol. grand in-32 de 600 pages.. . . . . 1 fr 50

Dictionnaire classique de la Langue française, avec l'*etymologie* et la *prononciation figurée*, etc. Nouvelle édition. 1 vol in-8.. . . . . 3 fr.

Dictionnaire de tous les Verbes de la Langue française tant *réguliers qu'irréguliers*, entièrement conjugués, sous forme synoptique, précédé d'une théorie des verbes et d'un traité des participes, etc., d'après l'ACADÉMIE, LAVAUX, TRÉVOUX, BOISTE, NAPOLÉON LANDAIS et nos grands écrivains; par MM. VERLAC et LITAIS DE GAUX, professeur, membre de la Société grammaticale de Paris, etc. 1 beau vol. in-4.. . . . . 10 fr.

DICTIONNAIRE DE MÉDECINE USUELLE

A l'usage des gens du monde, des chefs de famille et des grands établissements, des administrateurs, des magistrats des officiers de police judiciaire, et enfin de tous ceux qui se dévouent au soulagement des malades Par une société de Membres de l'Institut, de l'Académie de médecine, de Professeurs, de Médecins, d'Avocats, d'Administrateurs et de Chirurgiens des hôpitaux dont les noms suivent· ANDRIEUX, ANDRY, BLACHE, BLANDIN, BOUCHARDAT, BOURGERY, CAFFE, CAPITAINE, CARON DU VILLARDS, CHEVALIER, CLOQUET (J.), COLOMBAT, COTTEREAU, COUVERCHEL, CULLERIER (A.), DELEAU, DEVERGIE, DONNÉ, FALRET, FIARD, FURNARI, GERDY, GILET DE GRAMMONT, GRAS (ALBIN), GUERSENT, HARDY, LARREY (H.), LAGASQUIE, LANDOUZY, LÉLUT, LEROY D'ETIOLES, LESUEUR, MAGENDIE, MARC, MARCHESSEAUX, MARTINS, MIQUEL, OLIVIER (D'ANGERS), ORFILA, PAILLARD DE VILLENEUVE, PARISET, PLISSON, POISEUILLE, SANSON (A.), ROYER-COLLARD, TREBUCHET, TOIRAC, VELPEAU, VEE, etc. Publié sous la direction du docteur BEAUDE, médecin-inspecteur des eaux minérales, membre du Conseil de salubrité 2 forts vol. in-4. . . . . . . 30 fr.

Le Corps de l'Homme. Traité complet d'anatomie et de physiologie humaine, suivi d'un *Précis des Systèmes de* LAVATER *et de* GALL; à l'usage des gens du monde, des médecins et des élèves, par le docteur GALET. 4 vol. in-4, *illustrés* de plus de 400 figures dessinées d'après nature et lithographiées. . . . 90 fr.
— LE MÊME OUVRAGE, avec les 400 figures coloriées avec le plus grand soin. 140 fr.

VERGANI

Grammaire italienne en 20 leçons. revue par MORRETTI et augmentée par BRUNETTI. Nouvelle édition. 1 vol. in-12. . . . . 1 fr. 50

TRÉSOR

DE NUMISMATIQUE

ET DE GLYPTIQUE

OU

Recueil général des Médailles, Monnaies, Pierres gravées, Bas-reliefs, Ornements, etc.,

TANT ANCIENS QUE MODERNES,

LES PLUS INTÉRESSANTS SOUS LE RAPPORT DE L'ART ET DE L'HISTOIRE

Gravé par les procédés de M. ACHILLE COLLAS,

SOUS LA DIRECTION DE

M. Paul Delaroche, Peintre, M. Henriquel Dupont, Graveur,
Et M. Charles Lenormant, conservateur de la Bibliothèque,
membre de l'Institut, etc.

20 Parties ou Volumes in-folio, comprenant plus de 1,000 planches accompagnées d'un texte historique et descriptif.

1260 fr.

Division des vingt Parties.

I.

Numismatique des Rois grecs	1 vol. avec 92 planches.
Nouvelle Galerie mythologique	1 vol. avec 52 planches.
Bas-reliefs du Parthenon, etc	1 vol. avec 16 planches.
Iconographie des Empereurs romains et de leurs familles	1 vol. avec 62 planches.

II.

Histoire de l'Art monétaire chez les modernes	1 vol. avec 56 planches.
Choix historique des Médailles des Papes	1 vol. avec 48 planches.
Recueil de Médailles italiennes, XVe et XVIe siècles	2 vol. avec 84 planches.
Recueil de Médailles allemandes, XVIe et XVIIe siècles	1 vol. avec 48 planches.
Sceaux des Rois et Reines d'Angleterre	1 vol. avec 36 planches.

III.

Sceaux des Rois et des Reines de France	1 vol. avec 28 planches.
Sceaux des grands feudataires de la couronne de France	1 vol. avec 32 planches.
Sceaux des communes, communautés, évêques, barons et abbés	1 vol. avec 24 planches.
Histoire de France par les Médailles :	
1o de Charles VII à Henri IV	1 vol. avec 68 planches.
2o de Henri IV à Louis XIV	1 vol. avec 36 planches.
3o de Louis XIV à 1789	1 vol. avec 56 planches.
4o Révolution française	1 vol. avec 96 planches.
5o Empire français	1 vol. avec 72 planches.

IV.

Recueil général de Bas-reliefs et d'Ornements	2 vol. avec 100 planches.

PARIS. — IMP. SIMON RAÇON ET COMP., RUE D'ERFURTH, 1.

Printed in Dunstable, United Kingdom

91220004R00218